用实例说话

详解 AutoCAD 2014 建筑设计

张日晶　刘昌丽　编著

电子工业出版社
Publishing House of Electronics Industry
北京·BEIJING

内 容 简 介

本书以简体中文版 AutoCAD 2014 为软件平台，介绍了 AutoCAD 在建筑设计和建筑规划设计专业领域中绘制建筑的总平面图、平面图、立面图、剖面图、详图及施工图等图纸的高级使用技能，全面介绍了建筑 CAD 设计方法。本书所述的知识和案例内容既翔实、细致，又丰富、典型，所述内容主要包括建筑设计基本理论与制图基本知识、AutoCAD 2014 入门、基本绘图工具、编辑命令、基本建筑单元的绘制、建筑总平面图的绘制、建筑平面图的绘制、建筑立面图的绘制、建筑剖面图的绘制、建筑详图的绘制和办公楼建筑施工图设计综合案例等，重点介绍绘制技法与高级操作技巧。

随书配送的多媒体光盘包含本书所有实例的源文件和演示效果图，以及典型实例操作过程 AVI 文件，可以帮助读者更加形象直观、轻松自如地学习本书。

本书可作为建筑设计、建筑规划、房地产、建筑施工等专业设计师和工程技术人员的实用指导书，也可作为职业学校和高等院校的教材。

图书在版编目（CIP）数据

详解 AutoCAD 2014 建筑设计 / 张日晶，刘昌丽编著. —北京：电子工业出版社，2014.4
（用实例说话）
ISBN 978-7-121-22540-6

Ⅰ. ①详…　Ⅱ. ①张…　②刘…　Ⅲ. ①建筑设计—计算机辅助设计—AutoCAD 软件　Ⅳ. ①TU201.4

中国版本图书馆 CIP 数据核字（2014）第 038227 号

策划编辑：许存权
责任编辑：许存权　　　特约编辑：王　燕　刘海霞
印　　刷：三河市鑫金马印装有限公司
装　　订：三河市鑫金马印装有限公司
出版发行：电子工业出版社
　　　　　北京市海淀区万寿路 173 信箱　邮编 100036
开　　本：787×1 092　1/16　印张：22.75　字数：560 千字
印　　次：2014 年 4 月第 1 次印刷
定　　价：59.00 元（含 DVD 光盘 1 张）

前　言

⬤⬤⬤⬤⬤⬤⬤⬤

AutoCAD 是美国 Autodesk 公司开发研制的计算机辅助设计软件，在世界工程设计行业使用相当广泛，如建筑、机械、电子、服装、气象、地理等领域，自 1982 年推出第一个版本以来，目前已升级至第 23 个版本，最新版本为 AutoCAD 2014。随着推陈出新，其功能逐渐变得强大而丰富，越来越容易与各个行业的实际情况相适应。

建筑设计是指建筑物在建造之前，设计者按照建设任务，把施工过程和使用过程中所存在的或可能发生的问题，事先做好通盘的设想，拟定好解决这些问题的办法、方案，用图纸和文件表达出来。建筑设计是为人类建立生活环境的综合艺术和科学，是一门涵盖极广的专业。建筑设计从总体来说一般由三大阶段构成，即方案设计、初步设计和施工图设计。方案设计主要是构思建筑的总体布局，包括各个功能空间的设计、高度、层高、外观造型等内容；初步设计是对方案设计的进一步细化，确定建筑的具体尺度和大小，包括建筑平面图、建筑剖面图和建筑立面图等；施工图设计则是将建筑构思变成图纸的重要阶段，是建造建筑物的主要依据，除包括建筑平面图、建筑剖面图和建筑立面图以外，还包括各个建筑大样图、建筑构造节点图及其他专业设计图纸。总的来说，建筑施工图越详细越好，要准确无误。

一、本书特色

本书具有以下 5 大特色。

⬤　由浅入深

本书是编者总结多年的设计经验及教学的心得体会精心编著而成的，由浅入深、全面细致地介绍了 AutoCAD 2014 在建筑设计应用领域的各种应用。

⬤　实例专业

本书中引用的实例都来自建筑设计工程实践，结构典型，真实实用。这些实例经过编者精心提炼和改编，不仅保证了读者能够学好知识点，更重要的是能帮助读者掌握实际的操作技能。

⬤　提升技能

本书从全面提升建筑设计与 AutoCAD 应用能力的角度出发，结合具体的案例来讲解如何利用 AutoCAD 2014 进行建筑工程设计，真正让读者掌握计算机辅助建筑设计的方法，从而独立地完成各种建筑工程设计。

⬤　内容全面

本书在有限的篇幅内，包罗了 AutoCAD 常用的功能及常见的行业应用建筑设计讲解，涵盖了 AutoCAD 绘图基础知识、建筑设计基础技能、行业建筑设计等知识。"秀才不出屋，能知天下事"。读者只要有本书在手，AutoCAD 建筑设计知识全精通。本书不仅有透彻的讲解，还有非常典型的工程实例。通过实例的演练，能够帮助读者找到一条学习 AutoCAD 建筑设计的终南捷径。

⬤　知行合一

本书结合典型的建筑设计实例详细讲解 AutoCAD 2014 建筑设计知识要点，让读者在学习案例的过程中潜移默化地掌握 AutoCAD 2014 软件操作技巧,同时培养工程设计实践能力。

二、本书组织结构和主要内容

本书是以最新的 AutoCAD 2014 版本为演示平台,全面介绍 AutoCAD 软件从基础到实例的全部知识,帮助读者从入门走向精通,全书分为 3 篇共 13 章。

1. 基础知识篇——介绍必要的基本操作方法和技巧

第 1 章　建筑设计基本理论与制图基本知识　　第 2 章　AutoCAD 2014 入门
第 3 章　二维绘图命令　　　　　　　　　　　第 4 章　编辑命令
第 5 章　文字与表格

2. 建筑图形设计篇——围绕建筑设计实例讲解建筑设计方法与思路

第 6 章　建筑总平面图　　　　　　　　　　　第 7 章　建筑平面图
第 8 章　建筑立面图　　　　　　　　　　　　第 9 章　建筑剖面图和详图

3. 综合实例篇——围绕某办公大楼建筑设计实例讲解建筑设计方法与思路

第 10 章　办公大楼总平面图　　　　　　　　第 11 章　办公大楼平面图
第 12 章　办公大楼立面图　　　　　　　　　第 13 章　办公大楼剖面图和详图

三、本书源文件

本书所有实例操作需要的原始文件和结果文件,都在随书光盘的"源文件"目录下,读者可以复制到计算机硬盘下参考和使用。

四、光盘使用说明

本书除利用传统的纸面讲解外,还随书配送了多媒体学习光盘。光盘中包含所有实例的素材源文件,并制作了全程实例动画 AVI 文件。为了增强教学的效果,更进一步方便读者的学习,编者亲自对实例动画进行了配音讲解。利用编者精心设计的多媒体界面,读者可以随心所欲地像看电影一样轻松愉悦地学习本书。

光盘中有两个重要的目录希望读者关注:"源文件"目录下是本书所有实例操作需要的原始文件和结果文件;"动画演示"目录下是本书所有实例的操作过程视频 AVI 文件,总共时长 6 小时 30 分钟左右。

提示:由于本书多媒体光盘插入光驱后自动播放,有些读者不知道怎样查看文件光盘目录。具体的方法是退出本光盘自动播放模式,然后再双击计算机桌面上的"我的电脑"图标,打开文件根目录,在光盘所在盘符上右击,在弹出的快捷菜单中选择"打开"命令,即可查看光盘文件目录。

五、致谢

本书由张日晶和刘昌丽主编。康士廷、杨雪静、卢园、万金环、闫聪聪、孟培、王敏、王玮、王培合、王艳池、王义发、王玉秋、胡仁喜等也参与了部分章节的编写。由于编者水平有限,虽然经过再三勘误,但仍难免有纰漏之处,欢迎广大读者发送邮件至win760520@126.com予以指正。

编　者

目 录

●●●●●●●●

第1篇 基础知识篇

第1章 建筑设计基本理论与制图基本知识······2

1.1 建筑设计基本理论 ················2
  1.1.1 建筑设计概述 ··············2
  1.1.2 建筑设计特点 ··············3
1.2 建筑制图基本知识 ···············7
  1.2.1 建筑制图概述 ··············7
  1.2.2 建筑制图的要求及规范 ·····8
  1.2.3 建筑制图的内容及编排顺序··17

第2章 AutoCAD 2014 入门 ·········18

2.1 操作界面 ·······················18
2.2 设置绘图环境 ···················26
  2.2.1 设置图形单位 ·············26
  2.2.2 设置图形界限 ·············27
2.3 配置绘图系统 ···················28
2.4 文件管理 ·······················30
2.5 基本输入操作 ···················33
  2.5.1 命令输入方式 ·············33
  5.5.2 命令的重复、撤销、重做······34
  2.5.3 透明命令 ·················34
  2.5.4 按键定义 ·················35
  2.5.5 命令执行方式 ·············35
  2.5.6 坐标系统与数据输入法 ·····35
2.6 图层操作 ·······················37
  2.6.1 建立新图层 ···············38
  2.6.2 设置图层 ·················40
2.7 精确定位工具 ···················42
  2.7.1 正交模式 ·················42
  2.7.2 栅格显示 ·················43
  2.7.3 捕捉模式 ·················44

2.8 图块操作 ·······················45
  2.8.1 定义图块 ·················45
  2.8.2 图块的存盘 ···············46
  2.8.3 图块的插入 ···············47
2.9 设计中心 ·······················48
  2.9.1 启动设计中心 ·············48
  2.9.2 插入图块 ·················49
  2.9.3 图形复制 ·················50
2.10 工具选项板 ····················50
  2.10.1 打开工具选项板 ··········50
  2.10.2 新建工具选项板 ··········51
  2.10.3 向工具选项板中添加内容···51

第3章 二维绘图命令 ···············53

3.1 直线类命令 ·····················53
  3.1.1 直线段 ···················53
  3.1.2 实例——标高符号 ·········54
  3.1.3 构造线 ···················55
3.2 圆类命令 ·······················56
  3.2.1 圆 ·······················56
  3.2.2 圆弧 ·····················58
  3.2.3 圆环 ·····················59
  3.2.4 椭圆与椭圆弧 ·············59
3.3 平面图形 ·······················61
  3.3.1 矩形 ·····················61
  3.3.2 实例——台阶三视图 ·······62
  3.3.3 多边形 ···················64
3.4 点 ·····························65
  3.4.1 点命令 ···················65
  3.4.2 等分点 ···················66
  3.4.3 测量点 ···················66

3.4.4 实例——楼梯 ················ 67
3.5 多段线 ························· 68
3.5.1 绘制多段线 ·············· 68
3.5.2 编辑多段线 ·············· 69
3.5.3 实例——八仙桌 ········· 70
3.6 样条曲线 ······················ 73
3.6.1 绘制样条曲线 ··········· 73
3.6.2 编辑样条曲线 ··········· 74
3.7 多线 ·························· 75
3.7.1 绘制多线 ··············· 75
3.7.2 定义多线样式 ··········· 76
3.7.3 编辑多线 ··············· 77
3.8 图案填充 ······················ 78
3.8.1 基本概念 ··············· 79
3.8.2 图案填充的操作 ········· 80
3.8.3 编辑填充的图案 ········· 85
3.8.4 实例——剪力墙 ········· 85

第4章 编辑命令 ····················· 87
4.1 选择对象 ······················ 87
4.2 复制类命令 ···················· 90
4.2.1 复制命令 ··············· 91
4.2.2 镜像命令 ··············· 91
4.2.3 实例——门平面图 ······· 92
4.2.4 偏移命令 ··············· 93
4.2.5 实例——石栏杆 ········· 95
4.2.6 阵列命令 ··············· 96
4.2.7 实例——小房子 ········· 98
4.3 改变位置类命令 ·············· 101
4.3.1 移动命令 ·············· 101
4.3.2 旋转命令 ·············· 101
4.3.3 实例——双层钢筋配置图 ··· 102
4.3.4 缩放命令 ·············· 103
4.4 删除及恢复类命令 ··········· 104
4.4.1 删除命令 ·············· 104

4.4.2 恢复命令 ·············· 105
4.4.3 清除命令 ·············· 105
4.5 改变几何特性类命令 ········· 105
4.5.1 修剪命令 ·············· 105
4.5.2 延伸命令 ·············· 107
4.5.3 拉伸命令 ·············· 108
4.5.4 实例——箍筋 ·········· 108
4.5.5 拉长命令 ·············· 111
4.5.6 圆角命令 ·············· 112
4.5.7 实例——桥墩 ·········· 112
4.5.8 倒角命令 ·············· 114
4.5.9 打断命令 ·············· 116
4.5.10 打断于点命令 ········· 116
4.5.11 分解命令 ············· 116
4.5.12 合并命令 ············· 117
4.5.13 光顺曲线命令 ········· 117
4.6 对象编辑命令 ················ 118
4.6.1 钳夹功能 ············· 118
4.6.2 修改对象属性 ········· 119

第5章 文字与表格 ················ 120
5.1 文本标注 ···················· 120
5.1.1 文本样式 ············· 120
5.1.2 单行文本标注 ········· 122
5.1.3 多行文本标注 ········· 124
5.1.4 实例——索引符号 ····· 129
5.2 表格 ························ 130
5.2.1 定义表格样式 ········· 130
5.2.2 创建表格 ············· 132
5.2.3 实例——建筑制图 A3 样板图·134
5.3 尺寸标注 ···················· 139
5.3.1 尺寸样式 ············· 139
5.3.2 标注尺寸 ············· 144
5.4 综合实例——玻璃构件侧面图 ······· 147

第2篇 建筑图形设计篇

第6章 建筑总平面图 ··············· 153
6.1 总平面图绘制概述 ··········· 153
6.1.1 总平面图内容概括 ······ 153
6.1.2 规划设计的基本知识 ······ 154
6.1.3 总平面图绘制步骤 ······· 155
6.2 商住楼总平面布置 ··········· 155
6.2.1 设置绘图参数 ·········· 156

6.2.2 建筑物布置 ·············· 156
6.2.3 场地道路、绿地等布置 ······· 158
6.2.4 沿街面空地与河道之间
设置为街头花园 ········· 159
6.2.5 各种标注 ············· 160

第7章 建筑平面图 ············· 165

7.1 建筑平面图绘制概述 ········· 165
7.1.1 建筑平面图内容 ········· 165
7.1.2 建筑平面图绘制的一般步骤 ··· 166
7.2 绘制一层平面图 ············ 166
7.2.1 设置绘图环境 ·········· 166
7.2.2 绘制轴线网 ··········· 167
7.2.3 绘制柱 ············· 167
7.2.4 绘制墙线 ············ 168
7.2.5 绘制门窗 ············ 170
7.2.6 绘制楼梯 ············ 170
7.2.7 绘制散水 ············ 171
7.2.8 尺寸标注和文字说明 ······ 171
7.3 绘制二层平面图 ············ 171
7.3.1 设置绘图环境 ·········· 172
7.3.2 复制并整理一层平面图 ····· 172
7.3.3 绘制窗 ············· 173
7.3.4 绘制雨篷 ············ 173
7.3.5 绘制楼梯 ············ 174
7.3.6 尺寸标注和文字说明 ······ 174
7.4 绘制标准层平面图 ·········· 175
7.4.1 设置绘图环境 ·········· 175
7.4.2 复制并整理一层平面图 ····· 175
7.4.3 绘制墙线 ············ 176
7.4.4 绘制门窗 ············ 176
7.4.5 绘制楼梯 ············ 177
7.4.6 尺寸标注和文字说明 ······ 177
7.5 绘制隔热层平面图 ·········· 178
7.5.1 设置绘图环境 ·········· 178
7.5.2 复制并整理标准层平面图 ···· 179
7.5.3 绘制墙线 ············ 179
7.5.4 绘制门窗 ············ 180
7.5.5 绘制泛水 ············ 180
7.5.6 绘制上人孔 ··········· 181
7.5.7 尺寸标注和文字说明 ······ 181

7.6 绘制屋顶平面图 ············ 182
7.6.1 设置绘图环境 ·········· 182
7.6.2 绘制轴线网 ··········· 183
7.6.3 绘制屋顶线 ··········· 183
7.6.4 绘制泛水 ············ 184
7.6.5 绘制老虎窗 ··········· 184
7.6.6 绘制屋脊线 ··········· 185
7.6.7 尺寸标注和文字说明 ······ 185

第8章 建筑立面图 ············· 186

8.1 建筑立面图绘制概述 ········· 186
8.1.1 建筑立面图的概念及图示内容 186
8.1.2 建筑立面图的命名方式 ····· 186
8.1.3 建筑立面图绘制的一般步骤 ··· 187
8.2 南立面图绘制 ············· 187
8.2.1 绘制定位辅助线 ········· 188
8.2.2 绘制一层立面图 ········· 189
8.2.3 绘制二层立面图 ········· 190
8.2.4 绘制三层立面图 ········· 192
8.2.5 绘制四~六层立面图 ······ 193
8.2.6 绘制隔热层和屋顶 ······· 193
8.2.7 文字说明和标注 ········· 194
8.3 北立面图绘制 ············· 194
8.3.1 绘制定位辅助线 ········· 195
8.3.2 绘制一层立面图 ········· 196
8.3.3 绘制二层立面图 ········· 197
8.3.4 绘制三层立面图 ········· 198
8.3.5 绘制四~六层立面图 ······ 198
8.3.6 绘制隔热层和屋顶 ······· 199
8.3.7 文字说明和标注 ········· 200
8.4 西立面图绘制 ············· 200
8.4.1 绘制定位辅助线 ········· 201
8.4.2 绘制一层立面图 ········· 201
8.4.3 绘制二层立面图 ········· 202
8.4.4 绘制三~六层立面图 ······ 203
8.4.5 绘制隔热层和屋顶 ······· 203
8.4.6 文字说明和标注 ········· 204
8.5 东立面图绘制 ············· 204

第9章 建筑剖面图和详图 ········· 205

9.1 建筑剖面图绘制概述 ········· 205

9.1.1 建筑剖面图的概念及
图示内容 …………205
9.1.2 剖切位置及投射方向的选择 …206
9.1.3 建筑剖面图绘制的一般步骤 …206
9.2 建筑详图绘制概述 …………207
9.3 1—1 剖面图绘制 …………207
9.3.1 绘制墙体 …………208
9.3.2 绘制一二层 …………210
9.3.3 绘制三层 …………213

9.3.4 绘制四～六层 …………214
9.3.5 绘制隔热层和屋顶 …………216
9.3.6 文字说明和标注 …………216
9.4 2—2 剖面图绘制 …………218
9.4.1 绘制墙体 …………219
9.4.2 绘制一层 …………220
9.4.3 绘制二层楼板 …………220
9.4.4 绘制楼梯 …………221
9.4.5 文字说明和标注 …………223

第三篇　综合实例篇

第 10 章　办公大楼总平面图 …………225
10.1 设置绘图参数 …………226
10.2 绘制主要轮廓 …………226
10.3 绘制入口 …………229
10.4 绘制场地道路 …………231
10.5 布置办公大楼设施 …………235
10.6 布置绿地设施 …………237
10.7 各种标注 …………238

第 11 章　办公大楼平面图 …………244
11.1 一层平面图绘制 …………244
11.1.1 设置绘图环境 …………245
11.1.2 绘制建筑轴线 …………245
11.1.3 绘制柱子 …………248
11.1.4 绘制墙体 …………249
11.1.5 绘制门窗 …………257
11.1.6 绘制建筑设施 …………262
11.1.7 绘制坡道 …………267
11.1.8 平面标注 …………270
11.1.9 绘制指北针和剖切符号 …………275
11.2 标准层平面图的绘制 …………277
11.2.1 设置绘图环境 …………277
11.2.2 修改墙体和门窗 …………278
11.2.3 绘制建筑设施 …………284
11.2.4 平面标注 …………287

第 12 章　办公大楼立面图 …………291
12.1 ⑧～①轴立面图的绘制 …………291
12.1.1 设置绘图环境 …………292

12.1.2 绘制地坪线与定位线 …………294
12.1.3 绘制立柱 …………295
12.1.4 绘制立面门窗 …………299
12.1.5 绘制防护栏杆 …………305
12.1.6 绘制顶层 …………307
12.1.7 立面标注 …………309
12.1.8 清理多余图形元素 …………311
12.2 E～A 轴立面图的绘制 …………311
12.2.1 设置绘图环境 …………312
12.2.2 绘制地坪线与定位线 …………313
12.2.3 绘制立柱 …………314
12.2.4 绘制立面门窗 …………316
12.2.5 绘制防护栏杆 …………324
12.2.6 绘制顶层 …………325
12.2.7 立面标注 …………327

第 13 章　办公大楼剖面图和详图 …………331
13.1 办公大楼剖面图 1-1 的绘制 …………331
13.1.1 设置绘图环境 …………331
13.1.2 绘制辅助线 …………333
13.1.3 绘制墙体 …………334
13.1.4 绘制楼板 …………336
13.1.5 绘制门窗和电梯 …………339
13.1.6 绘制剩余图形 …………341
13.1.7 剖面标注 …………344
13.2 办公大楼部分建筑详图的绘制 …………347
13.2.1 墙身大样图 …………347
13.2.2 楼梯大样图 …………349
13.2.3 裙房局部立面大样图 …………353

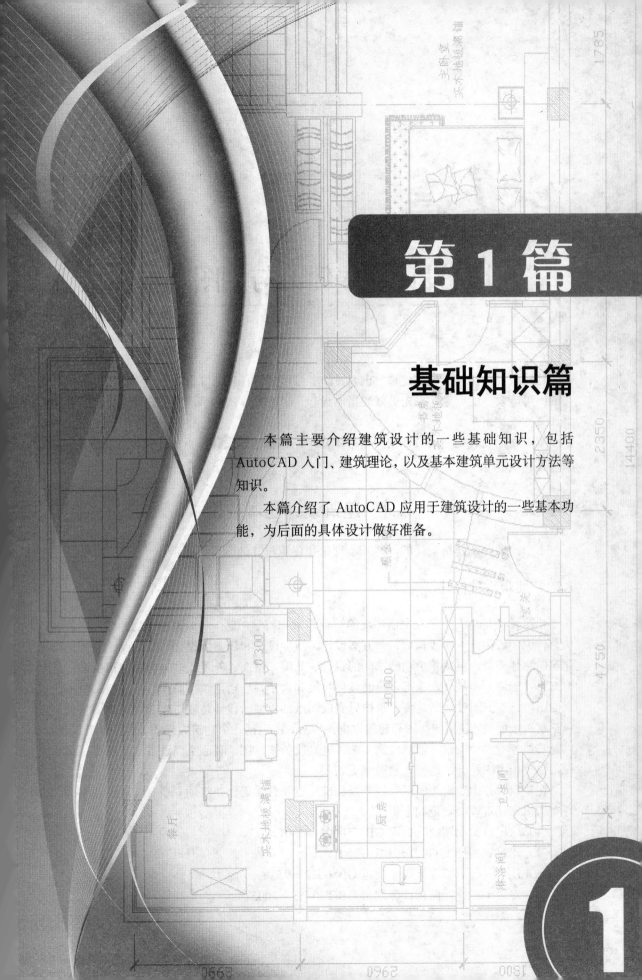

第 1 篇

基础知识篇

本篇主要介绍建筑设计的一些基础知识，包括 AutoCAD 入门、建筑理论，以及基本建筑单元设计方法等知识。

本篇介绍了 AutoCAD 应用于建筑设计的一些基本功能，为后面的具体设计做好准备。

1

第1章

建筑设计基本理论与制图基本知识

••••••••

建筑设计是指建筑物在建造之前，设计者按照建设任务，将施工过程和使用过程中所存在的或可能发生的问题，事先做好通盘的设想，拟定好解决这些问题的办法、方案，并用图纸和文件表达出来。

本章将简要介绍建筑设计的一些基本知识，包括建筑设计特点、建筑设计要求与规范、建筑设计内容等。

1.1　建筑设计基本理论

本节简要介绍建筑设计的一些基本理论和建筑设计的一般特点。

1.1.1　建筑设计概述

建筑设计是为人类建立生活环境的综合艺术和科学，是一门涵盖极广的专业。建筑设计从总体说一般由三大阶段构成，即方案设计、初步设计和施工图设计。方案设计主要是构思建筑的总体布局，包括各个功能空间的设计、高度、层高、外观造型等内容；初步设计是对方案设计的进一步细化，确定建筑的具体尺度和大小，包括建筑平面图、建筑剖面图和建筑立面图等；施工图设计则是将建筑构思变成图纸的重要阶段，是建造建筑物的主要依据，除包括建筑平面图、建筑剖面图和建筑立面图以外，还包括各个建筑大样图、建筑构造节点图，以及其他专业设计图纸，如结构施工图、电气设备施工图、暖通空调设备施工图等。总的来说，建筑施工图越详细越好，要准确无误。

在建筑设计中，需按照国家规范及标准进行设计，确保建筑的安全、经济、适用等，须遵守的国家建筑设计规范如下。

（1）房屋建筑制图统一标准 GB/T50001—2001。

（2）建筑制图标准 GB/T50101—2001。

（3）建筑内部装修设计防火规范 GB50222—95。

（4）建筑工程建筑面积计算规范 GB/T50353—2005。

（5）民用建筑设计通则 GB50352—2005。

（6）建筑设计防火规范 GBJ11—87。

（7）建筑采光设计标准 GB/T50033—2001。

（8）高层民用建筑设计防火规范 GB50045—95（2005 年版）。

（9）建筑照明设计标准 GB50031—2004。

（10）汽车库、修车库、停车场设计防火规范 GB50067—97。

（11）自动喷水灭火系统设计规范 GB50081—2001（2005 年版）。

（12）公共建筑节能设计标准 GB50189—2005 等。

注意

建筑设计规范中 GB 是国家标准，此外还有行业规范、地方标准等。

建筑设计是为人们工作、生活与休闲提供环境空间的综合艺术和科学。建筑设计与人们日常生活息息相关，从住宅到商场大楼，从写字楼到酒店，从教学楼到体育馆，无处不与建筑设计紧密联系。如图 1-1 和图 1-2 所示为两种不同风格的建筑。

图 1-1　高层商业建筑

图 1-2　别墅建筑

1.1.2　建筑设计特点

建筑设计是根据建筑物的使用性质、所处环境和相应标准，运用物质技术手段和建筑美学原理，创造功能合理、舒适优美、满足人们物质和精神生活需要的室内外空间环境。设计构思时，需要运用物质技术手段，如各类装饰材料和设施设备等；还需要遵循建筑美学原理，综合考虑使用功能、结构施工、材料设备、造价标准等多种因素。

从设计者的角度来分析建筑设计的方法，主要有以下几点。

（1）总体与细部深入推敲。

总体推敲是建筑设计应考虑的几个基本观点之一，是指有一个设计的全局观念。细处着手是指具体进行设计时，必须根据建筑的使用性质，深入调查、收集信息，掌握必要的资料和数据，从最基本的人体尺度、人流动线、活动范围和特点、家具与设备的尺寸，以及使用它们必需的空间等着手。

（2）里外、局部与整体协调统一。

建筑室内外空间环境需要与建筑整体的性质、标准、风格，以及室外环境相协调统一，它们之间有着相互依存的密切关系，设计时需要从里到外，从外到里多次反复协调，从而使设计更趋完善合理。

（3）立意与表达。

设计的构思、立意至关重要。可以说，一项设计，没有立意就等于没有"灵魂"，设计的难度也往往在于要有一个好的构思。一个较为成熟的构思，往往需要足够的信息量，有商讨和思考的时间，在设计前期和出方案过程中使立意、构思逐步明确，形成一个好的构思。

注意

对于建筑设计来说，正确、完整，又有表现力地表达出建筑室内外空间环境设计的构思和意图，使建设者和评审人员能够通过图纸、模型、说明等，全面地了解设计意图，也是非常重要的。

建筑设计根据设计的进程，通常可以分为 4 个阶段，即准备阶段、方案阶段、施工图阶段和实施阶段。

（1）准备阶段。

设计准备阶段主要是接受委托任务书，签订合同，或者根据标书要求参加投标；明确设计任务和要求，如建筑设计任务的使用性质、功能特点、设计规模、等级标准、总造价，以及根据任务的使用性质所需创造的建筑室内外空间环境氛围、文化内涵或艺术风格等。

（2）方案阶段。

方案设计阶段是在设计准备阶段的基础上，进一步收集、分析、运用与设计任务有关的资料与信息，构思立意，进行初步方案设计，进而深入设计，进行方案的分析与比较。确定初步设计方案，提供设计文件，如平面图、立面、透视效果图等。如图 1-3 所示为某个项目建筑设计方案效果图。

（3）施工图阶段。

施工图设计阶段是提供有关平面、立面、构造节点大样，以及设备管线图等施工图纸，以满足施工的需要。如图 1-4 所示为某个项目建筑平面施工图。

图 1-3　建筑设计方案

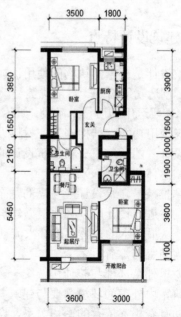

图 1-4　建筑平面施工图（局部）

（4）实施阶段。

设计实施阶段也就是工程的施工阶段。建筑工程在施工前，设计人员应向施工单位进行设计意图说明及图纸的技术交底；工程施工期间需按图纸要求核对施工实况，有时还需根据现场实况提出对图纸的局部修改或补充；施工结束时，会同质检部门和建设单位进行工程验收。如图 1-5 所示为正在施工中的建筑（局部）。

注意

为了使设计取得预期效果，建筑设计人员必须抓好设计各阶段的环节，充分重视设计、施工、材料、设备等各个方面，协调好与建设单位和施工单位之间的相互关系，在设计意图和构思方面取得沟通与共识，以期取得理想的设计工程成果。

图 1-5　施工中的建筑

一套工业与民用建筑的建筑施工图通常包括的图纸主要有如下几大类。

（1）建筑平面图（简称平面图）：是按一定比例绘制的建筑的水平剖切图。通俗地讲，就是将一幢建筑窗台以上部分切掉，再将切面以下部分用直线和各种图例、符号直接绘制在纸上，以直观地表示建筑在设计和使用上的基本要求和特点。建筑平面图一般比较详细，通常采用较大的比例，如 1:200、1:100 和 1:50，并标出实际的详细尺寸，如图 1-6 所示为某建筑标准层平面图。

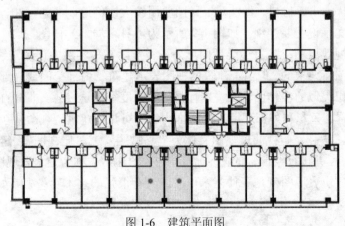

图 1-6　建筑平面图

（2）建筑立面图（简称立面图）：主要用来表达建筑物各个立面的形状和外墙面的装修等，是按照一定比例绘制建筑物的正面、背面和侧面的形状图，它表示的是建筑物的外部形式，说明建筑物长、宽、高的尺寸，表现楼地面标高、屋顶的形式、阳台的位置和形式、门窗洞口的位置和形式、外墙装饰的设计形式、材料及施工方法等，如图1-7所示为某建筑的立面图。

（3）建筑剖面图（简称剖面图）：是按一定比例绘制的建筑竖直方向剖切前视图，它表示建筑内部的空间高度、室内立面布置、结构和构造等情况。在绘制剖面图时，应包括各层楼面的标高、窗台、窗上口、室内净尺寸等，剖切楼梯应表明楼梯分段与分级数量；建筑主要承重构件的相互关系，画出房屋从屋面到地面的内部构造特征，如楼板构造、隔墙构造、内门高度、各层梁和板位置、屋顶的结构形式与用料等；注明装修方法、楼、地面做法，所用材料加以说明，标明屋面做法及构造；各层的层高与标高，标明各部位高度尺寸等，如图1-8所示为某建筑的剖面图。

图 1-7　建筑立面图　　　　　　　　图 1-8　建筑剖面图

（4）建筑大样图（简称详图）：主要用以表达建筑物的细部构造、节点连接形式，以及构件、配件的形状大小、材料、做法等。详图要用较大比例绘制（如1:20、1:5等），尺寸标注要准确齐全，文字说明要详细。如图1-9所示为墙身（局部）详图。

（5）建筑透视效果图：除上述类型图形外，在实际工程实践中还经常绘制建筑透视图，尽管它不是施工图所要求的。但由于建筑透视图表示建筑物内部空间或外部形体与实际所能看到的建筑本身相类似的主体图像，它具有强烈的三度空间透视感，非常直观地表现了建筑的造型、空间布置、色彩和外部环境等多方面内容。可见，建筑透视图常在建筑设计和销售时作为辅助使用。从高处俯视的透视图又称为"鸟瞰图"或"俯视图"。建筑透视图一般要严格地按比例绘制，并进行绘制上的艺术加工，这种图通常被称为建筑表现图或建筑效果图。一幅绘制精美的建筑表现图就是一件艺术作品，具有很强的艺术感染力。如图1-10所示为某建筑三维外观透视图。

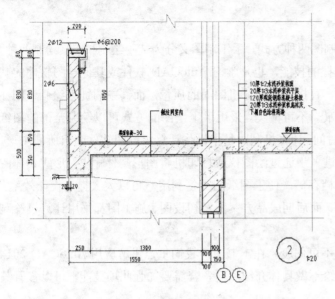

图 1-9 建筑大样图

图 1-10 建筑透视效果图

注意

目前普遍采用计算机绘制效果图，其特点是透视效果逼真，可以复制多份。

1.2 建筑制图基本知识

建筑设计图纸是交流设计思想、传达设计意图的技术文件。尽管 AutoCAD 功能强大，但它毕竟不是专门为建筑设计定制的软件，一方面需要在用户的正确操作下才能实现其绘图功能，另一方面需要用户在遵循统一制图规范，在正确的制图理论及方法的指导下来操作，才能生成合格的图纸。可见，即使在当今大量采用计算机绘图的形势下，仍然有必要掌握基本绘图知识。基于此，笔者在本节中将必备的制图知识做简单介绍，已掌握该部分内容的读者可跳过不阅。

1.2.1 建筑制图概述

1. 建筑制图的概念

建筑图纸是建筑设计人员用来表达设计思想、传达设计意图的技术文件，是方案投标、技术交流和建筑施工的要件。建筑制图是根据正确的制图理论及方法，按照国家统一的建筑制图规范将设计思想和技术特征清晰、准确地表现出来。建筑图纸包括方案图、初设图、施工图等类型。国家标准《房屋建筑制图统一标准》（GB/T 50001—2001）、《总图制图标准》（GB/T 50103—2001）、《建筑制图标准》（GB/T 50101—2001）是建筑专业手工制图和计算机制图的依据。

2．建筑制图的方式

建筑制图有手工制图和计算机制图两种方式。手工制图又分为徒手绘制和工具绘制两种。手工制图应该是建筑师必须掌握的技能，也是学习 AutoCAD 软件或其他绘图软件的基础。手工制图体现出一种绘图素养，直接影响计算机图面的质量，而其中的徒手绘画，则往往是建筑师职场上的闪光点和敲门砖，不可偏废。采用手工绘图的方式可以绘制全部的图纸文件，但是需要花费大量的精力和时间。计算机制图是指操作计算机绘图软件画出所需图形，并形成相应的图形电子文件，可以进一步通过绘图仪或打印机将图形文件输出，形成具体图纸的过程。它快速、便捷，便于文档存储，便于图纸的重复利用，可以大大提高设计效率。目前手绘主要用在方案设计的前期，而后期成品方案图及初设图、施工图都采用计算机绘制完成。

总之，这两种技能同等重要，不可偏废。在本书中，我们重点讲解应用 AutoCAD 2014 绘制建筑图的方法和技巧，对于手绘不做具体介绍。读者若需要加强此项技能，可以参看其他有关书籍。

3．建筑制图程序

建筑制图的程序是与建筑设计的程序相对应的。从整个设计过程来看，按照设计方案图、初设图、施工图的顺序来进行。后面阶段的图纸在前一阶段的基础上做深化、修改和完善。就每个阶段来看，一般遵循平面、立面、剖面、详图的过程来绘制。至于每种图样的制图程序，将在后面章节结合 AutoCAD 操作来讲解。

1.2.2 建筑制图的要求及规范

1．图幅、标题栏及会签栏

图幅即图面的大小，分为横式和立式两种。根据国家标准的规定，按图面的长和宽的大小确定图幅的等级。建筑常用的图幅有 A0（又称 0 号图幅，其余类推）、A1、A2、A3 及 A4，每种图幅的长宽尺寸如表 1-1 所示，表中的尺寸代号意义如图 1-11 和图 1-12 所示。

表 1-1　图幅标准（mm）

图幅代号 尺寸代号	A0	A1	A2	A3	A4
$b \times l$	841×1189	594×841	420×594	297×420	210×297
c		10			5
a		25			

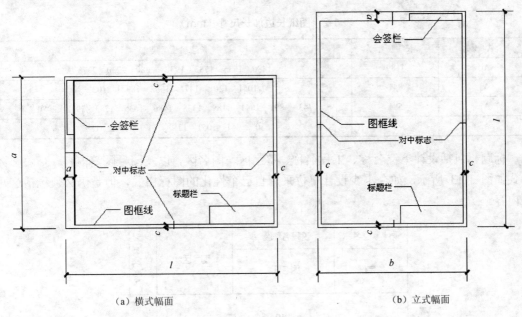

（a）横式幅面　　　　　　　　　　　　　　　（b）立式幅面

图 1-11　A0～A3 图幅格式

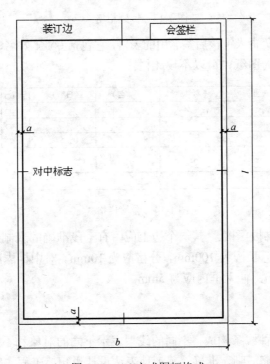

图 1-12　A4 立式图幅格式

A0～A3 图纸可以在长边加长，但短边一般不应加长，加长尺寸如表 1-2 所示。如有特殊需要，可采用 $b×l$=841mm×891mm 或 1189mm×1261mm 的幅面。

表 1-2　图纸长边加长尺寸（mm）

图幅	长边尺寸	长边加长后尺寸								
A0	1189	1486	1635	1783	1932	2080	2230	2378		
A1	841	1051	1261	1471	1682	1892	2102			
A2	594	743	891	1041	1189	1338	1486	1635	1783	1932	2080
A3	420	630	841	1051	1261	1471	1682	1892		

标题栏包括设计单位名称、工程名称、签字区、图名区，以及图号区等内容。一般图标格式如图 1-13 所示，如今不少设计单位采用自己个性化的图标格式，但是仍必须包括这几项内容。

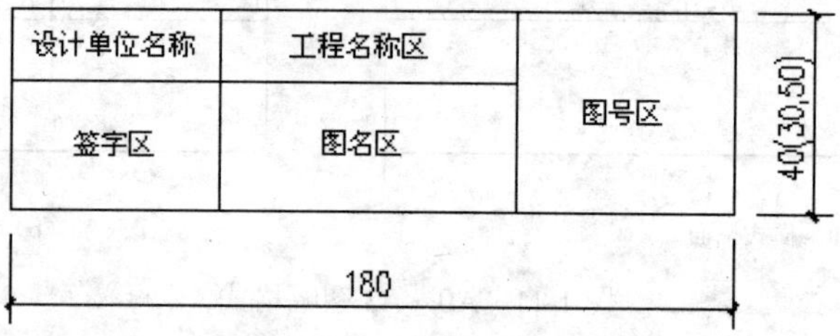

图 1-13　标题栏格式

会签栏是为各工种负责人审核后签名用的表格，它包括专业、姓名、日期等内容，如图 1-14 所示。对于不需要会签的图纸，可以不设此栏。

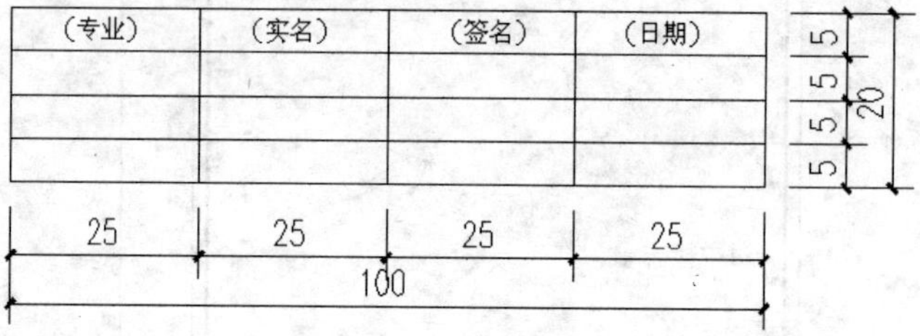

图 1-14　会签栏格式

此外，需要微缩复制的图纸，其一个边上应附有一段准确的米制尺度，四个边上均附有对中标志。米制尺度的总长应为 100mm，分格应为 10mm。对中标志应画在图纸各边长的中点处，线宽应为 0.35mm，伸入框内应为 5mm。

2．线型要求

建筑图纸主要由各种线条构成，不同的线型表示不同的对象和不同的部位，代表着不同的含义。为了使图面能够清晰、准确、美观地表达设计思想，工程实践中采用了一套常用的线型，并规定了它们的使用范围，其统计如表 1-3 所示。

图线宽度 b，宜从下列线宽中选取：2.0、1.4、1.0、0.7、0.5、0.35mm。不同的 b 值，产生不同的线宽组。在同一张图纸内，各不同线宽组中的细线，可以统一采用较细的线宽组中的细线。对于需要微缩的图纸，线宽不宜 ≤0.18mm。

表 1-3　常用线型统计表

名称		线型	线宽	适用范围
实 线	粗		b	建筑平面图、剖面图、构造详图的被剖切主要构件截面轮廓线;建筑立面图外轮廓线;图框线;剖切线;总图中的新建建筑物轮廓线
	中		$0.5b$	建筑平、剖面中被剖切的次要构件的轮廓线;建筑平、立、剖面图构配件的轮廓线;详图中的一般轮廓线
	细		$0.25b$	尺寸线、图例线、索引符号、材料线及其他细部刻画用线等
虚 线	中		$0.5b$	主要用于构造详图中不可见的实物轮廓线;平面图中的起重机轮廓线;拟扩建的建筑物轮廓线
	细		$0.25b$	其他不可见的次要实物轮廓线
点划线	细		$0.25b$	轴线、构配件的中心线、对称线等
折断线	细		$0.25b$	绘制图样时的断开界线
波浪线	细		$0.25b$	构造层次的断开界线,有时也表示省略画出是断开界线

3．尺寸标注

尺寸标注的一般原则有以下几点。

（1）尺寸标注应力求准确、清晰、美观大方。同一张图纸中,标注风格应保持一致。

（2）尺寸线应尽量标注在图样轮廓线以外,从内到外依次标注从小到大的尺寸,不能将大尺寸标在内,而小尺寸标在外,如图 1-15 所示。

（3）最内一道尺寸线与图样轮廓线之间的距离不应小于 10mm,两道尺寸线之间的距离一般为 7～10mm。

（4）尺寸界线朝向图样的端头距图样轮廓的距离应≥2mm,不宜直接与之相连。

（5）在图线拥挤的地方,应合理安排尺寸线的位置,但不宜与图线、文字及符号相交;可以考虑将轮廓线用做尺寸界线,但不能作为尺寸线。

（6）室内设计图中连续重复的构配件等,当不易标明定位尺寸时,可在总尺寸的控制下,定位尺寸不用数值而用"均分"或"EQ"字样表示,如图 1-16 所示。

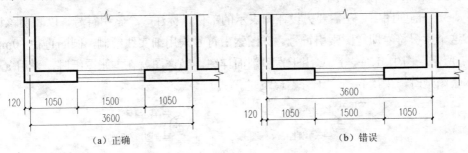

（a）正确　　　　　　　　　（b）错误

图 1-15　尺寸标注正误对比

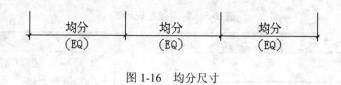

图 1-16　均分尺寸

4．文字说明

在一幅完整的图纸中用图线方式表现得不充分和无法用图线表示的地方，就需要进行文字说明，例如，设计说明、材料名称、构配件名称、构造做法、统计表及图名等。文字说明是图纸内容的重要组成部分，制图规范对文字标注中的字体、字的大小、字体字号搭配等方面做了一些具体规定。

（1）一般原则：字体端正，排列整齐，清晰准确，美观大方，避免过于个性化的文字标注。

（2）字体：一般标注推荐采用仿宋字，大标题、图册封面、地形图等的汉字，也可书写成其他字体，但应易于辨认。

字型示例如下。

仿宋：建筑（小四）建筑（四号）建筑（二号）

黑体：建筑（四号）建筑（小二）

楷体：建筑 建筑（二号）

字母、数字及符号：0123456789abcdefghijk% @ 或

0123456789abcdefghijk%@

（3）字的大小：标注的文字高度要适中。同一类型的文字采用同一大小的字。较大的字用于较概括性的说明内容，较小的字用于较细致的说明内容。文字的字高，应从如下系列中选用：3.5、5、7、10、14、20mm。如需书写更大的字，其高度应按 $\sqrt{2}$ 的比值递增。注意字体及大小搭配的层次感。

5．常用图示标志

（1）详图索引符号及详图符号。

平、立、剖面图中，在需要另设详图表示的部位，标注一个索引符号，以表明该详图的位置，这个索引符号即详图索引符号。详图索引符号采用细实线绘制，圆圈直径 10mm。如图 1-17 所示，图中 d、e、f、g 用于索引剖面详图，当详图就在本张图纸时，采用 a，详图不在本张图纸时，采用 b、c、d、e、f、g 的形式。

（a）　　　　　　　　　　　　　　　　（b）

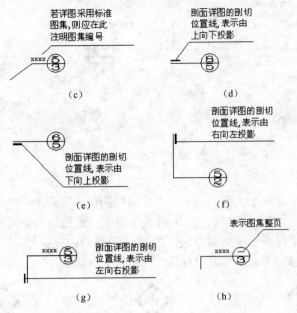

图 1-17 详图索引符号

详图符号即详图的编号，用粗实线绘制，圆圈直径 14mm，如图 1-18 所示。

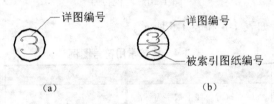

图 1-18 详图符号

（2）引出线。

由图样引出一条或多条线段指向文字说明，该线段就是引出线。引出线与水平方向的夹角一般采用 0°、30°、45°、60°、90°，常见的引出线形式如图 1-19 所示。图中 a、b、c、d 为普通引出线，e、f、g、h 为多层构造引出线。使用多层构造引出线时，应注意构造分层的顺序应与文字说明的分层顺序一致。文字说明可以放在引出线的端头，如图 1-19（a）～（h）所示，也可放在引出线水平段之上，如图 1-19（i）所示。

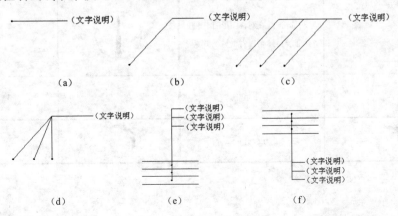

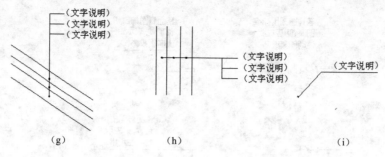

图 1-19　引出线形式

（3）内视符号。

内视符号标注在平面图中，用于表示室内立面图的位置及编号，建立平面图和室内立面图之间的联系。内视符号的形式如图 1-20 所示。图中立面图编号可用英文字母或阿拉伯数字表示，黑色的箭头指向表示的立面方向；图中 a 为单向内视符号，b 为双向内视符号，c 为四向内视符号，A、B、C、D 顺时针标注。

图 1-20　内视符号

其他符号图例统计如表 1-4 和表 1-5 所示。

表 1-4　建筑常用符号图例

符号	说明	符号	说明
3.600 / 3.600	标高符号。线上数字为标高值，单位为 m；下面一个在标注位置比较拥挤时采用	i=5%	表示坡度
①　Ⓐ	轴线号	1/1　1/A	附加轴线号
1　　1	标注剖切位置的符号。标数字的方向为投影方向，"1"与剖面图的编号"1-1"对应	2　　2	标注绘制断面图的位置，标数字的方向为投影方向，"2"与断面图的编号"2-2"对应
	对称符号。在对称图形的中轴位置画此符号，可以省画另一半图形		指北针
	方形坑槽		圆形坑槽
	方形孔洞		圆形孔洞

续表

符号	说明	符号	说明
@	表示重复出现的固定间隔。例如，"双向木格栅@500"	ϕ	表示直径，如$\phi30$
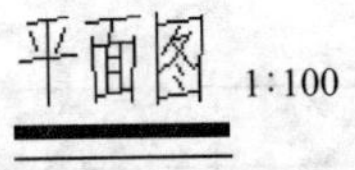 平面图 1:100	图名及比例	 ① 1:5	索引详图名及比例
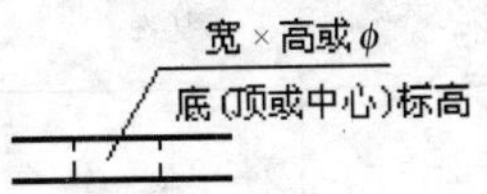 宽×高或ϕ 底(顶或中心)标高	墙体预留洞	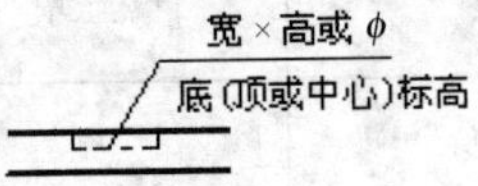 宽×高或ϕ 底(顶或中心)标高	墙体预留槽
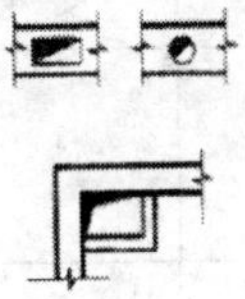	烟道	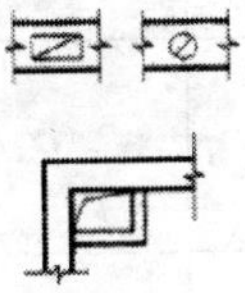	通风道

表1-5 总图常用符号图例

符号	说明	符号	说明
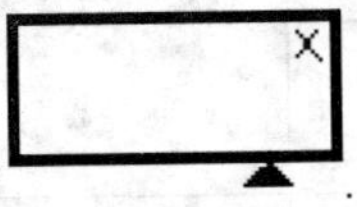 X ▲	新建建筑物。粗线绘制需要时，表示出入口位置▲及层数X；轮廓线以±0.00处外墙定位轴线或外墙皮线为准；需要时，地上建筑用中实线绘制，地下建筑用细虚线绘制	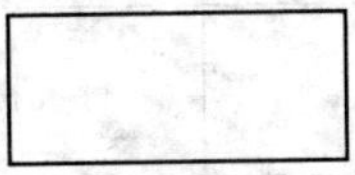	原有建筑。细线绘制
	拟扩建的预留地或建筑物。中虚线绘制		新建地下建筑或构筑物。粗虚线绘制
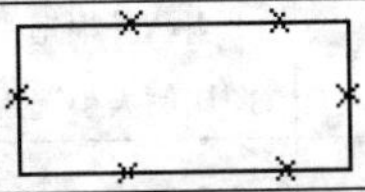	拆除的建筑物。用细实线表示	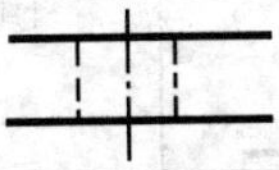	建筑物下面的通道
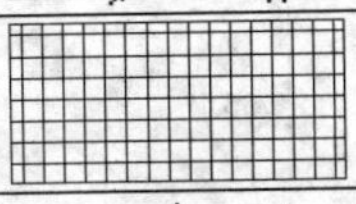	广场铺地	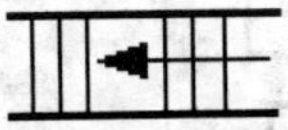	台阶。箭头指向表示向上
	烟囱。实线为下部直径，虚线为基础；必要时，可注写烟囱高度和上下口直径		实体性围墙
	通透性围墙		挡土墙。被挡土在"突出"的一侧
	填挖边坡。边坡较长时，可在一端或两端局部表示		护坡。边坡较长时，可在一端或两端局部表示
 X323.38 Y586.32	测量坐标	 A123.21 B789.32	建筑坐标
 32.36(±0.00)	室内标高	 32.36	室外标高

6．常用材料图例

建筑图中经常应用材料图例来表示材料，在无法用图例表示的地方，也采用文字说明。为了方便读者，我们将常用的材料图例汇集如表 1-6 所示。

表 1-6　常用的材料图例

材料图例	说　　明	材料图例	说　　明
	自然土壤		夯实土壤
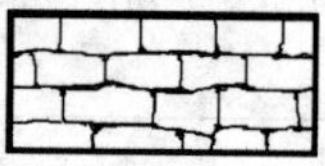	毛石砌体	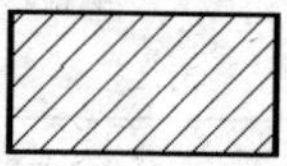	普通转
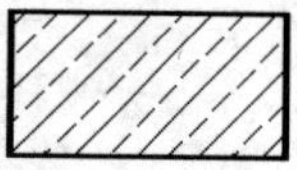	石材	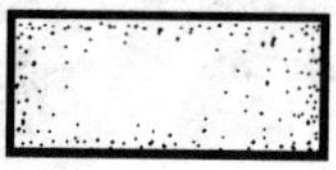	砂、灰土
	空心砖	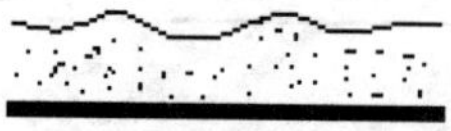	松散材料
	混凝土		钢筋混凝土
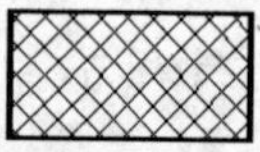	多孔材料	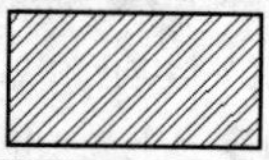	金属
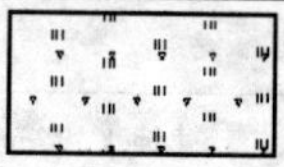	矿渣、炉渣	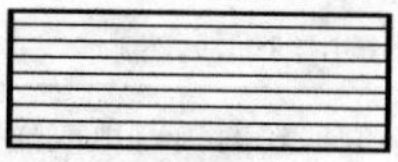	玻璃
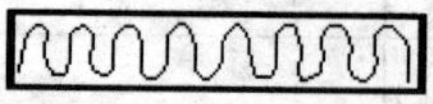	纤维材料		防水材料。上下两种根据绘图比例大小选用
	木材	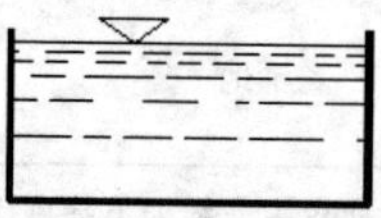	液体。须注明液体名称

7．常用绘图比例

下面列出常用绘图比例，读者根据实际情况灵活使用。

（1）总图：1:500，1:1000，1:2000；

（2）平面图：1:50，1:100，1:150，1:200，1:300；

（3）立面图：1:50，1:100，1:150，1:200，1:300；

（4）剖面图：1:50，1:100，1:150，1:200，1:300；

（5）局部放大图：1:10，1:20，1:25，1:30，1:50；

（6）配件及构造详图：1:1，1:2，1:5，1:10，1:15，1:20，1:25，1:30，1:50。

1.2.3 建筑制图的内容及编排顺序

1. 建筑制图内容

建筑制图的内容包括总图、平面图、立面图、剖面图、构造详图和透视图、设计说明、图纸封面、图纸目录等方面。

2. 图纸编排顺序

图纸编排顺序一般应为图纸目录、总图、建筑图、结构图、给水排水图、暖通空调图、电气图等。对于建筑专业，一般顺序为目录、施工图设计说明、附表（装修做法表、门窗表等）、平面图、立面图、剖面图、详图等。

第**2**章

AutoCAD 2014 入门

● ● ● ● ● ● ●

本章我们学习 AutoCAD 2014 绘图的基本知识。了解如何设置图形的系统参数、样板图，熟悉创建新的图形文件、打开已有文件的方法等，为进入系统学习准备必要的前提知识。

2.1 操作界面

AutoCAD 操作界面是 AutoCAD 显示、编辑图形的区域，一个完整的 AutoCAD 操作界面如图 2-1 所示，包括标题栏、菜单栏、工具栏、快速访问工具栏、交互信息工具栏、功能区、绘图区、十字光标、坐标系图标、命令行窗口、状态栏、布局标签、滚动条、状态托盘等。

⚠ 注意

需要将 AutoCAD 的工作空间切换到"AutoCAD 经典"模式下（单击操作界面右下角中的"切换工作空间"按钮，在打开的菜单中选择"AutoCAD 经典"命令），才能显示如图 2-1 所示的操作界面。本书稿中的所有操作均在"AutoCAD 经典"模式下进行。

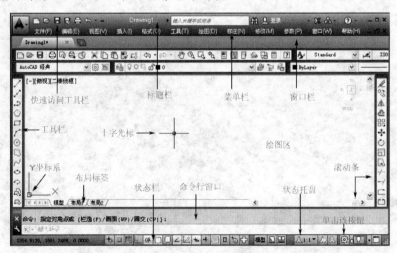

图 2-1　AutoCAD 2014 中文版操作界面

1．标题栏

在 AutoCAD 2014 中文版操作界面的最上端是标题栏。在标题栏中，显示了系统当前正在运行的应用程序（AutoCAD 2014）和用户正在使用的图形文件。在第一次启动 AutoCAD 2014 时，在标题栏中，将显示 AutoCAD 2014 在启动时创建并打开的图形文件的名称"Drawing1.dwg"，如图 2-1 所示。

2．菜单栏

在 AutoCAD 标题栏的下方是菜单栏，同其他 Windows 程序一样，AutoCAD 的菜单也是下拉形式的，并在菜单中包含子菜单。AutoCAD 的菜单栏中包含 12 个菜单："文件"、"编辑"、"视图"、"插入"、"格式"、"工具"、"绘图"、"标注"、"修改"、"参数"、"窗口"和"帮助"，这些菜单几乎包含了 AutoCAD 的所有绘图命令，后面的章节将对这些菜单功能作详细的讲解。一般来讲，AutoCAD 下拉菜单中的命令有以下 3 种。

（1）带有子菜单的菜单命令。这种类型的菜单命令后面带有小三角形。例如，选择菜单栏中的"绘图"命令，指向其下拉菜单中的"圆"命令，系统就会进一步显示出"圆"子菜单中所包含的命令，如图 2-2 所示。

（2）打开对话框的菜单命令。这种类型的命令后面带有省略号。例如，选择菜单栏中的"格式"→"文字样式"命令，如图 2-3 所示，系统就会打开"文字样式"对话框，如图 2-4 所示。

（3）直接执行操作的菜单命令。这种类型的命令后面既不带小三角形，也不带省略号，选择该命令将直接进行相应的操作。例如，选择菜单栏中的"视图"→"重画"命令，系统将刷新显示所有视口。

图 2-2　带有子菜单的菜单命令　　　　图 2-3　打开对话框的菜单命令

图2-4 "文字样式"对话框

3. 工具栏

工具栏是一组按钮工具的集合，把光标移动到某个按钮上，稍停片刻即在该按钮的一侧显示相应的功能提示，同时在状态栏中，显示对应的说明和命令名，此时，单击按钮就可以启动相应的命令了。在 AutoCAD 经典模式的默认情况下，可以看到操作界面顶部的"标准"工具栏、"样式"工具栏、"特性"工具栏及"图层"工具栏（图 2-5）和位于绘图区左侧的"绘图"工具栏、右侧的"修改"工具栏和"绘图次序"工具栏（图 2-6）。

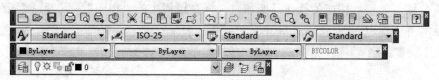

图2-5 默认情况下显示的工具栏

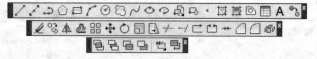

图2-6 "绘图"、"修改"、"绘图次序"工具栏

（1）设置工具栏。AutoCAD 2014 提供了几十种工具栏，将光标放在操作界面上方的工具栏区右击，系统会自动打开单独的工具栏标签，如图 2-7 所示。单击某一个未在界面显示的工具栏名，系统会自动在界面打开该工具栏；反之，关闭工具栏。

（2）工具栏的"固定"、"浮动"与"打开"。工具栏可以在绘图区"浮动"显示（图 2-8），此时显示该工具栏标题，并可关闭该工具栏，可以拖动"浮动"工具栏到绘图区边界，使它变为"固定"工具栏，此时该工具栏标题隐藏。也可以把"固定"工具栏拖出，使它成为"浮动"工具栏。

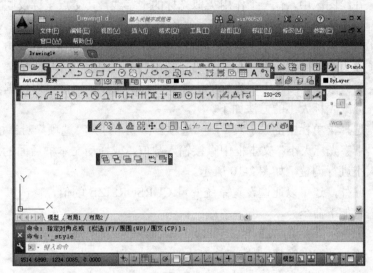

图 2-7　单独的工具栏标签　　　　　　图 2-8　"浮动"工具栏

图 2-9　打开工具栏

有些工具栏按钮的右下角带有一个小三角，单击会打开相应的工具栏，将光标移动到某一按钮上并单击，该按钮就变为当前显示的按钮。单击当前显示的按钮，即可执行相应的命令（图 2-9）。

4．快速访问工具栏和交互信息工具栏

（1）快速访问工具栏。该工具栏包括"新建"、"打开"、"保存"、"另存为"、"放弃"、"重做"和"打印"7 个最常用的工具按钮。用户也可以单击此工具栏后面的小三角下拉按钮选择设置需要的常用工具。

（2）交互信息工具栏。该工具栏包括"搜索"、"Autodesk 360"、"交换"、"保持连接"和"帮助"5 个常用的数据交互访问工具按钮。

5．功能区

包括"常用"、"插入"、"注释"、"参数化"、"视图"、"管理"、"输出"、"插件"和"联机"9 个选项卡，在功能区中集成了相关的操作工具，方便了用户的使用。用户可以单击功能区选项板后面的 ▼ 按钮，控制功能的展开与收缩。打开或关闭功能区的操作方法如下。

命令行：RIBBON（或 RIBBONCLOSE）。

菜单栏：选择菜单栏中的"工具"→"选项板"→"功能区"命令。

6. 绘图区

绘图区是指在标题栏下方的大片空白区域，绘图区是用户使用 AutoCAD 绘制图形的区域，用户要完成一幅设计图形，其主要工作都是在绘图区中完成的。

在绘图区中，有一个作用类似光标的十字线，其交点坐标反映了光标在当前坐标系中的位置。在 AutoCAD 中，将该十字线称为光标，如图 2-1 中所示，AutoCAD 通过光标坐标值显示当前点的位置。十字线的方向与当前用户坐标系的 X、Y 轴方向平行，十字线的长度系统预设为绘图区大小的 5%。

（1）修改绘图区十字光标的大小。光标的长度，用户可以根据绘图的实际需要修改其大小，修改光标大小的方法如下。

选择菜单栏中的"工具"→"选项"命令，打开"选项"对话框。单击"显示"选项卡，在"十字光标大小"文本框中直接输入数值，或拖动文本框后面的滑块，即可以对十字光标的大小进行调整，如图 2-10 所示。

此外，还可以通过设置系统变量 CURSORSIZE 的值，修改其大小，其方法是在命令行中输入如下命令。

命令: CURSORSIZE

输入 CURSORSIZE 的新值 <5>:

在提示下输入新值即可修改光标大小，默认值为 5%。

（2）修改绘图区的颜色。在默认情况下，AutoCAD 的绘图区是黑色背景、白色线条，这不符合大多数用户的习惯，因而修改绘图区颜色，是大多数用户都要进行的操作。修改绘图区颜色的方法如下。

① 选择菜单栏中的"工具"→"选项"命令，打开"选项"对话框，单击如图 2-10 所示的"显示"选项卡，再单击"窗口元素"选项组中的"颜色"按钮，打开如图 2-11 所示的"图形窗口颜色"对话框。

② 在"颜色"下拉列表框中，选择需要的窗口颜色，然后单击"应用并关闭"按钮，此时 AutoCAD 的绘图区就变换了背景色，通常按视觉习惯选择白色为窗口颜色。

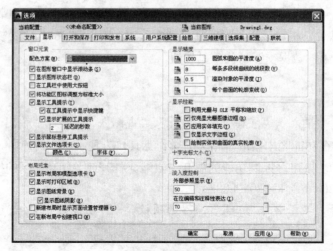

图 2-10　"显示"选项卡

7．坐标系图标

在绘图区的左下角，有一个箭头指向的图标，称为坐标系图标，表示用户绘图时正使用的坐标系样式。坐标系图标的作用是为点的坐标确定一个参照系。根据工作需要，用户可以选择将其关闭，其方法是选择菜单栏中的"视图"→"显示"→"UCS 图标"→"开"命令，如图 2-12 所示。

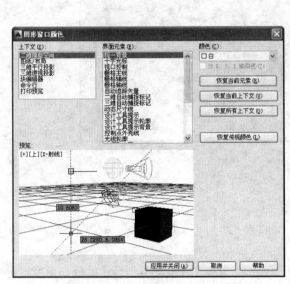

图 2-11　"图形窗口颜色"对话框

图 2-12　"视图"菜单

8．命令行窗口

命令行窗口是输入命令名和显示命令提示的区域，默认命令行窗口布置在绘图区下方，由若干文本行构成。对命令行窗口，有以下几点需要说明。

（1）移动拆分条，可以扩大和缩小命令行窗口。

（2）可以拖动命令行窗口，布置在绘图区的其他位置。默认情况下在图形区的下方。

（3）对当前命令行窗口中输入的内容，可以按 F2 键用文本编辑的方法进行编辑，如图 2-13 所示。AutoCAD 文本窗口和命令行窗口相似，可以显示当前 AutoCAD 进程中命令的输入和执行过程。在执行 AutoCAD 某些命令时，会自动切换到文本窗口，列出有关信息。

（4）AutoCAD 通过命令行窗口，反馈各种信息，也包括出错信息，因此，用户要时刻关注在命令行窗口中出现的信息。

9．状态栏

状态栏在操作界面的底部，左端显示绘图区中光标定位点的坐标 x、y、z 值，右端依次有"推断约束"、"捕捉模式"、"栅格显示"、"正交模式"、"极轴追踪"、"对象捕捉"、"三维对象捕捉"、"对象捕捉追踪"、"允许/禁止动态 UCS"、"动态输入"、"显示/隐藏线宽"、"显示/隐藏透明度"、"快捷特征"、"注释监视器"和"选择循环"15 个功能开关按钮。单击这些开关按钮，可以实现这些功能的开和关。这些开关按钮的功能与使用方法将在第 2.7 节详细介绍，在此从略。

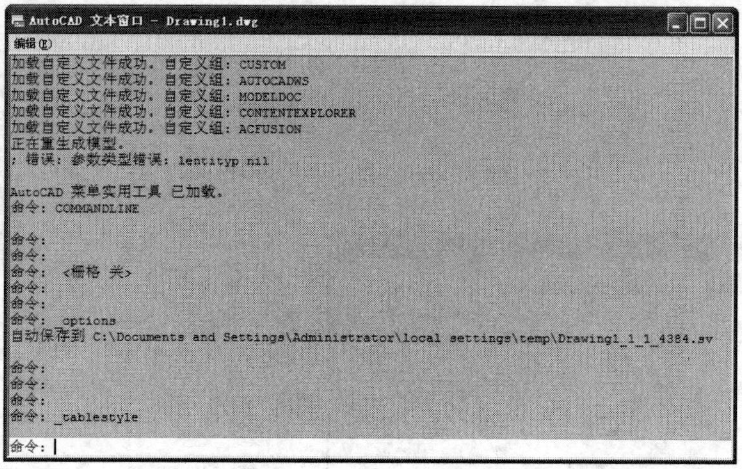

图 2-13　文本窗口

10．布局标签

AutoCAD 系统默认设定一个"模型"空间和"布局 1"、"布局 2"两个图样空间布局标签。在这里有两个概念需要解释一下。

（1）布局。布局是系统为绘图设置的一种环境，包括图样大小、尺寸单位、角度设定、数值精确度等，在系统预设的 3 个标签中，这些环境变量都按默认设置。用户根据实际需要改变这些变量的值，在此暂且从略。用户也可以根据需要设置符合自己要求的新标签。

（2）模型。AutoCAD 的空间分模型空间和图样空间两种。模型空间是通常绘图的环境，而在图样空间中，用户可以创建称为"浮动视口"的区域，以不同视图显示所绘图形。用户可以在图样空间中调整浮动视口并决定所包含视图的缩放比例。如果用户选择图样空间，可打印多个视图，也可以打印任意布局的视图。AutoCAD 系统默认打开模型空间，用户可以通过单击操作界面下方的布局标签，选择需要的布局。

11．滚动条

在 AutoCAD 的绘图区下方和右侧还提供了用来浏览图形的水平和竖直方向的滚动条。拖动滚动条中的滚动块，可以在绘图区按水平或竖直两个方向浏览图形。

12．状态托盘

状态托盘包括一些常见的显示工具和注释工具按钮，包括模型与布局空间转换按钮，如图 2-14 所示，通过这些按钮可以控制图形或绘图区的状态。

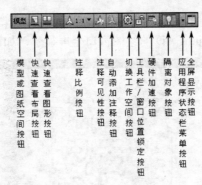

图 2-14　状态托盘

- "模型或图纸空间"按钮 **模型**：在模型空间与布局空间之间进行转换。
- "快速查看布局"按钮 ：快速查看当前图形在布局空间中的布局。
- "快速查看图形"按钮 ：快速查看当前图形在模型空间中的位置。
- "注释比例"按钮 ：左键单击注释比例右下角小三角符号打开注释比例列表，如图 2-15 所示，可以根据需要选择适当的注释比例。
- "注释可见性"按钮 ：当图标亮显时表示显示所有比例的注释性对象；当图标变暗时表示仅显示当前比例的注释性对象。
- "自动添加注释"按钮 ：注释比例更改时，自动将比例添加到注释对象。
- "切换工作空间"按钮 ：进行工作空间转换。
- "工具栏/窗口位置锁定"按钮 ：控制是否锁定工具栏或绘图区在操作界面中的位置。
- "硬件加速"按钮 ：设定图形卡的驱动程序及设置硬件加速的选项。
- "隔离对象"按钮 ：当选择隔离对象时，在当前视图中显示选定对象，所有其他对象都暂时隐藏；当选择隐藏对象时，在当前视图中暂时隐藏选定对象，所有其他对象都可见。
- "应用程序状态栏菜单"按钮 ：单击该下拉按钮打开快捷菜单，如图 2-16 所示。可以选择打开或锁定相关选项位置。

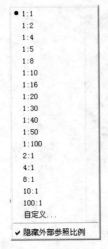

图 2-15　注释比例列表

图 2-16　快捷菜单

- "全屏显示"按钮![]：该选项可以清除 Windows 窗口中的标题栏、工具栏和选项板等界面元素，使 AutoCAD 的绘图窗口全屏显示，如图 2-17 所示。

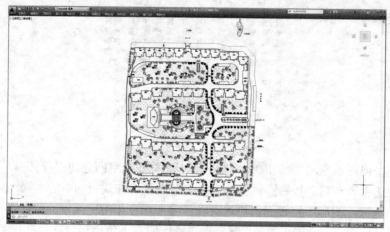

图 2-17　全屏显示

2.2　设置绘图环境

2.2.1　设置图形单位

1. 执行方式

命令行：DDUNITS（或 UNITS，快捷命令：UN）。
菜单栏：选择菜单栏中的"格式"→"单位"命令。
执行上述命令后，系统打开"图形单位"对话框，如图 2-18 所示，该对话框用于定义单位和角度格式。

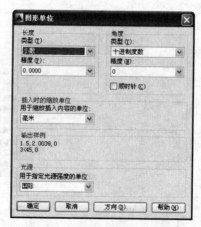

图 2-18　"图形单位"对话框

2. 选项说明

"图形单位"对话框各个选项的含义如表 2-1 所示。

表 2-1 "图形单位"对话框各个选项的含义

选项	含义
"长度"与"角度"选项组	指定测量的长度与角度的当前单位及精度
"插入时的缩放单位"选项组	控制插入到当前图形中的块和图形的测量单位。如果块或图形创建时使用的单位与该选项指定的单位不同，则在插入这些块或图形时，将对其按比例进行缩放。插入比例是原块或图形使用的单位与目标图形使用的单位之比。如果插入块时不按指定单位缩放，则在其下拉列表框中选择"无单位"选项
"输出样例"选项组	显示用当前单位和角度设置的例子
"光源"选项组	控制当前图形中光度控制光源的强度测量单位。为创建和使用光度控制光源，必须从下拉列表框中指定非"常规"的单位。如果"插入比例"设置为"无单位"，则将显示警告信息，通知用户渲染输出可能不正确
"方向"按钮	单击该按钮，系统打开"方向控制"对话框，如图 2-19 所示，可进行方向控制设置。 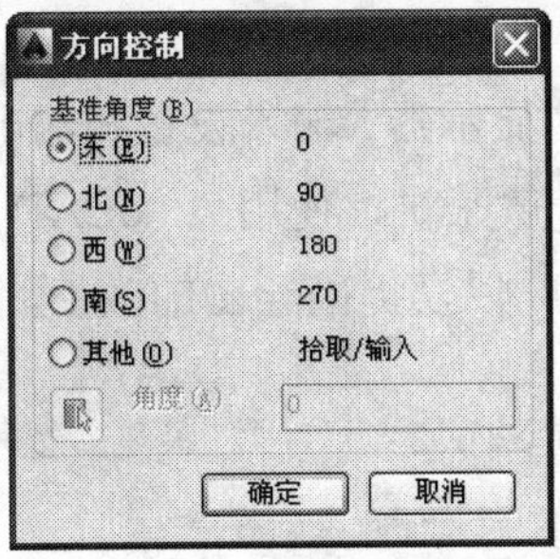 图 2-19 "方向控制"对话框

2.2.2 设置图形界限

1. 执行方式

命令行：LIMITS。
菜单栏：选择菜单栏中的"格式"→"图形界限"命令。

2. 操作步骤

命令行提示与操作如下。

命令：LIMITS
重新设置模型空间界限：
指定左下角点或 [开(ON)/关(OFF)] <0.0000,0.0000>：输入图形界限左下角的坐标，按 Enter 键。
"图形界限"命令指定右上角点 <12.0000,2.0000>：输入图形界限右上角的坐标，按 Enter 键。

3. 选项说明

"图形界限"命令各个选项的含义如表 2-2 所示。

表 2-2 "图形界限"命令各个选项的含义

选项	含义
开（ON）	使图形界限有效。系统在图形界限以外拾取的点将视为无效
关（OFF）	使图形界限无效。用户可以在图形界限以外拾取点或实体
动态输入角点坐标组	可以直接在绘图区的动态文本框中输入角点坐标，输入了横坐标值后，按<，>键，接着输入纵坐标值，如图 2-20 所示。也可以按光标位置直接单击，确定角点位置。  重新设置模型空间界限 指定左下角点或 58.1510 23.5092 <p align="center">图 2-20 动态输入</p>

2.3 配置绘图系统

每台计算机所使用的显示器、输入设备和输出设备的类型不同，用户喜好的风格及计算机的目录设置也不同。一般来讲，使用 AutoCAD 2014 的默认配置就可以绘图，但为了使用用户的定点设备或打印机，以及提高绘图的效率，推荐用户在开始作图前先进行必要的配置。

1. 执行方式

命令行：preferences。
菜单栏：选择菜单栏中的"工具"→"选项"命令。
快捷菜单：在绘图区右击，系统打开快捷菜单，如图 2-21 所示，选择"选项"命令。

2. 操作步骤

执行上述命令后，系统打开"选项"对话框。用户可以在该对话框中设置有关选项，对绘图系统进行配置。下面就其中主要的两个选项卡做一下说明，其他配置选项，在后面用到时再做具体说明。

（1）系统配置。"选项"对话框中的第 5 个选项卡为"系统"选项卡，如图 2-22 所示。该选项卡用来设置 AutoCAD 系统的有关特性。其中"常规选项"选项组确定是否选择系统配置的有关基本选项。

图 2-21 快捷菜单

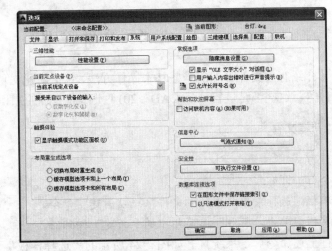

图 2-22 "系统"选项卡

（2）显示配置。"选项"对话框中的第 2 个选项卡为"显示"选项卡，该选项卡用于控制 AutoCAD 系统的外观，如图 2-23 所示。该选项卡设定滚动条显示与否、界面菜单显示与否、绘图区颜色、光标大小、AutoCAD 的版面布局设置、各实体的显示精度等。

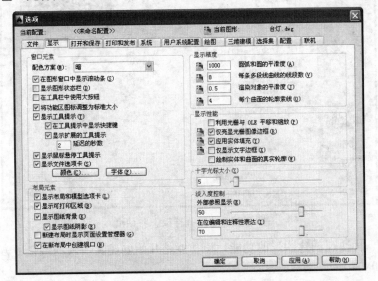

图 2-23 "显示"选项卡

注意

设置实体显示精度时，请务必记住，显示质量越高，即精度越高，计算机计算的时间越长，建议不要将精度设置得太高，显示质量设定在一个合理的程度即可。

2.4 文件管理

本节介绍有关文件管理的一些基本操作方法，包括新建文件、打开已有文件、保存文件、删除文件等，这些都是进行 AutoCAD 2014 操作最基础的知识。

1. 新建文件

执行方式

命令行：NEW。

菜单栏：选择菜单栏中的"文件"→"新建"命令。

工具栏：单击"标准"工具栏中的"新建"按钮 。

执行上述命令后，系统打开如图 2-24 所示的"选择样板"对话框。

图 2-24 "选择样板"对话框

另外还有一种快速创建图形的功能，该功能是开始创建新图形的最快捷方法。

命令行：QNEW

执行上述命令后，系统立即从所选的图形样板中创建新图形，而不显示任何对话框或提示。在运行快速创建图形功能之前必须进行如下设置。

（1）在命令行输入"FILEDIA"，按 Enter 键，设置系统变量为 1；在命令行输入"STARTUP"，设置系统变量为 0。

（2）选择菜单栏中的"工具"→"选项"命令，在"选项"对话框中选择默认图形样板文件。具体方法：在"文件"选项卡中，单击"样板设置"前面的"+"，在展开的选项列表中选择"快速新建的默认样板文件名"选项，如图 2-25 所示。单击"浏览"按钮，打开"选择文件"对话框，然后选择需要的样板文件即可。

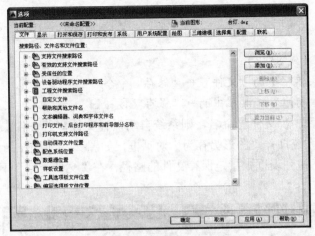

图 2-25 "文件"选项卡

2. 打开文件

执行方式

命令行: OPEN。

菜单栏: 选择菜单栏中的"文件"→"打开"命令。

工具栏: 单击"标准"工具栏中的"打开"按钮 📂。

执行上述命令后,打开"选择文件"对话框,如图 2-26 所示,在"文件类型"下拉列表框中用户可选 dwg 文件、dwt 文件、dxf 文件和 dws 文件。dws 文件是包含标准图层、标注样式、线型和文字样式的样板文件;dxf 文件是用文本形式存储的图形文件,能够被其他程序读取,许多第三方应用软件都支持 dxf 格式。

✏ 注意

有时在打开 dwg 文件时,系统会打开一个信息提示对话框,提示用户图形文件不能打开,在这种情况下先退出打开操作,然后选择菜单栏中的"文件"→"图形实用工具"→"修复"命令,或在命令行中输入"recover",接着在"选择文件"对话框中输入要恢复的文件,确认后系统开始执行恢复文件操作。

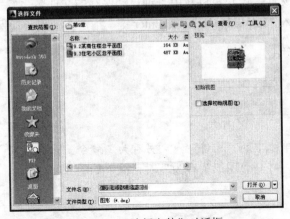

图 2-26 "选择文件"对话框

3. 保存文件

执行方式

命令名: QSAVE（或 SAVE）。

菜单栏: 选择菜单栏中的"文件"→"保存"命令。

工具栏: 单击"标准"工具栏中的→"保存"按钮 🖫。

执行上述命令后，若文件已命名，则系统自动保存文件，若文件未命名（即为默认名 drawing1.dwg），则系统打开"图形另存为"对话框，如图 2-27 所示，用户可以重新命名保存。在"保存于"下拉列表框中指定保存文件的路径，在"文件类型"下拉列表框中指定保存文件的类型。

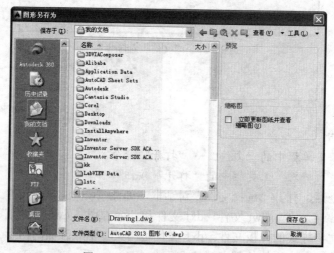

图 2-27　"图形另存为"对话框

为了防止因意外操作或计算机系统故障导致正在绘制的图形文件丢失，可以对当前图形文件设置自动保存，其操作方法如下。

（1）在命令行输入"SAVEFILEPATH"，按 Enter 键，设置所有自动保存文件的位置，如"D:\HU\"。

（2）在命令行输入"SAVEFILE"，按 Enter 键，设置自动保存文件名。该系统变量储存的文件名文件是只读文件，用户可以从中查询自动保存的文件名。

（3）在命令行输入"SAVETIME"，按 Enter 键，指定在使用自动保存时，多长时间保存一次图形，单位是"分"。

4. 另存为

执行方式

命令行: SAVEAS。

菜单栏: 选择菜单栏中的"文件"→"另存为"命令。

执行上述命令后，打开"图形另存为"对话框，如图 2-27 所示，系统用新的文件名保存，并为当前图形更名。

注意

系统打开"选择样板"对话框，在"文件类型"下拉列表框中有 4 种格式的图形样板，后缀分别是.dwt、.dwg、.dws 和.dxf。

5．退出

执行方式

命令行：QUIT 或 EXIT。

菜单栏：选择菜单栏中的"文件"→"退出"命令。

按钮：单击 AutoCAD 操作界面右上角的"关闭"按钮 X。

执行上述命令后，若用户对图形所做的修改尚未保存，则会打开如图 2-28 所示的"系统警告"对话框。单击"是"按钮，系统将保存文件，然后退出；单击"否"按钮，系统将不保存文件。若用户对图形所做的修改已经保存，则直接退出。

图 2-28 "系统警告"对话框

2.5 基本输入操作

2.5.1 命令输入方式

AutoCAD 交互绘图必须输入必要的指令和参数。有多种 AutoCAD 命令输入方式，下面以画直线为例，介绍命令输入方式。

（1）在命令行输入命令名。命令字符可不区分大小写，例如，命令"LINE"。执行命令时，在命令行提示中经常会出现命令选项。在命令行输入绘制直线命令"LINE"后，命令行中的提示如下。

> 命令：LINE
> 指定第一点：在绘图区指定一点或输入一个点的坐标
> 指定下一点或 [放弃(U)]：

命令行中不带括号的提示为默认选项（如上面的"指定下一点或"），因此，可以直接输入直线段的起点坐标或在绘图区指定一点，如果要选择其他选项，则应该首先输入该选项的标识字符，如"放弃"选项的标识字符"U"，然后按系统提示输入数据即可。在命令选项的后面有时还带有尖括号，尖括号内的数值为默认数值。

（2）在命令行输入命令缩写字。如 L（Line）、C（Circle）、A（Arc）、Z（Zoom）、R（Redraw）、M（Move）、CO（Copy）、PL（Pline）、E（Erase）等。

（3）选择"绘图"菜单栏中对应的命令，在命令行窗口中可以看到对应的命令说明及命令名。

（4）单击"绘图"工具栏中对应的按钮，命令行窗口中也可以看到对应的命令说明及命令名。

（5）在命令行打开快捷菜单。如果在前面刚使用过要输入的命令，可以在命令行右击，打开快捷菜单，在"最近使用的命令"子菜单中选择需要的命令，如图 2-29 所示。在"最近使用的命令"子菜单中储存最近使用的 6 个命令，如果经常重复使用某 6 个命令以内的命令，这种方法就比较快速简便。

（6）在绘图区右击。如果用户要重复使用上次使用的命令，可以直接在绘图区右击，系统立即重复执行上次使用的命令，这种方法适用于重复执行某个命令。

图 2-29　命令行快捷菜单

 注意

在命令行中输入坐标时，请检查此时的输入法是否是英文输入。如果是中文输入法，例如输入"150，20"，则由于逗号","的原因，系统会认定该坐标输入无效。这时，只需将输入法改为英文即可。

5.5.2　命令的重复、撤销、重做

（1）命令的重复。单击 Enter 键，可重复调用上一个命令，不管上一个命令是完成了还是被取消了。

（2）命令的撤销。在命令执行的任何时刻都可以取消和终止命令的执行。

执行方式

命令行：UNDO。

菜单栏：选择菜单栏中的"编辑"→"放弃"命令。

快捷键：按 Esc 键。

（3）命令的重做。已被撤销的命令要恢复重做，可以恢复撤销的最后一个命令。

图 2-30　多重放弃选项

执行方式

命令行：REDO。

菜单栏：选择菜单栏中的"编辑"→"重做"命令。

快捷键：按 Ctrl+Y 组合键。

AutoCAD 2014 可以一次执行多重放弃和重做操作。单击"标准"工具栏中的"放弃"按钮 ↺ 或"重做"按钮 ↻ 后面的小三角，可以选择要放弃或重做的操作，如图 2-30 所示。

2.5.3　透明命令

在 AutoCAD 2014 中有些命令不仅可以直接在命令行中使用，还可以在其他命令的执行过程中，插入并执行，待该命令执行完毕后，系统继续执行原命令，这种命令称为透明命令。透明命令一般多为修改图形设置或打开辅助绘图工具的命令。

2.2.2 节中 3 种命令的执行方式同样适用于透明命令的执行，例如，在命令行中进行如下操作。

命令：ARC

指定圆弧的起点或 [圆心(C)]：′ZOOM↙（透明使用显示缩放命令 ZOOM）

＞＞（执行 ZOOM 命令）

正在恢复执行 ARC 命令

指定圆弧的起点或 [圆心(C)]：继续执行原命令

2.5.4　按键定义

在 AutoCAD 2014 中，除了可以通过在命令行输入命令、单击工具栏按钮或选择菜单栏中的命令来完成操作外，还可以通过使用键盘上的一组或单个快捷键快速实现指定功能，如按 F1 键，系统调用 AutoCAD 帮助对话框。

系统使用 AutoCAD 传统标准（Windows 之前）或 Microsoft Windows 标准解释快捷键。有些快捷键在 AutoCAD 的菜单中已经指出，如"粘贴"的快捷键为"Ctrl+V"，这些只要用户在使用的过程中多加留意，就会熟练掌握。快捷键的定义见菜单命令后面的说明，如"粘贴 Ctrl+V"。

2.5.5　命令执行方式

有的命令有两种执行方式，通过对话框或通过命令行输入命令。如指定使用命令行方式，可以在命令名前加短画线来表示，如"-LAYER"表示用命令行方式执行"图层"命令。而如果在命令行输入"LAYER"，系统则会打开"图层特性管理器"对话框。

另外，有些命令同时存在命令行、菜单栏和工具栏 3 种执行方式，这时如果选择菜单栏或工具栏方式，命令行会显示该命令，并在前面加一下画线。例如，通过菜单栏或工具栏方式执行"直线"命令时，命令行会显示"_line"，命令的执行过程和结果与命令行方式相同。

2.5.6　坐标系统与数据输入法

1. 新建坐标系

AutoCAD 采用两种坐标系：世界坐标系（WCS）与用户坐标系。用户刚进入 AutoCAD 时的坐标系统就是世界坐标系，是固定的坐标系统。世界坐标系是坐标系统中的基准，绘制图形时大多都是在这个坐标系统下进行的。

执行方式

命令行：UCS。

菜单栏：选择菜单栏的"工具"→"新建 UCS"子菜单中相应的命令。

工具栏：单击"UCS"工具栏中的相应按钮。

AutoCAD 有两种视图显示方式：模型空间和图纸空间。模型空间使用单一视图显示，我们通常使用的都是这种显示方式；图纸空间能够在绘图区创建图形的多视图，用户可以对其中每一个视图进行单独操作。在默认情况下，当前 UCS 与 WCS 重合。如图 2-31 所示，图 2-31（a）为模型空间下的 UCS 坐标系图标，通常在绘图区左下角处；如当前 UCS 和 WCS 重合，则出现一个 W 字，如图 2-31（b）所示；也可以指定其放在当前 UCS 的实际坐标原点位置，此时出现一个十字，如图 2-31（c）所示；图 2-31（d）为图纸空间下的坐标系图标。

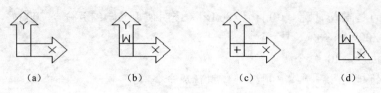

图 2-31 坐标系图标

2. 数据输入法

在 AutoCAD 2014 中，点的坐标可以用直角坐标、极坐标、球面坐标和柱面坐标表示，每一种坐标又分别具有两种坐标输入方式：绝对坐标和相对坐标。其中直角坐标和极坐标最为常用，具体输入方法如下。

1）直角坐标法

用点的 X、Y 坐标值表示的坐标。

在命令行中输入点的坐标"15,18"，则表示输入了一个 X、Y 的坐标值分别为 15、18 的点，此为绝对坐标输入方式，表示该点的坐标是相对于当前坐标原点的坐标值，如图 2-32（a）所示。如果输入"@10,20"，则为相对坐标输入方式，表示该点的坐标是相对于前一点的坐标值，如图 2-32（b）所示。

2）极坐标法

用长度和角度表示的坐标，只能用来表示二维点的坐标。

在绝对坐标输入方式下，表示为"长度<角度"，如"25<50"，其中长度表示该点到坐标原点的距离，角度表示该点到原点的连线与 X 轴正向的夹角，如图 2-32（c）所示。

在相对坐标输入方式下，表示为"@长度<角度"，如"@25<45"，其中长度为该点到前一点的距离，角度为该点至前一点的连线与 X 轴正向的夹角，如图 2-32（d）所示。

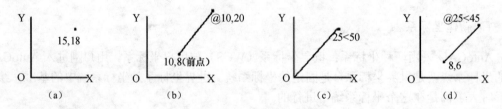

图 2-32 数据输入方法

3）动态数据输入

按下状态栏中的"动态输入"按钮，系统打开动态输入功能，可以在绘图区动态地输入某些参数数据。例如，绘制直线时，在光标附近，会动态地显示"指定第一个角点或"，以及后面的坐标框。当前坐标框中显示的是目前光标所在位置，可以输入数据，两个数据之间以逗号隔开，如图 2-33 所示。指定第一点后，系统动态显示直线的角度，同时要求输入线段长度值，如图 2-34 所示，其输入效果与"@长度<角度"方式相同。

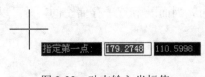

图 2-33 动态输入坐标值

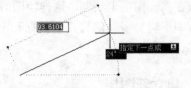

图 2-34 动态输入长度值

下面分别介绍点与距离值的输入方法。

（1）点的输入。在绘图过程中，常需要输入点的位置，AutoCAD 提供了如下几种输入点的方式。

① 用键盘直接在命令行输入点的坐标。直角坐标有两种输入方式："x,y"（点的绝对坐标值，如 "100,50"）和 "@x,y"（相对于上一点的相对坐标值，如 "@ 50,-30"）。

极坐标的输入方式为 "长度<角度"（其中，长度为点到坐标原点的距离，角度为原点至该点连线与 X 轴的正向夹角，如 "20<45"）或 "@长度<角度"（相对于上一点的相对极坐标，如 "@ 50<-30"）。

② 用鼠标等定标设备移动光标，在绘图区单击直接取点。

③ 用目标捕捉方式捕捉绘图区已有图形的特殊点（如端点、中点、中心点、插入点、交点、切点、垂足点等）。

④ 直接输入距离。先拖拉出直线以确定方向，然后用键盘输入距离。这样有利于准确控制对象的长度，如要绘制一条 10mm 长的线段，命令行提示与操作方法如下。

```
命令: _line
指定第一点: 在绘图区指定一点
指定下一点或 [放弃(U)]:
```

这时在绘图区移动光标指明线段的方向，但不要单击鼠标，然后在命令行输入 "10"，这样就在指定方向上准确地绘制了长度为 10mm 的线段，如图 2-35 所示。

（2）距离值的输入。在 AutoCAD 命令中，有时需要提供高度、宽度、半径、长度等表示距离的值。AutoCAD 系统提供了两种输入距离值的方式：一种是用键盘在命令行中直接输入数值；另一种是在绘图区选择两点，以两点的距离值确定出所需数值。

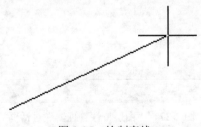

图 2-35 绘制直线

2.6 图层操作

AutoCAD 提供了图层工具，对每个图层规定其颜色和线型，并把具有相同特征的图形对象放在同一图层上绘制，这样绘图时不用分别设置对象的线型和颜色，不仅方便绘图，而且保存图形时只需存储其几何数据和所在图层即可，因而既节省了存储空间，又可以提高工作效率。

2.6.1　建立新图层

新建的 CAD 文档中只能自动创建一个名为"0"的特殊图层。默认情况下，图层 0 将被指定使用 7 号颜色、CONTINUOUS 线型、"默认"线宽，以及 NORMAL 打印样式。不能删除或重命名图层 0。通过创建新的图层，可以将类型相似的对象指定给同一个图层使其相关联。例如，可以将构造线、文字、标注和标题栏置于不同的图层上，并为这些图层指定通用特性。通过将对象分类放到各自的图层中，可以快速有效地控制对象的显示，以及对其进行更改。

1．执行方式

命令行：LAYER。
菜单栏：选择菜单栏中的"格式"→"图层"命令。
工具栏：单击"图层"工具栏中的"图层特性管理器"按钮 ，如图 2-36 所示。

图 2-36　"图层"工具栏

2．操作步骤

执行上述命令后，系统弹出"图层特性管理器"对话框，如图 2-37 所示。

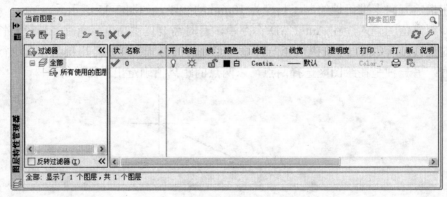

图 2-37　"图层特性管理器"对话框

单击"图层特性管理器"对话框中"新建"按钮 ，建立新图层，默认的图层名为"图层 1"。可以根据绘图需要，更改图层名，例如，改为实体层、中心线层或标准层等。

在一个图形中可以创建的图层数，以及在每个图层中可以创建的对象数实际上是无限的。图层最长可使用 252 个字符的字母数字命名。图层特性管理器按名称的字母顺序排列图层。

注意

如果要建立不止一个图层，无需重复单击"新建"按钮。更有效的方法：在建立一个新的图层"图层 1"后，改变图层名，在其后输入一个逗号"，"，这样就会又自动建立一个新图层"图层 1"，改变图层名，再输入一个逗号，又一个新的图层建立了，依次建立各个图层。也可以按两次 Enter 键，建立另一个新的图层。图层的名称也可以更改，直接双击图层名称，输入新的名称。

在每个图层属性设置中，包括"图层名称"、"关闭/打开图层"、"冻结/解冻图层"、"锁定/解锁图层"、"图层线条颜色"、"图层线条线型"、"图层线条宽度"、"图层打印样式"及图层"是否打印"9 个参数。下面将举例讲述如何设置这些图层参数。

（1）设置图层线条颜色。

在工程制图中，整个图形包含多种不同功能的图形对象，如实体、剖面线与尺寸标注等，为了便于直观区分它们，就有必要针对不同的图形对象使用不同的颜色，例如，实体层使用白色，剖面线层使用青色等。

要改变图层的颜色时，单击图层所对应的颜色图标，弹出"选择颜色"对话框，如图 2-38所示。它是一个标准的颜色设置对话框，可以使用索引颜色、真彩色和配色系统 3 个选项卡来选择颜色。系统显示的 RGB 配比，即 Red（红）、Green（绿）和 Blue（蓝）3 种颜色。

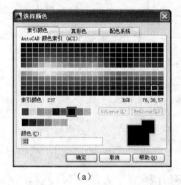 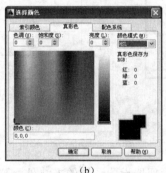 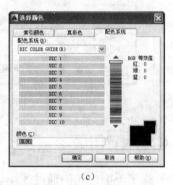

（a）　　　　　　　　（b）　　　　　　　　（c）

图 2-38　"选择颜色"对话框

（2）设置图层线型。

单击图层所对应的线型图标，弹出"选择线型"对话框，如图 2-39 所示。默认情况下，在"已加载的线型"列表框中，系统中只添加了 Continuous 线型。单击"加载"按钮，打开"加载或重载线型"对话框，如图 2-40 所示，可以看到 AutoCAD 还提供许多其他的线型，用鼠标选择所需线型，单击"确定"按钮，即可把该线型加载到"已加载的线型"列表框中，可以按住 Ctrl 键选择几种线型同时加载。

（3）设置图层线宽。

单击图层所对应的线宽图标，弹出"线宽"对话框，如图 2-41 所示。选择一个线宽，单击"确定"按钮完成对图层线宽的设置。

图层线宽的默认值为 0.25mm。在状态栏为"模型"状态时，显示的线宽同计算机的像素有关。线宽为零时，显示为一个像素的线宽。单击状态栏中的"线宽"按钮，屏幕上显示图形的线宽，显示的线宽与实际线宽成比例，如图 2-42 所示，但线宽不随着图形的放大和缩小而变化。"线宽"功能关闭时，不显示图形的线宽，图形的线宽均为默认值显示。可以在"线宽"对话框选择需要的线宽。

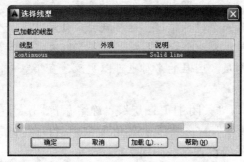

图 2-39　"选择线型"对话框

图 2-40　"加载或重载线型"对话框

图 2-41　"线宽"对话框

图 2-42　线宽显示效果图

2.6.2　设置图层

除了上面讲述的通过图层管理器设置图层的方法外，还有几种简便方法可以设置图层的颜色、线宽、线型等参数。

（1）直接设置图层。

可以直接通过命令行或菜单设置图层的颜色、线宽、线型，步骤如下。

① 执行方式

命令行：COLOR。

菜单栏：选择菜单栏中的"格式"→"颜色"命令。

② 操作步骤

执行上述命令后，系统弹出"选择颜色"对话框，如图 2-38 所示。

③ 执行方式

命令行：LINETYPE。

菜单栏：选择菜单栏中的"格式"→"线型"命令。

④ 操作步骤

执行上述命令后，系统弹出"线型管理器"对话框，如图 2-43 所示。

⑤ 执行方式

命令行：LINEWEIGHT 或 LWEIGHT。

菜单栏：选择菜单栏中的"格式"→"线宽"命令。

⑥ 操作步骤

执行上述命令后，系统弹出"线宽设置"对话框，如图 2-44 所示。该对话框的使用方法与图 2-41 所示的"线宽"对话框类似。

图 2-43　"线型管理器"对话框

图 2-44　"线宽设置"对话框

（2）利用"特性"工具栏设置图层。

AutoCAD 提供了一个"特性"工具栏，如图 2-45 所示。用户能够控制和使用工具栏上的"对象特性"工具栏快速地查看和改变所选对象的图层、颜色、线型和线宽等特性。"特性"工具栏上的图层颜色、线型、线宽和打印样式的控制增强了查看和编辑对象属性的命令。在绘图屏幕上选择任何对象都将在工具栏上自动显示它所在图层、颜色、线型等属性。

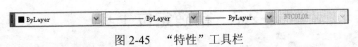

图 2-45　"特性"工具栏

也可以在"特性"工具栏上的"颜色"、"线型"、"线宽"和"打印样式"下拉列表中选择需要的参数值。如果在"颜色"下拉列表中选择"选择颜色"选项，如图 2-46 所示，系统就会打开"选择颜色"对话框，如图 2-38 所示；同样，如果在"线型"下拉列表中选择"其他"选项，如图 2-47 所示，系统就会打开"线型管理器"对话框，如图 2-43 所示。

图 2-46　"选择颜色"选项

图 2-47　"其他"选项

（3）用"特性"工具板设置图层。

① 执行方式

命令行：DDMODIFY 或 PROPERTIES。

菜单栏：选择菜单栏中的"修改"→"特性"命令。

工具栏：单击"标准"工具栏中的"特性"按钮▤。

② 操作步骤

执行上述命令后，系统弹出"特性"工具板，如图 2-48 所示。在其中可以方便地设置或修改图层、颜色、线型、线宽等属性。

图 2-48　"特性"工具板

2.7　精确定位工具

精确定位工具是指能够快速准确地定位某些特殊点（如端点、中点、圆心等）和特殊位置（如水平位置、垂直位置）的工具，包括"推断约束"、"捕捉模式"、"栅格显示"、"正交模式"、"极轴追踪"、"对象捕捉"、"三维对象捕捉"、"对象捕捉追踪"、"允许/禁止动态UCS"、"动态输入"、"显示/隐藏线宽"、"显示/隐藏透明度"、"快捷特征"、"注释监视器"和"选择循环"15 个功能开关按钮，如图 2-49 所示。

图 2-49　状态栏

2.7.1　正交模式

在 AutoCAD 绘图过程中，经常需要绘制水平直线和垂直直线，但是用光标控制选择线段的端点时很难保证两个点严格沿水平或垂直方向，为此，AutoCAD 提供了正交功能，当启用正交模式时，画线或移动对象时只能沿水平方向或垂直方向移动光标，也只能绘制平行于坐标轴的正交线段。

1. 执行方式

命令行：ORTHO。
状态栏：单击状态栏中的"正交模式"按钮 。
快捷键：按 F8 键。

2. 操作步骤

命令行提示与操作如下。

命令：ORTHO
输入模式 [开(ON)/关(OFF)] <开>：设置开或关

2.7.2 栅格显示

用户可以应用栅格显示工具使绘图区显示网格，它是一个形象的画图工具，就像传统的坐标纸一样。本节介绍控制栅格显示及设置栅格参数的方法。

1. 执行方式

菜单栏：选择菜单栏中的"工具"→"绘图设置"命令。
状态栏：单击状态栏中的"栅格显示"按钮 （仅限于打开与关闭）。
快捷键：按 F7 键（仅限于打开与关闭）。

2. 操作步骤

选择菜单栏中的"工具"→"绘图设置"命令，系统打开"草图设置"对话框，单击"捕捉和栅格"选项卡，如图 2-50 所示。

其中，"启用栅格"复选框用于控制是否显示栅格；"栅格 X 轴间距"和"栅格 Y 轴间距"文本框用于设置栅格在水平与垂直方向的间距。如果"栅格 X 轴间距"和"栅格 Y 轴间距"设置为 0，则 AutoCAD 系统会自动将捕捉栅格间距应用于栅格，且其原点和角度总是与捕捉栅格的原点和角度相同。另外，还可以通过 Grid 命令在命令行设置栅格间距。

注意

在"栅格 X 轴间距"和"栅格 Y 轴间距"文本框中输入数值时，若在"栅格 X 轴间距"文本框中输入一个数值后按 Enter 键，系统将自动传送这个值给"栅格 Y 轴间距"，这样可减少工作量。

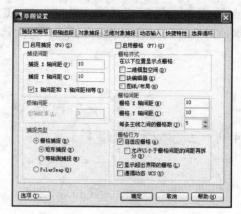

图 2-50   "捕捉和栅格"选项卡

2.7.3   捕捉模式

为了准确地在绘图区捕捉点，AutoCAD 提供了捕捉工具，可以在绘图区生成一个隐含的栅格（捕捉栅格），这个栅格能够捕捉光标，约束它只能落在栅格的某一个节点上，使用户能够高精确度地捕捉和选择这个栅格上的点。本节主要介绍捕捉栅格的参数设置方法。

1. 执行方式

菜单栏：选择菜单栏中的"工具"→"草图设置"命令。
状态栏：单击状态栏中的"捕捉模式"按钮 （仅限于打开与关闭）。
快捷键：按 F9 键（仅限于打开与关闭）。

2. 操作步骤

选择菜单栏中的"工具"→"绘图设置"命令，打开"草图设置"对话框，单击"捕捉和栅格"选项卡，如图 2-50 所示。

3. 选项说明

"捕捉和栅格"选项卡各个选项的含义如表 2-3 所示。

表 2-3   "捕捉和栅格"选项卡各个选项的含义

选项	含义
"启用捕捉"复选框	控制捕捉功能的开关，与按 F9 快捷键或单击状态栏上的"捕捉模式"按钮 功能相同
"捕捉间距"选项组	设置捕捉参数，其中"捕捉 X 轴间距"与"捕捉 Y 轴间距"文本框用于确定捕捉栅格点在水平和垂直两个方向上的间距
"捕捉类型"选项组	确定捕捉类型和样式。AutoCAD 提供了两种捕捉栅格的方式："栅格捕捉"和"polarsnap（极轴捕捉）"。"栅格捕捉"是指按正交位置捕捉位置点，"极轴捕捉"则可以根据设置的任意极轴角捕捉位置点。 "栅格捕捉"又分为"矩形捕捉"和"等轴测捕捉"两种方式。在"矩形捕捉"方式下捕捉栅格是标准的矩形，在"等轴测捕捉"方式下捕捉栅格和光标十字线不再互相垂直，而是成绘制等轴测图时的特定角度，这种方式对于绘制等轴测图十分方便
"极轴间距"选项组	该选项组只有在选择 polarsnap 捕捉类型时才可用。可在"极轴距离"文本框中输入距离值，也可以在命令行输入"SNAP"，设置捕捉的有关参数

2.8 图块操作

图块又称块，它是由一组图形对象组成的集合，一组对象一旦被定义为图块，它们将成为一个整体，选中图块中任意一个图形对象即可选中构成图块的所有对象。AutoCAD 把一个图块作为一个对象进行编辑修改等操作，用户可根据绘图需要把图块插入到图中指定的位置，在插入时还可以指定不同的缩放比例和旋转角度。如果需要对组成图块的单个图形对象进行修改，还可以利用"分解"命令把图块炸开，分解成若干个对象。图块还可以重新定义，一旦被重新定义，整个图中基于该块的对象都将随之改变。

2.8.1 定义图块

1. 执行方式

命令行：BLOCK（快捷命令：B）。
菜单栏：选择菜单栏中的"绘图"→"块"→"创建"命令。
工具栏：单击"绘图"工具栏中的"创建块"按钮🔲。
执行上述命令后，系统打开如图 2-51 所示的"块定义"对话框，利用该对话框可定义图块并为之命名。

图 2-51 "块定义"对话框

2. 选项说明

"创建"命令各个选项的含义如表 2-4 所示。

表 2-4 "创建"命令各个选项的含义

选项	含义
"基点"选项组	确定图块的基点，默认值是（0,0,0），也可以在下面的 X、Y、Z 文本框中输入块的基点坐标值。单击"拾取点"按钮🔲，系统临时切换到绘图区，在绘图区选择一点后，返回"块定义"对话框，把选择的点作为图块的放置基点
"对象"选项组	用于选择制作图块的对象，以及设置图块对象的相关属性。如图 2-52 所示，把图 2-52（a）中的正五边形定义为图块，2-52 图（b）为单击"删除"单选钮的结果，图 2-52（c）为单击"保留"单选钮的结果。 （a）　　　（b）　　　（c） 图 2-52 设置图块对象

续表

选项	含义
"设置"选项组	指定从 AutoCAD 设计中心拖动图块时用于测量图块的单位，以及缩放、分解和超链接等设置
"在块编辑器中打开"复选框	选中此复选框，可以在块编辑器中定义动态块，后面将详细介绍
"方式"选项组	指定块的行为。"注释性"复选框，指定在图纸空间中块参照的方向与布局方向匹配；"按统一比例缩放"复选框，指定是否阻止块参照不按统一比例缩放；"允许分解"复选框，指定块参照是否可以被分解

2.8.2　图块的存盘

利用 BLOCK 命令定义的图块保存在其所属的图形当中，该图块只能在该图形中插入，而不能插入到其他的图形中。但是有些图块在许多图形中要经常用到，这时可以用 WBLOCK 命令把图块以图形文件的形式（后缀为.dwg）写入磁盘。图形文件可以在任意图形中用 INSERT 命令插入。

1. 执行方式

命令行：WBLOCK（快捷命令：W）。

执行上述命令后，系统打开"写块"对话框，如图 2-53 所示，利用此对话框可把图形对象保存为图形文件或把图块转换成图形文件。

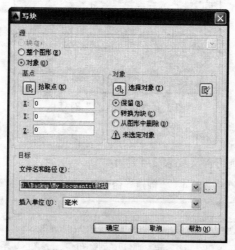

图 2-53　"写块"对话框

2. 选项说明

"写块"对话框各个选项的含义如表 2-5 所示。

表 2-5   "写块"对话框各个选项的含义

选项	含义
"源"选项组	确定要保存为图形文件的图块或图形对象。单击"块"单选钮,单击右侧的下拉列表框,在其展开的列表中选择一个图块,将其保存为图形文件;单击"整个图形"单选钮,则把当前的整个图形保存为图形文件;单击"对象"单选钮,则把不属于图块的图形对象保存为图形文件。对象的选择通过"对象"选项组来完成
"目标"选项组	用于指定图形文件的名称、保存路径和插入单位

2.8.3 图块的插入

在 AutoCAD 绘图过程中,可根据需要随时把已经定义好的图块或图形文件插入到当前图形的任意位置,在插入的同时还可以改变图块的大小、旋转一定角度或把图块炸开等。插入图块的方法有多种,本节将逐一进行介绍。

1. 执行方式

命令行: INSERT(快捷命令: I)。
菜单栏:选择菜单栏中的"插入"→"块"命令。
工具栏:单击"插入点"工具栏中的"插入块"按钮或"绘图"工具栏中的"插入块"按钮。

执行上述命令后,系统打开"插入"对话框,如图 2-54 所示,可以指定要插入的图块及插入位置。

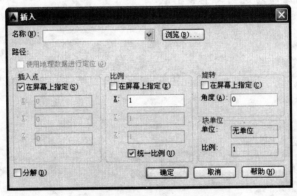

图 2-54   "插入"对话框

2. 选项说明

"插入"对话框各个选项的含义如表 2-6 所示。

表2-6 "插入"对话框各个选项的含义

选项	含义
"路径"显示框	显示图块的保存路径
"插入点"选项组	指定插入点，插入图块时该点与图块的基点重合。可以在绘图区指定该点，也可以在下面的文本框中输入坐标值
"比例"选项组	确定插入图块时的缩放比例。图块被插入到当前图形中时，可以以任意比例放大或缩小
"旋转"选项组	指定插入图块时的旋转角度。图块被插入到当前图形中时，可以绕其基点旋转一定的角度，角度可以是正数（表示沿逆时针方向旋转），也可以是负数（表示沿顺时针方向旋转）。 如果选中"在屏幕上指定"复选框，系统切换到绘图区，在绘图区选择一点，AutoCAD 自动测量插入点与该点连线和 X 轴正方向之间的夹角，并把它作为块的旋转角。也可以在"角度"文本框中直接输入插入图块时的旋转角度
"分解"复选框	选中此复选框，则在插入块的同时把其炸开，插入到图形中的组成块对象不再是一个整体，可对每个对象单独进行编辑操作

2.9 设计中心

使用 AutoCAD 设计中心可以很容易地组织设计内容，并把它们拖动到自己的图形中。可以使用 AutoCAD 设计中心窗口的内容显示区，来观察用 AutoCAD 设计中心资源管理器所浏览资源的细目，如图 2-55 所示。在该图中，左侧方框为 AutoCAD 设计中心的资源管理器，右侧方框为 AutoCAD 设计中心的内容显示区。其中上面窗口为文件显示框，中间窗口为图形预览显示框，下面窗口为说明文本显示框。

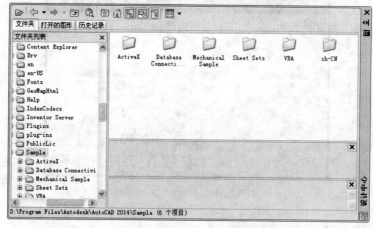

图 2-55 AutoCAD设计中心的资源管理器和内容显示区

2.9.1 启动设计中心

执行方式

命令行：ADCENTER（快捷命令：ADC）。

菜单栏：选择菜单栏中的"工具"→"选项板"→"设计中心"命令。

工具栏：单击"标准"工具栏中的"设计中心"按钮。

快捷键：按 Ctrl+2 组合键。

执行上述命令后，系统打开"设计中心"选项板。第一次启动设计中心时，默认打开的选项卡为"文件夹"选项卡。内容显示区采用大图标显示，左边的资源管理器采用树状显示方式显示系统的树形结构，浏览资源的同时，在内容显示区显示所浏览资源的有关细目或内容，如图 2-55 所示。

可以利用鼠标拖动边框的方法来改变 AutoCAD 设计中心资源管理器和内容显示区，以及 AutoCAD 绘图区的大小，但内容显示区的最小尺寸应能显示两列大图标。

如果要改变 AutoCAD 设计中心的位置，可以按住鼠标左键拖动它，松开鼠标左键后，AutoCAD 设计中心便处于当前位置，到新位置后，仍可用鼠标改变各窗口的大小。也可以通过设计中心边框左上方的"自动隐藏"按钮来自动隐藏设计中心。

2.9.2 插入图块

在利用 AutoCAD 绘制图形时，可以将图块插入到图形当中。将一个图块插入到图形中时，块定义就被复制到图形数据库当中。在一个图块被插入图形之后，如果原来的图块被修改，则插入到图形当中的图块也随之改变。

当其他命令正在执行时，不能插入图块到图形当中。例如，如果在插入块时，在提示行正在执行一个命令，此时光标变成一个带斜线的圆，提示操作无效。另外，一次只能插入一个图块。AutoCAD 设计中心提供了插入图块的两种方法："利用鼠标指定比例和旋转方式"和"精确指定坐标、比例和旋转角度方式"。

（1）利用鼠标指定比例和旋转方式插入图块。

系统根据光标拉出的线段长度、角度确定比例与旋转角度，插入图块的步骤如下。

① 从文件夹列表或查找结果列表中选择要插入的图块，按住鼠标左键，将其拖动到打开的图形中。松开鼠标左键，此时选择的对象被插入到当前被打开的图形当中。利用当前设置的捕捉方式，可以将对象插入到任何存在的图形当中。

② 在绘图区单击指定一点作为插入点，移动鼠标，光标位置点与插入点之间距离为缩放比例，单击确定比例。采用同样的方法移动鼠标，光标指定位置和插入点的连线与水平线的夹角为旋转角度。被选择的对象就根据光标指定的比例和角度插入到图形当中。

（2）精确指定坐标、比例和旋转角度方式插入图块。

利用该方法可以设置插入图块的参数，插入图块的步骤如下。

① 从文件夹列表或查找结果列表中选择要插入的对象，拖动对象到打开的图形中。

② 右击，可以选择快捷菜单中的"缩放"、"旋转"等命令，如图 2-56 所示。

③ 在相应的命令行提示下输入比例和旋转角度等数值。被选择的对象根据指定的参数插入到图形当中。

图 2-56 快捷菜单

2.9.3　图形复制

（1）在图形之间复制图块。

利用 AutoCAD 设计中心可以浏览和装载需要复制的图块，然后将图块复制到剪贴板中，再利用剪贴板将图块粘贴到图形当中，具体方法如下。

① 在"设计中心"选项板选择需要复制的图块，右击，选择快捷菜单中的"复制"命令。

② 将图块复制到剪贴板上，然后通过"粘贴"命令粘贴到当前图形上。

（2）在图形之间复制图层。

利用 AutoCAD 设计中心可以将任何一个图形的图层复制到其他图形。如果已经绘制了一个包括设计所需的所有图层的图形，在绘制新图形的时候，可以新建一个图形，并通过 AutoCAD 设计中心将已有的图层复制到新的图形当中，这样可以节省时间，并保证图形间的一致性。现对图形之间复制图层的两种方法介绍如下。

① 拖动图层到已打开的图形。确认要复制图层的目标图形文件已打开，并且是当前的图形文件。在"设计中心"选项板中选择要复制的一个或多个图层，按住鼠标左键拖动图层到打开的图形文件，松开鼠标后被选择的图层即被复制到打开的图形当中。

② 复制或粘贴图层到打开的图形。确认要复制图层的图形文件已打开，并且是当前的图形文件。在"设计中心"选项板中选择要复制的一个或多个图层，右击，选择快捷菜单中的"复制"命令。如果要粘贴图层，确认粘贴的目标图形文件已打开，并为当前文件。

2.10　工具选项板

工具选项板中的选项卡提供了组织、共享和放置块，以及填充图案的有效方法。工具选项板还可以包含由第三方开发人员提供的自定义工具。

2.10.1　打开工具选项板

执行方式

命令行：TOOLPALETTES（快捷命令：TP）。

菜单栏：选择菜单栏中的"工具"→"选项板"→"工具选项板"命令。

工具栏：单击"标准"工具栏中的"工具选项板窗口"按钮。

快捷键：按 Ctrl + 3 组合键。

执行上述命令后，系统自动打开工具选项板，如图 2-57 所示。

在工具选项板中，系统设置了一些常用图形选项卡，这些常用图形可以方便用户绘图。

⚠ 注意

在绘图中还可以将常用命令添加到工具选项板中。"自定义"对话框打开后，就可以将工具按钮从工具栏拖到工具选项板中，或将工具

图 2-57　工具选项板

从"自定义用户界面（CUI）"编辑器拖到工具选项板中。

2.10.2　新建工具选项板

用户可以创建新的工具选项板，这样有利于个性化作图，也能够满足特殊作图需要。

执行方式

命令行：CUSTOMIZE。

菜单栏：选择菜单栏中的"工具"→"自定义"→"工具选项板"命令。

工具选项板：单击"工具选项板"中的"特性"按钮 ，在打开的快捷菜单中选择"自定义选项板"（或"新建选项板"）命令。

执行上述命令后，系统打开"自定义"对话框，如图 2-58 所示。在"选项板"列表框中右击，打开快捷菜单，如图 2-59 所示，选择"新建选项板"命令，在"选项板"列表框中出现一个"新建选项板"，可以为新建的工具选项板命名，确定后，工具选项板中就增加了一个新建选项卡，如图 2-60 所示。

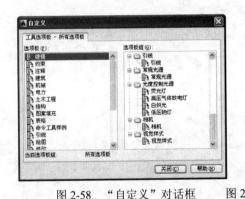
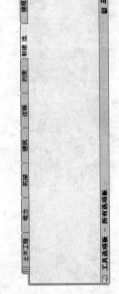

图 2-58　"自定义"对话框　　　图 2-59　选择"新建选项板"命令　　　图 2-60　新建选项卡

2.10.3　向工具选项板中添加内容

将图形、块和图案填充从设计中心拖动到工具选项板中

例如，在 Designcenter 文件夹上右击，系统打开快捷菜单，选择"创建块的工具选项板"命令，如图 2-61（a）所示。设计中心中储存的图元就出现在工具选项板中新建的 Designcenter 选项卡上，如图 2-61（b）所示，这样就可以将设计中心与工具选项板结合起来，创建一个快捷方便的工具选项板。将工具选项板中的图形拖动到另一个图形中时，图形将作为块插入。

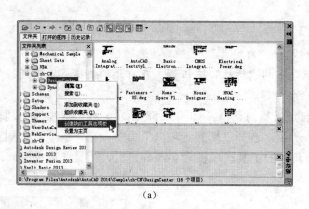

（a）　　　　　　　　　　　　　　　（b）

图 2-61　将储存图元创建成"设计中心"工具选项板

第3章

二维绘图命令

· · · · · · · ·

二维图形是指在二维平面空间绘制的图形，AutoCAD 提供了大量的绘图工具，可以帮助用户完成二维图形的绘制。用户利用 AutoCAD 提供的二维绘图命令，可以快速方便地完成某些图形的绘制。本章主要介绍直线、圆和圆弧、椭圆与椭圆弧、平面图形和点的绘制。

3.1 直线类命令

直线类命令包括直线段、射线和构造线命令。这几个命令是 AutoCAD 中最简单的绘图命令。

3.1.1 直线段

1. 执行方式

命令行：LINE（快捷命令：L）。
菜单栏：选择菜单栏中的"绘图"→"直线"命令。
工具栏：单击"绘图"工具栏中的"直线"按钮 。

2. 操作步骤

命令行提示与操作如下。

命令：LINE
指定第一点：输入直线段的起点坐标或在绘图区单击指定点
指定下一点或 [放弃（U）]：输入直线段的端点坐标，或利用光标指定一定角度后，直接输入直线的长度
指定下一点或 [放弃（U）]：输入下一直线段的端点，或输入选项"U"表示放弃前面的输入；右击或按 Enter 键，结束命令
指定下一点或 [闭合（C）/放弃（U）]：输入下一直线段的端点，或输入选项"C"使图

形闭合，结束命令

3. 选项说明

"直线"命令各个选项的含义如表 3-1 所示。

表 3-1 "直线"命令各个选项的含义

选项	含义
"指定第一点"提示	若采用按 Enter 键响应"指定第一点"提示，系统会把上次绘制图线的终点作为本次图线的起始点。若上次操作为绘制圆弧，按 Enter 键响应后绘出通过圆弧终点并与该圆弧相切的直线段，该线段的长度为光标在绘图区指定的一点与切点之间线段的距离
"指定下一点"提示	在"指定下一点"提示下，用户可以指定多个端点，从而绘出多条直线段。但是，每一段直线是一个独立的对象，可以进行单独的编辑操作
若采用输入选项"C"响应"指定下一点"提示	绘制两条以上直线段后，若采用输入选项"C"响应"指定下一点"提示，系统会自动连接起始点和最后一个端点，从而绘出封闭的图形
若采用输入选项"U"响应提示	若采用输入选项"U"响应提示，则删除最近一次绘制的直线段

 注意

若设置正交方式（单击状态栏中的"正交模式"按钮 ），只能绘制水平线段或垂直线段。若设置动态数据输入方式（单击状态栏中的"动态输入"按钮 ），则可以动态输入坐标或长度值，效果与非动态数据输入方式类似。除了特别需要，以后不再强调，而只按非动态数据输入方式输入相关数据。

3.1.2 实例——标高符号

绘制如图 3-1 所示的标高符号。

绘制步骤

```
命令: _line 指定第一点: 100,100（1 点）
指定下一点或 [放弃（U）]: @40,-135
指定下一点或 [放弃（U）]: u（输入错误，取消上次操作）
指定下一点或 [放弃（U）]: @40<-135（2 点，也可以按下状态栏上"DYN"按钮，在
鼠标位置为 135° 时，动态输入 40，如图 3-2 所示，下同）
指定下一点或 [放弃（U）]: @40<135（3 点，相对极坐标数值输入方法，此方法便于
控制线段长度）
指定下一点或 [闭合（C）/放弃（U）]: @180,0（4 点，相对直角坐标数值输入方法，
此方法便于控制坐标点之间正交距离）
指定下一点或 [闭合（C）/放弃（U）]:（回车结束直线命令）
```

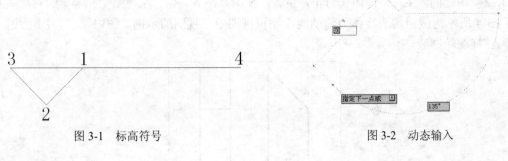

图 3-1 标高符号　　　　　　　　图 3-2 动态输入

注意

一般每个命令有 3 种执行方式，这里只给出了命令行执行方式，其他两种执行方式的操作方法与命令行执行方式相同。

3.1.3 构造线

1. 执行方式

命令行：XLINE（快捷命令：XL）。
菜单栏：选择菜单栏中的"绘图"→"构造线"命令。
工具栏：单击"绘图"工具栏中的"构造线"按钮。

2. 操作步骤

命令行提示与操作如下。

命令：XLINE
指定点或 [水平（H）/垂直（V）/角度（A）/二等分（B）/偏移（O）]：指定起点 1
指定通过点：指定通过点 2，绘制一条双向无限长直线
指定通过点：继续指定点，继续绘制直线，如图 3-3（a）所示，按 Enter 键结束命令

3. 选项说明

（1）利用选项中"指定点"、"水平"、"垂直"、"角度"、"二等分"和"偏移"6 种方式绘制构造线，分别如图 3-3（a）～（f）所示。

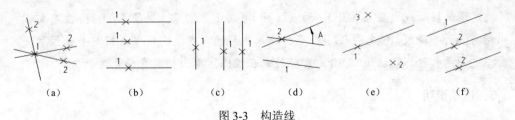

（a）　　　　（b）　　　　（c）　　　　（d）　　　　（e）　　　　（f）

图 3-3 构造线

（2）构造线模拟手工作图中的辅助作图线。用特殊的线型显示，在图形输出时可不作输出。应用构造线作为辅助线绘制机械图中的三视图是构造线的最主要用途，构造线的应用保

证了三视图之间"主、俯视图长对正，主、左视图高平齐，俯、左视图宽相等"的对应关系。如图 3-4 所示为应用构造线作为辅助线绘制机械图中三视图的示例。图中细线为构造线，粗线为三视图轮廓线。

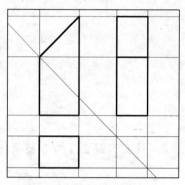

图 3-4　构造线辅助绘制三视图

3.2　圆类命令

圆类命令主要包括圆、圆弧、圆环、椭圆及椭圆弧命令，这几个命令是 AutoCAD 中最简单的曲线命令。

3.2.1　圆

1．执行方式

命令行：CIRCLE（快捷命令：C）。
菜单栏：选择菜单栏中的"绘图"→"圆"命令。
工具栏：单击"绘图"工具栏中的"圆"按钮⊙。

2．操作步骤

命令行提示与操作如下。

命令：CIRCLE
指定圆的圆心或 [三点（3P）/两点（2P）/切点、切点、半径（T）]：指定圆心
指定圆的半径或 [直径（D）]：直接输入半径值或在绘图区单击指定半径长度
指定圆的直径 <默认值>：输入直径值或在绘图区单击指定直径长度

3．选项说明

"圆"命令各个选项的含义如表 3-2 所示。

表3-2 "圆"命令各个选项的含义

选项	含义
三点（3P）	通过指定圆周上三点绘制圆
两点（2P）	通过指定直径的两端点绘制圆
切点、切点、半径（T）	通过先指定两个相切对象，再给出半径的方法绘制圆。如图3-5所示给出了以"切点、切点、半径"方式绘制圆的各种情形（加粗的圆为最后绘制的圆）。 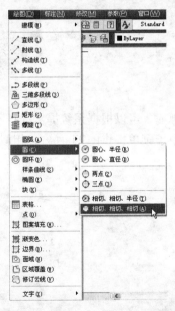 （a）　　　（b）　　　（c）　　　（d） 图3-5　圆与另外两个对象相切

🛈 注意

选择菜单栏中的"绘图"→"圆"命令，其子菜单中多了一种"相切、相切、相切"的绘制方法，当选择此方式时（图3-6），命令行提示与操作如下。

图3-6　"相切、相切、相切"绘制方法

指定圆上的第一个点：_tan 到：选择相切的第一个圆弧
指定圆上的第二个点：_tan 到：选择相切的第二个圆弧
指定圆上的第三个点：_tan 到：选择相切的第三个圆弧

①　注意

对于圆心点的选择，除了直接输入圆心点外，还可以利用圆心点与中心线的对应关系，利用对象捕捉的方法选择。单击状态栏中的"对象捕捉"按钮▢，命令行中会提示"命令：<对象捕捉开>"。

3.2.2　圆弧

1．执行方式

命令行：ARC（快捷命令：A）。

菜单栏：选择菜单栏中的"绘图"→"圆弧"命令。

工具栏：单击"绘图"工具栏中的"圆弧"按钮▟。

2．操作步骤

命令行提示与操作如下。

命令：ARC
指定圆弧的起点或 [圆心（C）]：指定起点
指定圆弧的第二点或 [圆心（C）/端点（E）]：指定第二点
指定圆弧的端点：指定末端点

3．选项说明

（1）用命令行方式绘制圆弧时，可以根据系统提示选择不同的选项，具体功能和利用菜单栏中的"绘图"→"圆弧"中子菜单提供的 11 种方式相似。这 11 种方式绘制的圆弧分别如图 3-7（a）～（k）所示。

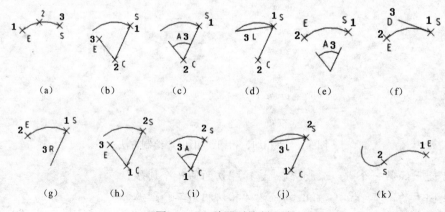

图 3-7　11 种圆弧绘制方法

（2）需要强调的是"继续"方式，绘制的圆弧与上一线段圆弧相切。继续绘制圆弧段，只提供端点即可。

⊘ **注意**

绘制圆弧时，注意圆弧的曲率是遵循逆时针方向的，所以在选择指定圆弧两个端点和半径模式时，需要注意端点的指定顺序，否则有可能导致圆弧的凹凸形状与预期的相反。

3.2.3 圆环

1. 执行方式

命令行：DONUT（快捷命令：DO）。
菜单栏：选择菜单栏中的"绘图"→"圆环"命令。

2. 操作步骤

命令行提示与操作如下。

命令：DONUT
指定圆环的内径〈默认值〉：指定圆环内径
指定圆环的外径〈默认值〉：指定圆环外径
指定圆环的中心点或〈退出〉：指定圆环的中心点
指定圆环的中心点或〈退出〉：继续指定圆环的中心点，则继续绘制相同内外径的圆环
按 Enter、Space 键或右击，结束命令，如图 3-8（a）所示。

3. 选项说明

（1）若指定内径为 0，则画出实心填充圆，如图 3-8（b）所示。
（2）用命令"FILL"可以控制圆环是否填充，具体方法如下。

命令：FILL
输入模式［开（ON）/关（OFF）］〈开〉：（选择"开"表示填充，选择"关"表示不填充，如图 3-8（c）所示）

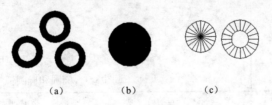

(a)　　　　(b)　　　　(c)

图 3-8　绘制圆环

3.2.4 椭圆与椭圆弧

1. 执行方式

命令行：ELLIPSE（快捷命令：EL）。
菜单栏：选择菜单栏中的"绘图"→"椭圆"→"圆弧"命令。

工具栏：单击"绘图"工具栏中的"椭圆"按钮✎或"椭圆弧"按钮✎。

2. 操作步骤

命令行提示与操作如下。

命令：ELLIPSE
指定椭圆的轴端点或 [圆弧（A）/中心点（C）]：指定轴端点 1，如图 3-9（a）所示
指定轴的另一个端点：指定轴端点 2，如图 3-9（a）所示
指定另一条半轴长度或 [旋转（R）]：

3. 选项说明

"椭圆与椭圆弧命令"各个选项的含义如表 3-3 所示。

表 3-3 "椭圆与椭圆弧"命令各个选项的含义

选项	含义		
指定椭圆的轴端点	根据两个端点定义椭圆的第一条轴，第一条轴的角度确定了整个椭圆的角度。第一条轴既可定义椭圆的长轴，也可定义其短轴		
圆弧（A）	用于创建一段椭圆弧，与"单击'绘图'工具栏中的'椭圆弧'按钮✎"功能相同。其中第一条轴的角度确定了椭圆弧的角度。第一条轴既可定义椭圆弧长轴，也可定义其短轴。选择该项，系统命令行中继续提示如下。 指定椭圆弧的轴端点或 [中心点（C）]：指定端点或输入"C" 指定轴的另一个端点：指定另一端点 指定另一条半轴长度或 [旋转（R）]：指定另一条半轴长度或输入"R" 指定起始角度或 [参数（P）]：指定起始角度或输入"P" 指定终止角度或 [参数（P）/包含角度（I）]： 其中各选项含义如下。		
	起始角度	指定椭圆弧端点的两种方式之一，光标与椭圆中心点连线的夹角为椭圆端点位置的角度，如图 3-9（b）所示。 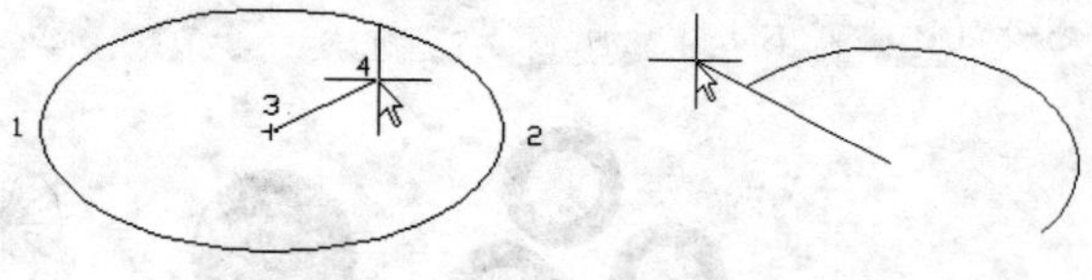 （a）椭圆　　　　　　　　　　（b）椭圆弧 图 3-9　椭圆和椭圆弧	
	参数（P）	指定椭圆弧端点的另一种方式，该方式同样是指定椭圆弧端点的角度，但通过以下矢量参数方程式创建椭圆弧。 $p(u)=c+a \times \cos(u)+b \times \sin(u)$ 其中，c 是椭圆的中心点，a 和 b 分别是椭圆的长轴和短轴，u 为光标与椭圆中心点连线的夹角	
	包含角度（I）	定义从起始角度开始的包含角度	
中心点（C）	通过指定的中心点创建椭圆		
旋转（R）	通过绕第一条轴旋转圆来创建椭圆。相当于将一个圆绕椭圆轴翻转一个角度后的投影视图		

⚠ 注意

椭圆命令生成的椭圆是以多段线还是以椭圆为实体，是由 PELLIPSE 系统变量决定的，当其为 1 时，生成的椭圆就是以多段线形式存在。

3.3 平面图形

3.3.1 矩形

1. 执行方式

命令行：RECTANG（快捷命令：REC）。

菜单栏：选择菜单栏中的"绘图"→"矩形"命令。

工具栏：单击"绘图"工具栏中的"矩形"按钮 ▢。

2. 操作步骤

命令行提示与操作如下。

命令：RECTANG
指定第一个角点或 [倒角（C）/标高（E）/圆角（F）/厚度（T）/宽度（W）]：指定角点
指定另一个角点或 [面积（A）/尺寸（D）/旋转（R）]：

3. 选项说明

"矩形"命令各个选项的含义如表 3-4 所示。

表 3-4 "矩形"命令各个选项的含义

选项	含义
第一个角点	通过指定两个角点确定矩形，如图 3-10（a）所示。 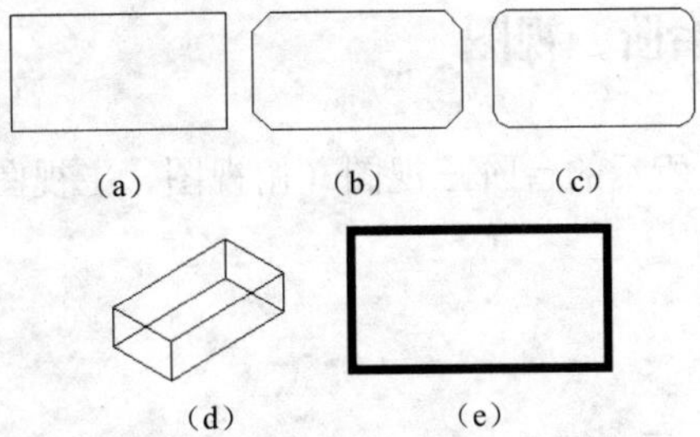 （a）　　　（b）　　　（c） （d）　　　（e） 图 3-10 绘制矩形
倒角（C）	指定倒角距离，绘制带倒角的矩形，如图 3-10（b）所示。每一个角点的逆时针和顺时针方向的倒角可以相同，也可以不同，其中第一个倒角距离是指角点逆时针方向倒角距离，第二个倒角距离是指角点顺时针方向倒角距离
标高（E）	指定矩形标高（Z 坐标），即把矩形放置在标高为 Z 并与 XOY 坐标面平行的平面上，并作为后续矩形的标高值

选项	含义
圆角（F）	指定圆角半径，绘制带圆角的矩形，如图 3-10（c）所示
厚度（T）	指定矩形的厚度，如图 3-10（d）所示
宽度（W）	指定线宽，如图 3-10（e）所示
面积（A）	指定面积和长或宽创建矩形。选择该项，命令行提示与操作如下。 输入以当前单位计算的矩形面积 <20.0000>：输入面积值 计算矩形标注时依据 [长度（L）/宽度（W）] <长度>：按 Enter 键或输入 "W" 输入矩形长度 <3.0000>：指定长度或宽度 指定长度或宽度后，系统自动计算另一个维度，绘制出矩形。如果矩形被倒角或圆角，则长度或面积计算中也会考虑此设置，如图 3-11 所示。 倒角距离（1，1）　圆角半径：1.0 面积：20 长度：6　面积：20 长度：6 图 3-11　按面积绘制矩形
尺寸（D）	使用长和宽创建矩形，第二个指定点将矩形定位在与第一角点相关的 4 个位置之一内
旋转（R）	使所绘制的矩形旋转一定角度。选择该项，命令行提示与操作如下。 指定旋转角度或 [拾取点（P）] <135>：指定角度 指定另一个角点或 [面积（A）/尺寸（D）/旋转（R）]：指定另一个角点或选择其他选项 指定旋转角度后，系统按指定角度创建矩形，如图 3-12 所示。 图 3-12　按指定旋转角度绘制矩形

3.3.2　实例——台阶三视图

绘制如图 3-13 所示的台阶三视图（俯视图、主视图、左视图）。

图 3-13　台阶三视图

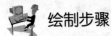

绘制步骤

（1）单击"缩放"工具栏上的"缩放"按钮，缩放图形至合适的比例，命令行提示与操作如下。

```
命令：'_zoom
指定窗口角点，输入比例因子 （nX 或 nXP），或[全部（A）/中心点（C）/动态（D）/
范围（E）/上一个（P）/比例（S）/窗口（W）]<实时>：_c
指定中心点：1400,600
输入比例或高度<1549.7885>：2000
```

（2）单击"绘图"工具栏中的"矩形"按钮，绘制矩形，命令行提示与操作如下。

```
命令：_rectang
指定第一个角点或 [倒角（C）/标高（E）/圆角（F）/厚度（T）/宽度（W）]：0,0
指定另一个角点或 [面积（A）/尺寸（D）/旋转（R）]：@2000,210
```

绘制结果如图 3-14 所示。

（3）单击"绘图"工具栏中的"矩形"按钮，绘制台阶俯视图，命令行提示与操作如下。

```
命令：_rectang
指定第一个角点或 [倒角（C）/标高（E）/圆角（F）/厚度（T）/宽度（W）]：0,210
指定另一个角点或 [面积（A）/尺寸（D）/旋转（R）]：@2000,210
命令：_rectang
指定第一个角点或 [倒角（C）/标高（E）/圆角（F）/厚度（T）/宽度（W）]：0,420
指定另一个角点或 [面积（A）/尺寸（D）/旋转（R）]：@2000,210
```

绘制结果如图 3-15 所示。

（4）单击"绘图"工具栏中的"矩形"按钮，绘制台阶主视图，命令行提示与操作如下。

```
命令：_rectang
指定第一个角点或 [倒角（C）/标高（E）/圆角（F）/厚度（T）/宽度（W）]：0,950
指定另一个角点或 [面积（A）/尺寸（D）/旋转（R）]：@2000,150
命令：_rectang
指定第一个角点或 [倒角（C）/标高（E）/圆角（F）/厚度（T）/宽度（W）]：0,950
指定另一个角点或 [面积（A）/尺寸（D）/旋转（R）]：@2000,-150
```

绘制结果如图 3-16 所示。

图 3-14　绘制矩形　　图 3-15　绘制台阶俯视图　　图 3-16　绘制台阶主视图

（5）单击"绘图"工具栏中的"直线"按钮，绘制台阶左视图，命令行提示与操作如下。

```
命令：_line
指定第一点：2300,800
```

```
指定下一点或 [放弃（U）]: @210,0
指定下一点或 [放弃（U）]: @0,150
指定下一点或 [闭合（C）/放弃（U）]: @210,0
指定下一点或 [闭合（C）/放弃（U）]: @0,150
指定下一点或 [闭合（C）/放弃（U）]: @210,0
指定下一点或 [闭合（C）/放弃（U）]: @0,-300
指定下一点或 [闭合（C）/放弃（U）]: c
```

绘制结果如图 3-13 所示。

3.3.3 多边形

1. 执行方式

命令行：POLYGON（快捷命令：POL）。
菜单栏：选择菜单栏中的"绘图"→"多边形"命令。
工具栏：单击"绘图"工具栏中的"多边形"按钮⬠。

2. 操作步骤

命令行提示与操作如下。

```
命令：POLYGON
输入侧面数 <4>: 指定多边形的边数，默认值为 4
指定正多边形的中心点或 [边（E）]: 指定中心点
输入选项 [内接于圆（I）/外切于圆（C）] <I>: 指定是内接于圆或外切于圆
指定圆的半径: 指定外接圆或内切圆的半径
```

3. 选项说明

"多边形"命令各个选项的含义如表 3-5 所示。

表 3-5　"多边形"命令各个选项的含义

选项	含义
边（E）	选择该选项，则只要指定多边形的一条边，系统就会按逆时针方向创建该正多边形，如图 3-17（a）所示
内接于圆（I）	选择该选项，绘制的多边形内接于圆，如图 3-17（b）所示
外切于圆（C）	选择该选项，绘制的多边形内接于圆，如图 3-17（c）所示。 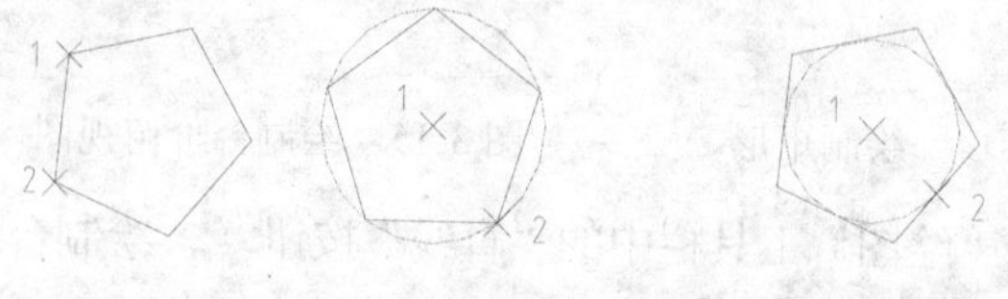 （a）　　　（b）　　　（c） 图 3-17　绘制正多边形

3.4 点

点在 AutoCAD 中有多种不同的表示方式，用户可以根据需要进行设置，也可以设置等分点和测量点。

3.4.1 点命令

1. 执行方式

命令行：POINT（快捷命令：PO）。
菜单栏：选择菜单栏中的"绘图"→"点"命令。
工具栏：单击"绘图"工具栏中的"点"按钮 · 。

2. 操作步骤

命令行提示与操作如下。

命令：POINT
当前点模式：PDMODE=0 PDSIZE=0.0000
指定点：指定点所在的位置

3. 选项说明

（1）通过菜单方法操作时（图 3-18），"单点"命令表示只输入一个点，"多点"命令表示可输入多个点。
（2）可以单击状态栏中的"对象捕捉"按钮，设置点捕捉模式，帮助用户选择点。
（3）点在图形中的表示样式，共有 20 种。可通过 DDPTYPE 命令或选择菜单栏中的"格式"→"点样式"命令，通过打开的"点样式"对话框来设置，如图 3-19 所示。

图 3-18 "点"的子菜单

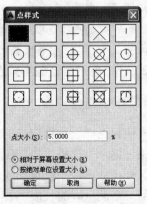

图 3-19 "点样式"对话框

3.4.2 等分点

1．执行方式

命令行：DIVIDE（快捷命令：DIV）。

菜单栏：选择菜单栏中的"绘图"→"点"→"定数等分"命令。

2．操作步骤

命令行提示与操作如下。

命令：DIVIDE

选择要定数等分的对象：

输入线段数目或 [块（B）]：指定实体的等分数

如图 3-20（a）所示为绘制等分点的图形。

3．选项说明

（1）等分数目范围为 2～32767。

（2）在等分点处，按当前点样式设置画出等分点。

（3）在第二提示行选择"块（B）"选项时，表示在等分点处插入指定的块。

3.4.3 测量点

1．执行方式

命令行：MEASURE（快捷命令：ME）。

菜单栏：选择菜单栏中的"绘图"→"点"→"定距等分"命令。

2．操作步骤

命令行提示与操作如下。

命令：MEASURE

选择要定距等分的对象：选择要设置测量点的实体

指定线段长度或 [块（B）]：指定分段长度

如图 3-20（b）所示为绘制测量点的图形。

3．选项说明

（1）设置的起点一般是指定线的绘制起点。

（2）在第二提示行选择"块（B）"选项时，表示在测量点处插入指定的块。

（3）在等分点处，按当前点样式设置绘制测量点。

（4）最后一个测量段的长度不一定等于指定分段长度。

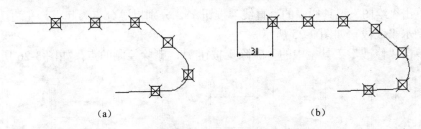

图 3-20　绘制等分点和测量点

3.4.4　实例——楼梯

绘制如图 3-21 所示的楼梯。

图 3-21　楼梯

绘制步骤

（1）单击"绘图"工具栏中的"直线"按钮 ✏，绘制墙体与扶手，如图 3-22 所示。

（2）设置点样式。选择菜单栏中的"格式"→"点样式"命令，在打开的"点样式"对话框中选择" ✕ "样式，如图 3-23 所示。

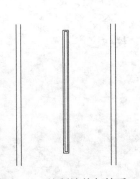

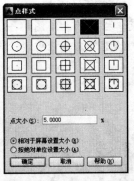

图 3-22　绘制墙体与扶手　　　　图 3-23　"点样式"对话框

（3）选择菜单命令：选择菜单栏中的"绘图"→"点"→"定数等分"命令，以左边扶手外面线段为对象，数目为 8 进行等分，命令行提示与操作如下。

命令：_divide
选择要定数等分的对象：选择左边扶手外面线段
输入线段数目或 [块（B）]：8

结果如图 3-24 所示。

（4）单击"绘图"工具栏中的"直线"按钮 ✐，分别以等分点为起点，左边墙体上的点为终点绘制水平线段，如图 3-25 所示。

（5）单击"修改"工具栏中的"删除"按钮 ✐，删除绘制的点，如图 3-26 所示。

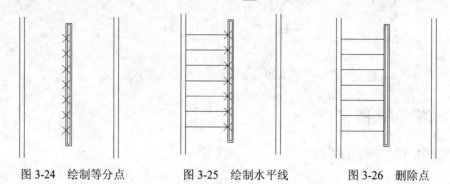

图 3-24　绘制等分点　　　图 3-25　绘制水平线　　　图 3-26　删除点

（6）按相同方法绘制另一侧楼梯，结果如图 3-21 所示。

3.5　多段线

多段线是一种由线段和圆弧组合而成的，可以有不同线宽的多线。由于多段线组合形式多样，线宽可以变化，弥补了直线或圆弧功能的不足，适合绘制各种复杂的图形轮廓，因而得到了广泛的应用。

3.5.1　绘制多段线

1．执行方式

命令行：PLINE（快捷命令：PL）。

菜单栏：选择菜单栏中的"绘图"→"多段线"命令。

工具栏：单击"绘图"工具栏中的"多段线"按钮 ⤵。

2．操作步骤

命令行提示与操作如下。

命令：PLINE
指定起点:指定多段线的起点
当前线宽为 0.0000
指定下一个点或［圆弧（A）/半宽（H）/长度（L）/放弃（U）/宽度（W）］:指定多段线的下一个点

3．选项说明

多段线主要由连续且不同宽度的线段或圆弧组成，如果在上述提示中选择"圆弧（A）"选项，则命令行提示如下。

指定圆弧的端点或［角度（A）/圆心（CE）/方向（D）/半宽（H）/直线（L）/半径（R）

/第二个点（S）/放弃（U）/宽度（W）]:

绘制圆弧的方法与"圆弧"命令相似。

3.5.2 编辑多段线

1. 执行方式

命令行：PEDIT（PE）
菜单栏：选择菜单栏中的"修改"→"对象"→"多段线"命令。
工具栏：单击"修改II"工具栏中的"编辑多段线"按钮🖉。
右键快捷菜单：编辑多段线。

2. 操作步骤

命令：PEDIT
选择多段线或 [多条（M）]:（选择一条要编辑的多段线）
输入选项 [闭合（C）/合并（J）/宽度（W）/编辑顶点（E）/拟合（F）/样条曲线（S）/非曲线化（D）/线型生成（L）/放弃（U）]:

3. 选项说明

"编辑多段线"命令各个选项的含义如表 3-6 所示。

表 3-6　"编辑多段线"命令各个选项的含义

选项	含义
合并（J）	以选中的多段线为主体，合并其他直线段、圆弧和多段线，使其成为一条多段线。能合并的条件是各段端点首尾相连，如图 3-27 所示。 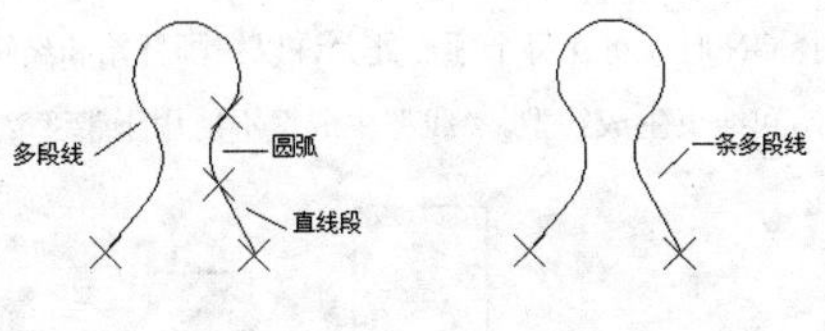 （a）合并前　　　　　（b）合并后 图 3-27　合并多段线
宽度（W）	修改整条多段线的线宽，使其具有同一线宽，如图 3-28 所示。  （a）修改前　　　　　（b）修改后 图 3-28　修改整条多段线的线宽

选项	含义
编辑顶点（E）	选择该项后，在多段线起点处出现一个斜的十字叉"×"，即当前顶点的标记，并在命令行出现进行后续操作的提示。 [下一个（N）/上一个（P）/打断（B）/插入（I）/移动（M）/重生成（R）/拉直（S）/切向（T）/宽度（W）/退出（X）]<N>: 这些选项允许用户进行移动、插入顶点和修改任意两点间的线宽等操作
拟合（F）	将指定的多段线生成由光滑圆弧连接的圆弧拟合曲线，该曲线经过多段线的各顶点，如图 3-29 所示。 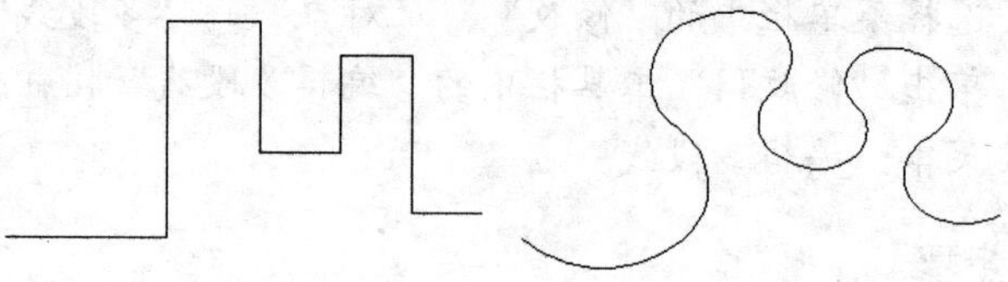 （a）修改前　　　　　　　（b）修改后 图 3-29　生成圆弧拟合曲线
样条曲线（S）	将指定的多段线以各顶点为控制点生成 B 样条曲线，如图 3-30 所示。 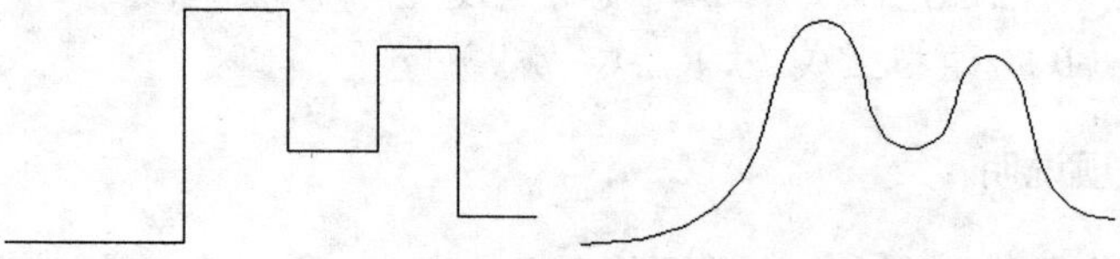 （a）修改前　　　　　　　（b）修改后 图 3-30　生成B样条曲线
非曲线化（D）	将指定的多段线中的圆弧由直线代替。对于选用"拟合（F）"或"样条曲线（S）"选项后生成的圆弧拟合曲线或样条曲线，则删去生成曲线时新插入的顶点，恢复成由直线段组成的多段线
线型生成（L）	当多段线的线型为点画线时，控制多段线的线型生成方式开关。选择此项，系统提示如下。 输入多段线线型生成选项 [开（ON）/关（OFF）]<关>: 选择 ON 时，将在每个顶点处允许以短画开始和结束生成线型；选择 OFF 时，将在每个顶点处以长画开始和结束生成线型。"线型生成"不能用于带变宽线段的多段线，如图 3-31 所示。 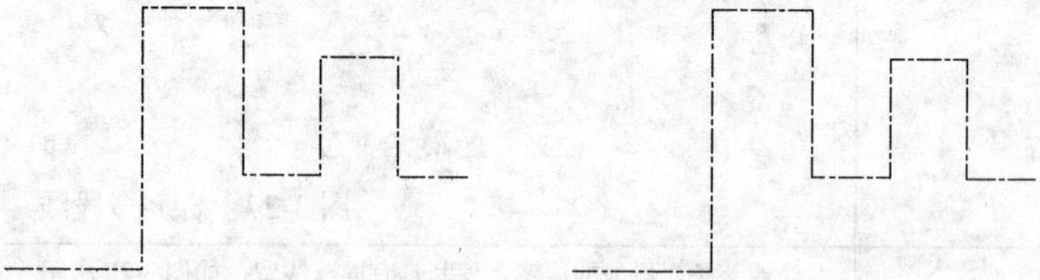 （a）开　　　　　　　　　（b）并 图 3-31　控制多段线的线型（线型为点画线时）

3.5.3　实例——八仙桌

绘制如图 3-32 所示的八仙桌。

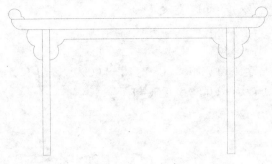

图 3-32　八仙桌

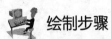 绘制步骤

（1）单击"绘图"工具栏中的"矩形"按钮□，绘制角点坐标为（225,0）和（275,830）矩形，绘制结果如图 3-33 所示。

（2）绘制多段线。选择菜单栏中的"绘图"→"多段线"命令，或者单击"绘图"工具栏中的"多段线"按钮，命令行提示与操作如下。

```
命令：PLINE
指定起点：871,765
当前线宽为 0.0000
指定下一个点或 [圆弧（A）/半宽（H）/长度（L）/放弃（U）/宽度（W）]：374,765
指定下一点或 [圆弧（A）/闭合（C）/半宽（H）/长度（L）/放弃（U）/宽度（W）]：a
指定圆弧的端点或[角度（A）/圆心（CE）/闭合（CL）/方向（D）/半宽（H）/直线（L）/
半径（R）/第二个点（S）/放弃（U）/宽度（W）]：s
指定圆弧上的第二个点：355.4,737.8
指定圆弧的端点：323.4,721.3
指定圆弧的端点或[角度（A）/圆心（CE）/闭合（CL）/方向（D）/半宽（H）/直线（L）/
半径（R）/第二个点（S）/放弃（U）/宽度（W）]：s
指定圆弧上的第二个点：323.9,660.8
指定圆弧的端点：275,629
指定圆弧的端点或[角度（A）/圆心（CE）/闭合（CL）/方向（D）/半宽（H）/直线（L）/
半径（R）/第二个点（S）/放弃（U）/宽度（W）]：
命令：_pline
指定起点：225,629.4
当前线宽为 0.0000
指定下一个点或 [圆弧（A）/半宽（H）/长度（L）/放弃（U）/宽度（W）]：a
指定圆弧的端点或[角度（A）/圆心（CE）/方向（D）/半宽（H）/直线（L）/半径（R）/
第二个点（S）/放弃（U）/宽度（W）]：s
指定圆弧上的第二个点：173.4,660.8
指定圆弧的端点：173.9,721.3
指定圆弧的端点或[角度（A）/圆心（CE）/闭合（CL）/方向（D）/半宽（H）/直线（L）/
```

半径 (R) /第二个点 (S) /放弃 (U) /宽度 (W)]: s

指定圆弧上的第二个点: 126, 765. 3

指定圆弧的端点: 131. 3, 830

指定圆弧的端点或[角度 (A) /圆心 (CE) /闭合 (CL) /方向 (D) /半宽 (H) /直线 (L) /
半径 (R) /第二个点 (S) /放弃 (U) /宽度 (W)]:

绘制结果如图 3-34 所示。

图 3-33　绘制矩形　　　　　　　　　图 3-34　绘制多段线

继续绘制多段线，命令行提示与操作如下。

命令: _pline

指定起点: 870, 830

当前线宽为 0. 0000

指定下一个点或 [圆弧 (A) /半宽 (H) /长度 (L) /放弃 (U) /宽度 (W)]: 88, 830

指定下一点或 [圆弧 (A) /闭合 (C) /半宽 (H) /长度 (L) /放弃 (U) /宽度 (W)]: a

指定圆弧的端点或[角度 (A) /圆心 (CE) /闭合 (CL) /方向 (D) /半宽 (H) /直线 (L)
/半径 (R) /第二个点 (S) /放弃 (U) /宽度 (W)]: 18, 900

指定圆弧的端点或[角度 (A) /圆心 (CE) /闭合 (CL) /方向 (D) /半宽 (H) /直线 (L)
/半径 (R) /第二个点 (S) /放弃 (U) /宽度 (W)]: 1

指定下一点或 [圆弧(A)/闭合(C)/半宽(H)/长度(L)/放弃(U)/宽度(W)]: 870, 900

指定下一点或 [圆弧 (A) /闭合 (C) /半宽 (H) /长度 (L) /放弃 (U) /宽度 (W)]:

命令: _pline

指定起点: 18, 900

当前线宽为 0. 0000

指定下一个点或 [圆弧 (A) /半宽 (H) /长度 (L) /放弃 (U) /宽度 (W)]: a

指定圆弧的端点或[角度 (A) /圆心 (CE) /方向 (D) /半宽 (H) /直线 (L) /半径 (R) /
第二个点 (S) /放弃 (U) /宽度 (W)]: s

指定圆弧上的第二个点: 1. 3, 941

指定圆弧的端点: 33. 8, 968

指定圆弧的端点或[角度 (A) /圆心 (CE) /闭合 (CL) /方向 (D) /半宽 (H) /直线 (L) /
半径 (R) /第二个点 (S) /放弃 (U) /宽度 (W)]: s

指定圆弧上的第二个点: 73. 6, 954

指定圆弧的端点: 83, 916

指定圆弧的端点或[角度 (A) /圆心 (CE) /闭合 (CL) /方向 (D) /半宽 (H) /直线 (L) /

半径（R）/第二个点（S）/放弃（U）/宽度（W）]：s
  指定圆弧上的第二个点：97.8,912
  指定圆弧的端点：106,900
  指定圆弧的端点或[角度（A）/圆心（CE）/闭合（CL）/方向（D）/半宽（H）/直线（L）/
半径（R）/第二个点（S）/放弃（U）/宽度（W）]：

  绘制结果如图 3-35 所示。

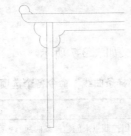

图 3-35   绘制多段线

（3）重复上述操作，绘制八仙桌右侧图形。

  读者在学习第 4 章的镜像命令后，可以单击"绘图"工具栏中的"镜像"按钮 ⚏，将绘制的图形以左侧端点为镜像线进行镜像处理，结果如图 3-32 所示。

3.6   样条曲线

  在 AutoCAD 中使用的样条曲线为非一致有理 B 样条（NURBS）曲线，使用 NURBS 曲线能够在控制点之间产生一条光滑的曲线，如图 3-36 所示。样条曲线可用于绘制形状不规则的图形，如为地理信息系统（GIS）或汽车设计绘制轮廓线。

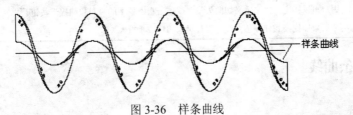

图 3-36   样条曲线

3.6.1   绘制样条曲线

1．执行方式

命令行：SPLINE（快捷命令：SPL）。
菜单栏：选择菜单栏中的"绘图"→"样条曲线"命令。
工具栏：单击"绘图"工具栏中的"样条曲线"按钮 ∿。

2．操作步骤

命令行提示与操作如下。

命令：SPLINE
当前设置：方式=拟合节点=弦
指定第一个点或 [方式（M）/节点（K）/对象（O）]：（指定一点或选择"对象（O）"选项）
输入下一个点或 [起点切向（T）/公差（L）]：
输入下一个点或 [端点相切（T）/公差（L）/放弃（U）/闭合（C）]：

3. 选项说明

"样条曲线"命令各个选项的含义如表 3-7 所示。

表 3-7　"样条曲线"命令各个选项的含义

选项	含义
方式（M）	控制是使用拟合点还是使用控制点来创建样条曲线。选项会因你选择的是使用拟合点创建样条曲线的选项还是使用控制点创建样条曲线的选项而异
节点（K）	指定节点参数化，它会影响曲线在通过拟合点时的形状
对象（O）	将二维或三维的二次或三次样条曲线拟合多段线转换为等价的样条曲线，然后（根据 DELOBJ 系统变量的设置）删除该多段线
起点切向（T）	定义样条曲线的第一点和最后一点的切向。如果在样条曲线的两端都指定切向，可以输入一个点或使用"切点"和"垂足"对象捕捉模式使样条曲线与已有的对象相切或垂直。如果按 Enter 键，系统将计算默认切向
端点相切（T）	停止基于切向创建曲线。可通过指定拟合点继续创建样条曲线
公差（L）	指定距样条曲线必须经过的指定拟合点的距离。公差应用于除起点和端点外的所有拟合点
闭合（C）	将最后一点定义与第一点一致，并使其在连接处相切，以闭合样条曲线。选择该项，命令行提示如下。 指定切向：指定点或按 Enter 键 用户可以指定一点来定义切向矢量，或单击状态栏中的"对象捕捉"按钮 ▢，使用"切点"和"垂足"对象捕捉模式使样条曲线与现有对象相切或垂直

3.6.2　编辑样条曲线

1. 执行方式

命令行：SPLINEDIT。
菜单栏：选择菜单栏中的"修改"→"对象"→"样条曲线"命令。
工具栏：单击"修改 II"工具栏中的"编辑样条曲线"按钮 ⑤。
右键快捷菜单：编辑样条曲线。

2. 操作步骤

命令：SPLINEDIT
选择样条曲线：（选择要编辑的样条曲线。若选择的样条曲线是用 SPLINE 命令创建的，其近似点以夹点的颜色显示出来；若选择的样条曲线是用 PLINE 命令创建的，其控制点以夹点的颜色显示出来）

输入选项 [闭合（C）/合并（J）/拟合数据（F）/编辑顶点（E）/转换为多段线（P）/反转（R）/放弃（U）/退出（X）]：

3. 选项说明

"编辑样条曲线"命令各个选项的含义如表 3-8 所示。

表 3-8　"编辑样条曲线"命令各个选项的含义

选项	含义
拟合数据（F）	编辑近似数据。选择该项后，创建该样条曲线时指定的各点以小方格的形式显示出来
编辑顶点（E）	精密调整样条曲线定义
转换为多段线（P）	将样条曲线转换为多段线
反转（R）	翻转样条曲线的方向。该项操作主要用于应用程序

3.7　多线

多线是一种复合线，由连续的直线段复合组成。多线的突出优点就是能够大大提高绘图效率，保证图线之间的统一性。

3.7.1　绘制多线

1. 执行方式

命令行：MLINE（快捷命令：ML）。

菜单栏：选择菜单栏中的"绘图"→"多线"命令。

2. 操作步骤

命令行提示与操作如下。

命令：MLINE
当前设置：对正 = 上，比例 = 20.00，样式 = STANDARD
指定起点或 [对正（J）/比例（S）/样式（ST）]：指定起点
指定下一点：指定下一点
指定下一点或 [放弃（U）]：继续指定下一点绘制线段；输入"U"，则放弃前一段多线的绘制；右击或按 Enter 键，结束命令
指定下一点或 [闭合（C）/放弃（U）]：继续给定下一点绘制线段；输入"C"，则闭合线段，结束命令

3. 选项说明

"多线"命令各个选项的含义如表 3-9 所示。

表3-9　"多线"命令各个选项的含义

选项	含义
对正（J）	该项用于指定绘制多线的基准。共有3种对正类型"上"、"无"和"下"。其中，"上"表示以多线上侧的线为基准，其他两项依此类推
比例（S）	选择该项，要求用户设置平行线的间距。输入值为零时，平行线重合；输入值为负时，多线的排列倒置
样式（ST）	用于设置当前使用的多线样式

3.7.2　定义多线样式

1. 执行方式

命令行：MLSTYLE。

2. 操作步骤

执行上述命令后，系统打开如图 3-37 所示的"多线样式"对话框。在该对话框中，用户可以对多线样式进行定义、保存和加载等操作。下面通过定义一个新的多线样式来介绍该对话框的使用方法。欲定义的多线样式由 3 条平行线组成，两条平行的实线相对于中心轴线上、下各偏移 0.5，其操作步骤如下。

（1）在"多线样式"对话框中单击"新建"按钮，系统打开"创建新的多线样式"对话框，如图 3-38 所示。

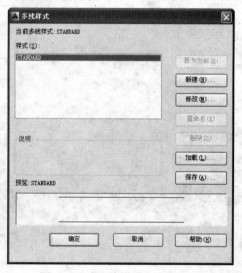

图 3-37　"多线样式"对话框　　　　图 3-38　"创建新的多线样式"对话框

（2）在"创建新的多线样式"对话框的"新样式名"文本框中输入"THREE"，单击"继续"按钮。

（3）系统打开"新建多线样式"对话框，如图 3-39 所示。

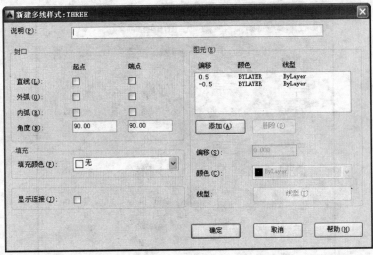

图 3-39 "新建多线样式"对话框

（4）在"封口"选项组中可以设置多线起点和端点的特性，包括直线、外弧还是内弧封口，以及封口线段或圆弧的角度。

（5）在"填充颜色"下拉列表框中可以选择多线填充的颜色。

（6）在"图元"选项组中可以设置组成多线元素的特性。单击"添加"按钮，可以为多线添加元素；反之，单击"删除"按钮，为多线删除元素。在"偏移"文本框中可以设置选中元素的位置偏移值。在"颜色"下拉列表框中可以为选中的元素选择颜色。单击"线型"按钮，系统打开"选择线型"对话框，可以为选中的元素设置线型。

（7）设置完毕后，单击"确定"按钮，返回到如图 3-37 所示的"多线样式"对话框。在"样式"列表中会显示刚设置的多线样式名，选择该样式，单击"置为当前"按钮，则将刚设置的多线样式设置为当前样式，下面的预览框中会显示所选的多线样式。

（8）单击"确定"按钮，完成多线样式设置。

如图 3-40 所示为按设置后的多线样式绘制的多线。

图 3-40 绘制的多线

3.7.3 编辑多线

1．执行方式

命令行：MLEDIT。
菜单栏：选择菜单栏中的"修改"→"对象"→"多线"命令。

2．操作步骤

执行上述命令后，打开"多线编辑工具"对话框，如图 3-41 所示。

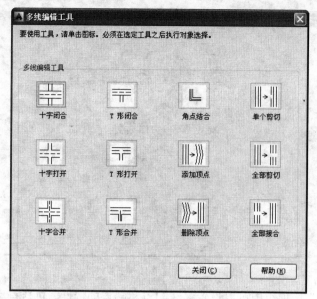

图 3-41 "多线编辑工具"对话框

利用该对话框,可以创建或修改多线的模式。对话框中分 4 列显示示例图形。其中,第一列管理十字交叉形多线,第二列管理 T 形多线,第三列管理拐角接合点和节点,第四列管理多线被剪切或连接的形式。

单击选择某个示例图形,就可以调用该项编辑功能。

下面以"十字打开"为例,介绍多线编辑的方法,把选择的两条多线进行打开交叉。命令行提示与操作如下。

> 选择第一条多线:选择第一条多线
> 选择第二条多线:选择第二条多线
> 选择完毕后,第二条多线被第一条多线横断交叉,命令行提示如下。
> 选择第一条多线:

可以继续选择多线进行操作。选择"放弃"选项会撤销前次操作。执行结果如图 3-42 所示。

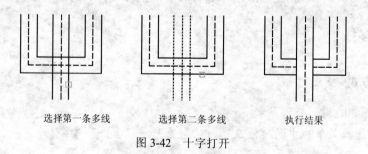

选择第一条多线   选择第二条多线   执行结果

图 3-42 十字打开

3.8 图案填充

当用户需要用一个重复的图案(Pattern)填充一个区域时,可以使用 BHATCH 命令,创建一个相关联的填充阴影对象，即所谓的图案填充。

3.8.1 基本概念

1. 图案边界

当进行图案填充时，首先要确定填充图案的边界。定义边界的对象只能是直线、双向射线、单向射线、多段线、样条曲线、圆弧、圆、椭圆、椭圆弧、面域等对象或用这些对象定义的块，而且作为边界的对象在当前图层上必须全部可见。

2. 孤岛

在进行图案填充时，我们把位于总填充区域内的封闭区称为孤岛，如图 3-43 所示。在使用 BHATCH 命令填充时，AutoCAD 系统允许用户以拾取点的方式确定填充边界，即在希望填充的区域内任意拾取一点，系统会自动确定出填充边界，同时也确定该边界内的孤岛。如果用户以选择对象的方式确定填充边界，则必须确切地选择这些孤岛，有关知识将在下一节中介绍。

3. 填充方式

在进行图案填充时，需要控制填充的范围，AutoCAD 系统为用户设置了以下 3 种填充方式以实现对填充范围的控制。

（1）普通方式。如图 3-44（a）所示，该方式从边界开始，从每条填充线或每个填充符号的两端向里填充，遇到内部对象与之相交时，填充线或符号断开，直到遇到下一次相交时再继续填充。采用这种填充方式时，要避免剖面线或符号与内部对象的相交次数为奇数，该方式为系统内部的默认方式。

（2）最外层方式。如图 3-44（b）所示，该方式从边界向里填充，只要在边界内部与对象相交，剖面符号就会断开，而不再继续填充。

（3）忽略方式。如图 3-44（c）所示，该方式忽略边界内的对象，所有内部结构都被剖面符号覆盖。

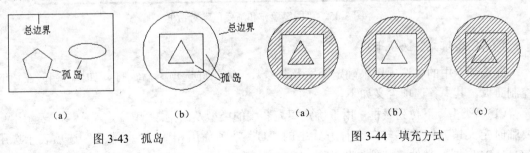

图 3-43　孤岛　　　　　　　　　图 3-44　填充方式

3.8.2　图案填充的操作

1．执行方式

命令行：BHATCH（快捷命令：H）。
菜单栏：选择菜单栏中的"绘图"→"图案填充"或"渐变色"命令。
工具栏：单击"绘图"工具栏中的"图案填充"按钮■或"渐变色"按钮■。

2．操作步骤

执行上述命令后，系统打开如图 3-45 所示的"图案填充和渐变色"对话框，各选项和按钮含义介绍如下。

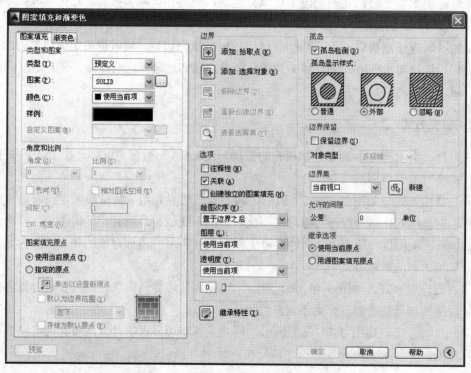

图 3-45　"图案填充和渐变色"对话框

1）"图案填充"选项卡

此选项卡中的各选项用来确定图案及其参数，单击此选项卡后，打开如图 3-45 左边的控制面板，其中各选项含义如下。

（1）"类型"下拉列表框。用于确定填充图案的类型及图案。"用户定义"选项表示用户要临时定义填充图案，与命令行方式中的"U"选项作用相同；"自定义"选项表示选用 ACAD.PAT 图案文件或其他图案文件（PAT 文件）中的图案填充；"预定义"选项表示用 AutoCAD 标准图案文件（ACAD.PAT 文件）中的图案填充。

（2）"图案"下拉列表框。用于确定标准图案文件中的填充图案。在其下拉列表框中，用户可从中选择填充图案。选择需要的填充图案后，在下面的"样例"显示框中会显示出该图案。只有在"类型"下拉列表框中选择了"预定义"选项，此选项才允许用户从自己定义的图案文件中选择填充图案。如果选择图案类型是"预定义"，单击"图案"下拉列表框右侧的 ⋯ 按钮，会打开如图 3-46 所示的"填充图案选项板"对话框。在该对话框中显示出所选类型具有的图案，用户可从中确定所需要的图案。

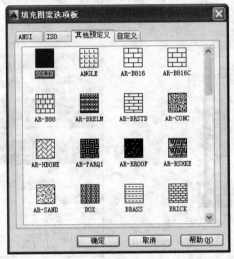

图 3-46 "填充图案选项板"对话框

（3）"颜色"显示框。使用填充图案和实体填充的指定颜色替代当前颜色。

（4）"样例"显示框。用于给出一个样本图案。在其右侧有一长方形图像框，显示当前用户所选用的填充图案。可以单击该图像，迅速查看或选择已有的填充图案，如图 3-46 所示。

（5）"自定义图案"下拉列表框。此下拉列表框只用于用户自定义的填充图案。只有在"类型"下拉列表框中选择"自定义"选项，该项才允许用户从自己定义的图案文件中选择填充图案。

（6）"角度"下拉列表框。用于确定填充图案时的旋转角度。每种图案在定义时的旋转角度为零，用户可以在"角度"文本框中设置所希望的旋转角度。

（7）"比例"下拉列表框。用于确定填充图案的比例值。每种图案在定义时的初始比例为 1，用户可以根据需要放大或缩小，其方法是在"比例"文本框中输入相应的比例值。

（8）"双向"复选框。用于确定用户临时定义的填充线是一组平行线，还是相互垂直的两组平行线。只有在"类型"下拉列表框中选择"用户定义"选项时，该项才可以使用。

（9）"相对图纸空间"复选框。确定是否相对于图纸空间单位来确定填充图案的比例值。选中该复选框，可以按适合于版面布局的比例方便地显示填充图案。该选项仅适用于图形版面编排。

（10）"间距"文本框。设置线之间的间距，在"间距"文本框中输入值即可。只有在"类型"下拉列表框中选择"用户定义"选项，该项才可以使用。

（11）"ISO笔宽"下拉列表框。用于告诉用户根据所选择的笔宽确定与ISO有关的图案比例。只有选择了已定义的ISO填充图案后，才可确定它的内容。

（12）"图案填充原点"选项组。控制填充图案生成的起始位置。此图案填充（如砖块图案）需要与图案填充边界上的一点对齐。默认情况下，所有图案填充原点都对应于当前的

UCS 原点。也可以单击"指定的原点"单选钮，以及设置下面一级的选项重新指定原点。

2）"渐变色"选项卡

（1）渐变色是指从一种颜色到另一种颜色的平滑过渡。渐变色能产生光的视觉感受，可为图形添加视觉立体效果。单击该选项卡，如图 3-47 所示。

（2）"单色"单选钮。应用单色对所选对象进行渐变填充。其下面的显示框显示用户所选择的真彩色，单击右侧的 按钮，系统打开"选择颜色"对话框，如图 3-48 所示。该对话框将在第 5 章详细介绍。

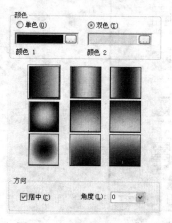

图 3-47 "渐变色"选项卡

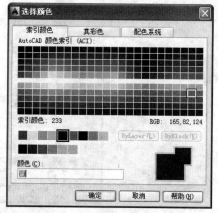

图 3-48 "选择颜色"对话框

（3）"双色"单选钮。应用双色对所选对象进行渐变填充。填充颜色从颜色 1 渐变到颜色 2，颜色 1 和颜色 2 的选择与单色选择相同。

（4）渐变方式样板。在"渐变色"选项卡中有 9 个渐变方式样板，分别表示不同的渐变方式，包括线形、球形、抛物线形等方式。

（5）"居中"复选框。决定渐变填充是否居中。

（6）"角度"下拉列表框。在该下拉列表框中选择的角度为渐变色倾斜的角度。不同的渐变色填充如图 3-49 所示。

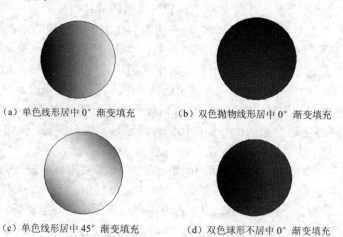

(a) 单色线形居中 0° 渐变填充　　　　(b) 双色抛物线形居中 0° 渐变填充

(c) 单色线形居中 45° 渐变填充　　　　(d) 双色球形不居中 0° 渐变填充

图 3-49 不同的渐变色填充

3）边界"选项组

（1）"添加：拾取点"按钮▣。以拾取点的方式自动确定填充区域的边界。在填充的区域内任意拾取一点，系统会自动确定包围该点的封闭填充边界，并且高亮度显示，如图 3-50 所示。

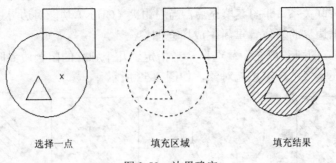

选择一点　　　　　填充区域　　　　　填充结果

图 3-50　边界确定

（2）"添加：选择对象"按钮▣。以选择对象的方式确定填充区域的边界。可以根据需要选择构成填充区域的边界。同样，被选择的边界也会以高亮度显示，如图 3-51 所示。

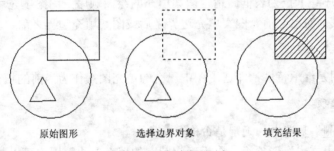

原始图形　　　　　选择边界对象　　　　　填充结果

图 3-51　选择边界对象

（3）"删除边界"按钮▣。从边界定义中删除以前添加的任何对象，如图 3-52 所示。

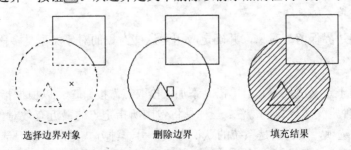

选择边界对象　　　　　删除边界　　　　　填充结果

图 3-52　删除边界后的填充图形

（4）"重新创建边界"按钮▣。对选定的图案填充或填充对象创建多段线或面域。

（5）"查看选择集"按钮🔍。查看填充区域的边界。单击该按钮，AutoCAD 系统临时切换到作图状态，将所选的作为填充边界的对象以高亮度显示。只有通过"添加：拾取点"按钮▣或"添加：选择对象"按钮▣选择填充边界，"查看选择集"按钮🔍才可以使用。

4）"选项"选项组

（1）"注释性"复选框。此特性会自动完成缩放注释过程，从而使注释能够以正确的大小在图纸上打印或显示。

（2）"关联"复选框。用于确定填充图案与边界的关系。选中该复选框，则填充的图案与填充边界保持关联关系，即图案填充后，当用钳夹（Grips）功能对边界进行拉伸等编辑操作时，系统会根据边界的新位置重新生成填充图案。

（3）"创建独立的图案填充"复选框。当指定了几个独立的闭合边界时，控制是创建单个图案填充对象还是多个图案填充对象，如图 3-53 所示。

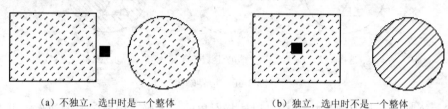

（a）不独立，选中时是一个整体　　　　　（b）独立，选中时不是一个整体

图 3-53　不独立与独立填充

（4）"绘图次序"下拉列表框。指定图案填充的绘图顺序。图案填充可以置于所有其他对象之后、所有其他对象之前、图案填充边界之后或图案填充边界之前。

5）"继承特性"按钮

此按钮的作用是继承特性，即选用图中已有的填充图案作为当前的填充图案。

6）"孤岛"选项组

（1）"孤岛检测"复选框。确定是否检测孤岛。

（2）"孤岛显示样式"选项组。用于确定图案的填充方式。用户可以从中选择想要的填充方式。默认的填充方式为"普通"。用户也可以在快捷菜单中选择填充方式。

7）"边界保留"选项组

指定是否将边界保留为对象，并确定应用于这些对象的对象类型是多段线还是面域。

8）"边界集"选项组

此选项组用于定义边界集。当单击"添加：拾取点"按钮，以根据指定点方式确定填充区域时，有两种定义边界集的方法：一种是将包围所指定点的最近有效对象作为填充边界，即"当前视口"选项，该选项是系统的默认方式；另一种方式是用户自己选定一组对象来构造边界，即"现有集合"选项，选定对象通过"新建"按钮实现，单击该按钮，AutoCAD临时切换到作图状态，并在命令行中提示用户选择作为构造边界集的对象。此时若选择"现有集合"选项，系统会根据用户指定的边界集中的对象来构造一个封闭边界。

9）"允许的间隙"选项组

设置将对象用作图案填充边界时可以忽略的最大间隙。默认值为 0，此值要求对象必须是封闭区域而没有间隙。

10）"继承选项"选项组

使用"继承特性"创建图案填充时，控制图案填充原点的位置。

3.8.3 编辑填充的图案

利用 HATCHEDIT 命令可以编辑已经填充的图案。

执行方式

命令行：HATCHEDIT（快捷命令：HE）。

菜单栏：选择菜单栏中的"修改"→"对象"→"图案填充"命令。

工具栏：单击"修改 II"工具栏中的"编辑图案填充"按钮。

执行上述命令后，系统提示"选择图案填充对象"。选择填充对象后，系统打开如图 3-54 所示的"图案填充编辑"对话框。

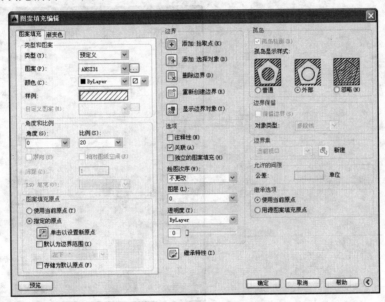

图 3-54　"图案填充编辑"对话框

在图 3-54 中，只有亮显的选项才可以对其进行操作。该对话框中各项的含义与图 3-45 所示的"图案填充和渐变色"对话框中各项的含义相同，利用该对话框，可以对已填充的图案进行一系列的编辑修改。

3.8.4 实例——剪力墙

绘制如图 3-55 所示的剪力墙。

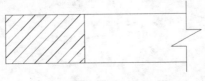

图 3-55　剪力墙

（1）单击"绘图"工具栏中的"直线"按钮 ∕ ，绘制连续线段，如图 3-56 所示。

（2）单击"绘图"工具栏中的"直线"按钮 ∕ ，绘制折断线，如图 3-57 所示。

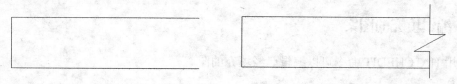

图 3-56　绘制连续线段　　　　　　　　　　　　图 3-57　绘制折断线

（3）同理，在内侧绘制竖向直线，完成剪力墙轮廓线的绘制，如图 3-58 所示。

（4）单击"绘图"工具栏中的"图案填充"按钮 ▨ ，打开"图案填充和渐变色"对话框，如图 3-59 所示，将类型设置为"预定义"，图案设置成"ANSI31"。用鼠标指定将要填充的区域，确认后生成如图 3-55 所示的图形。

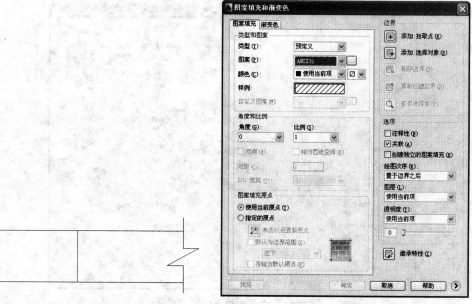

图 3-58　绘制剪力墙轮廓线　　　　　图 3-59　　"图案填充和渐变色"对话框

第 *4* 章

编辑命令

· · · · · · · ·

　　二维图形编辑操作配合绘图命令的使用可以进一步完成复杂图形的绘制工作，并可使用户合理安排和组织图形，保证作图准确，减少重复，对编辑命令的熟练掌握和使用有助于提高设计和绘图的效率。本章主要介绍复制类命令、改变位置类命令、删除及恢复类命令、改变几何特性类命令和对象编辑命令。

4.1　选择对象

　　AutoCAD 2014 提供以下几种方法选择对象。

　　（1）先选择一个编辑命令，然后选择对象，按 Enter 键结束操作。

　　（2）使用 SELECT 命令。在命令行输入 "SELECT"，按 Enter 键，按提示选择对象，按 Enter 键结束。

　　（3）利用定点设备选择对象，然后调用编辑命令。

　　（4）定义对象组。无论使用哪种方法，AutoCAD 2014 都将提示用户选择对象，并且光标的形状由十字光标变为拾取框。下面结合 SELECT 命令说明选择对象的方法。

　　SELECT 命令可以单独使用，也可以在执行其他编辑命令时被自动调用。在命令行输入 "SELECT"，按 Enter 键，命令行提示如下。

　　选择对象：

　　等待用户以某种方式选择对象作为回答。AutoCAD 2014 提供多种选择方式，可以输入 "？"，查看这些选择方式。选择选项后，出现如下提示。

　　需要点或窗口（W）/上一个（L）/窗交（C）/框（BOX）/全部（ALL）/栏选（F）/圈围（WP）/圈交（CP）/编组（G）/添加（A）/删除（R）/多个（M）/上一个（P）/放弃（U）/自动（AU）/单个（SI）/子对象（SU）/对象（O）

　　选择对象：

　　其中，部分选项含义如下。

（1）点：表示直接通过点取的方式选择对象。利用鼠标或键盘移动拾取框，使其框住要选择的对象，然后单击，被选中的对象就会高亮显示。

（2）窗口（W）：用由两个对角顶点确定的矩形窗口选择位于其范围内部的所有图形，与边界相交的对象不会被选中。指定对角顶点时应该按照从左向右的顺序，执行结果如图 4-1 所示。

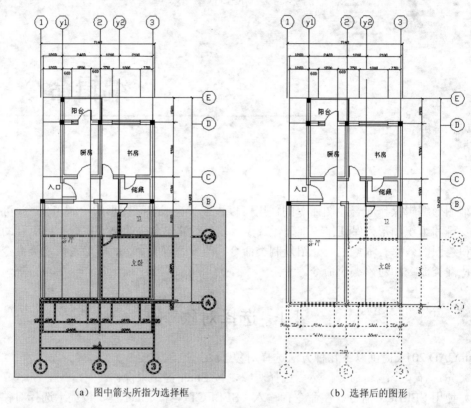

(a) 图中箭头所指为选择框   (b) 选择后的图形

图 4-1 "窗口"对象选择方式

（3）上一个（L）：在"选择对象"提示下输入"L"，按 Enter 键，系统自动选择最后绘出的一个对象。

（4）窗交（C）：该方式与"窗口"方式类似，其区别在于它不但选中矩形窗口内部的对象，也选中与矩形窗口边界相交的对象，执行结果如图 4-2 所示。

（5）框（BOX）：使用框时，系统根据用户在绘图区指定的两个对角点的位置而自动引用"窗口"或"窗交"选择方式。若从左向右指定对角点，为"窗口"方式；反之，为"窗交"方式。

（6）全部（ALL）：选择绘图区所有对象。

（7）栏选（F）：用户临时绘制一些直线，这些直线不必构成封闭图形，凡是与这些直线相交的对象均被选中，执行结果如图 4-3 所示。

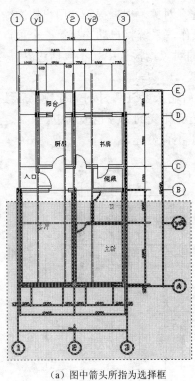

（a）图中箭头所指为选择框 （b）选择后的图形

图 4-2 "窗交"对象选择方式

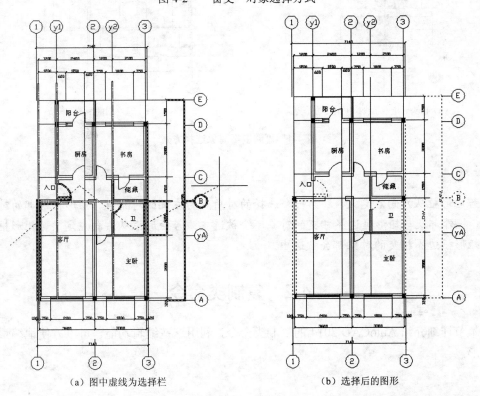

（a）图中虚线为选择栏 （b）选择后的图形

图 4-3 "栏选"对象选择方式

（8）圈围（WP）：使用一个不规则的多边形来选择对象。根据提示，用户依次输入构成多边形所有顶点的坐标，直到最后按 Enter 键结束操作，系统将自动连接第一个顶点与最后一个顶点，形成封闭的多边形。凡是被多边形围住的对象均被选中（不包括边界），执行结果如图 4-4 所示。

（9）圈交（CP）：类似于"圈围"方式，在提示后输入"CP"，按 Enter 键，后续操作与圈围方式相同。区别在于，执行此命令后与多边形边界相交的对象也被选中。

其他几个选项的含义与上面选项含义类似，这里不再赘述。

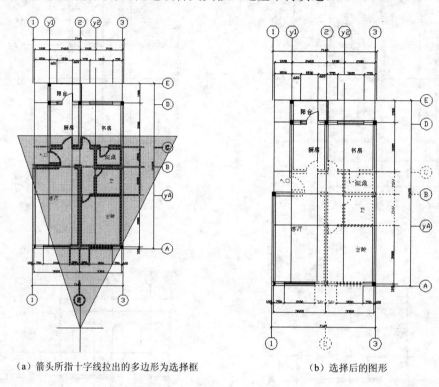

| （a）箭头所指十字线拉出的多边形为选择框 | （b）选择后的图形 |

图 4-4 "圈围"对象选择方式

注意

若矩形框从左向右定义，即第一个选择的对角点为左侧的对角点，矩形框内部的对象被选中，框外部及与矩形框边界相交的对象不会被选中；若矩形框从右向左定义，矩形框内部及与矩形框边界相交的对象都会被选中。

4.2 复制类命令

本节详细介绍 AutoCAD 2014 的复制类命令，利用这些编辑功能，可以方便地编辑绘制的图形。

4.2.1 复制命令

1．执行方式

命令行：COPY（快捷命令：CO）。

菜单栏：选择菜单栏中的"修改"→"复制"命令。

工具栏：单击"修改"工具栏中的"复制"按钮 🖧 。

快捷菜单：选中要复制的对象右击，选择快捷菜单中的"复制"命令。

2．操作步骤

命令行提示与操作如下。

命令：COPY

选择对象：（选择要复制的对象）

用前面介绍的对象选择方法选择一个或多个对象，回车结束选择操作。系统继续提示：

当前设置：复制模式 = 多个

指定基点或 [位移（D）/模式（O）] <位移>：指定第二个点或[阵列（A）] <使用第一个点作为位移>：（指定基点或位移）

3．选项说明

"复制"命令各个选项的含义如表 4-1 所示。

表 4-1 "复制"命令各个选项的含义

选项	含义
指定基点	指定一个坐标点后，AutoCAD 系统把该点作为复制对象的基点，命令行提示"指定位移的第二点或 [阵列（A）]<用第一点作位移>："。在指定第二个点后，系统将根据这两点确定的位移矢量把选择的对象复制到第二点处。如果此时直接按 Enter 键，即选择默认的"用第一点作位移"，则第一个点被当作相对于 X、Y、Z 的位移。例如，如果指定基点为（2,3），并在下一个提示下按 Enter 键，则该对象从它当前的位置开始在 X 方向上移动 2 个单位，在 Y 方向上移动 3 个单位。复制完成后，命令行提示"指定位移的第二点："。这时，可以不断指定新的第二点，从而实现多重复制
位移（D）	直接输入位移值，表示以选择对象时的拾取点为基准，以拾取点坐标为移动方向，按纵横比移动指定位移后确定的点为基点。例如，选择对象时拾取点坐标为（2,3），输入位移为 5，则表示以点（2,3）为基准，沿纵横比为 3∶2 的方向移动 5 个单位所确定的点为基点
模式（O）	控制是否自动重复该命令，该设置由COPYMODE系统变量控制

4.2.2 镜像命令

镜像命令是指把选择的对象以一条镜像线为轴作对称复制。镜像操作完成后，可以保留原对象，也可以将其删除。

1．执行方式

命令行：MIRROR（快捷命令：MI）。

菜单栏：选择菜单栏中的"修改"→"镜像"命令。

工具栏：单击"修改"工具栏中的"镜像"按钮 ⚟。

2．操作步骤

命令行提示与操作如下。

命令：MIRROR

选择对象：选择要镜像的对象

指定镜像线的第一点：指定镜像线的第一个点

指定镜像线的第二点：指定镜像线的第二个点

要删除源对象吗？[是（Y）/否（N）]〈N〉：确定是否删除源对象

选择的两点确定一条镜像线，被选择的对象以该直线为对称轴进行镜像。包含该线的镜像平面与用户坐标系统的 XY 平面垂直，即镜像操作在与用户坐标系统的 XY 平面平行的平面上。

4.2.3 实例——门平面图

绘制如图 4-5 所示的门平面图。

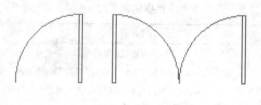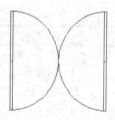

图 4-5　门平面图

 绘制步骤

（1）单击"绘制"工具栏"矩形"按钮 ▢，输入相对坐标"@50,1000"，在绘图区域的适当位置绘制一个 50×1000 矩形作为门扇，如图 4-6 所示。

（2）单击"绘制"工具栏"圆弧"按钮 ⌒，绘制单扇平开门，命令行提示与操作如下。

命令：_arc

指定圆弧的起点或 [圆心（C）]：C ↙ 指定圆弧的圆心：（鼠标捕捉矩形右下角点）

指定圆弧的起点：（鼠标捕捉矩形右上角点）

指定圆弧的端点或 [角度（A）/弦长（L）]：（鼠标向左在水平线上点取一点，绘制完毕）

结果如图 4-7 所示。

图 4-6　绘制矩形　　　　　　　　图 4-7　绘制单扇平面门

（3）单击"修改"工具栏"镜像"按钮 ⚓，将单扇门镜像为双扇面，命令行提示与操作如下。

命令：_mirror

选择对象：选取矩形和圆弧

选择对象：

指定镜像线的第一点：捕捉圆弧左端点

指定镜像线的第二点：〈正交 开〉鼠标向上，取第二点如图 4-8 所示

要删除源对象吗？［是（Y）/否（N）］〈N〉:

结果如图 4-9 所示。

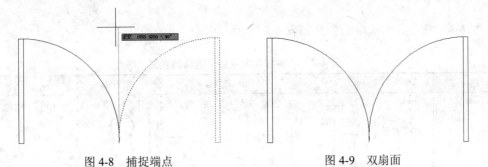

图 4-8　捕捉端点　　　　　　　　图 4-9　双扇面

采用类似的方法还可以绘出双扇弹簧门，如图 4-10 所示，请读者自己完成。

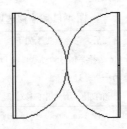

图 4-10　双扇弹簧门

4.2.4　偏移命令

偏移命令是指保持选择对象的形状、在不同的位置以不同尺寸大小新建一个对象。

1. 执行方式

命令行: OFFSET (快捷命令: O)。
菜单栏: 选择菜单栏中的"修改"→"偏移"命令。
工具栏: 单击"修改"工具栏中的"偏移"按钮 。

2. 操作步骤

命令行提示与操作如下。

命令: OFFSET
当前设置: 删除源=否　图层=源　OFFSETGAPTYPE=0
指定偏移距离或 [通过(T)/删除(E)/图层(L)] <通过>: 指定偏移距离值
选择要偏移的对象, 或 [退出(E)/放弃(U)] <退出>: 选择要偏移的对象, 按Enter
键结束操作
指定要偏移的那一侧上的点, 或 [退出(E)/多个(M)/放弃(U)] <退出>: 指定偏
移方向
选择要偏移的对象, 或 [退出(E)/放弃(U)] <退出>:

3. 选项说明

"偏移"命令各个选项的含义如表 4-2 所示。

表 4-2　"偏移"命令各个选项的含义

选项	含义
指定偏移距离	输入一个距离值,或按 Enter 键使用当前的距离值,系统把该距离值作为偏移的距离,如图 4-11(a)所示。 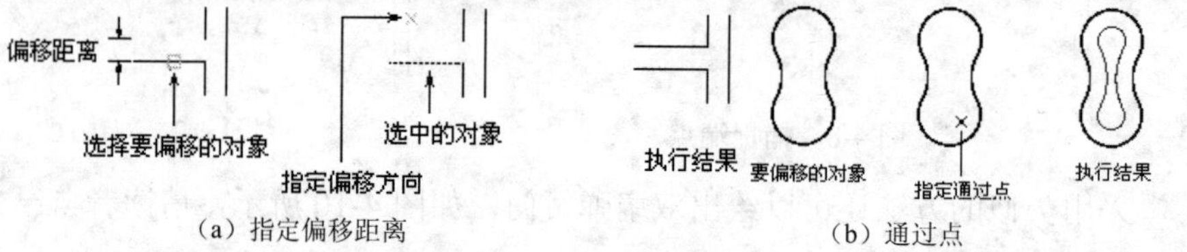 图 4-11　偏移选项说明 1
通过(T)	指定偏移的通过点,选择该选项后,命令行提示如下。 选择要偏移的对象或 <退出>: 选择要偏移的对象,按 Enter 键结束操作 指定通过点: 指定偏移对象的一个通过点 执行上述命令后,系统会根据指定的通过点绘制出偏移对象,如图 4-11(b)所示
删除(E)	偏移源对象后将其删除,如图 4-12(a)所示,选择该选项后命令行提示如下。 要在偏移后删除源对象吗?[是(Y)/否(N)] <当前>: 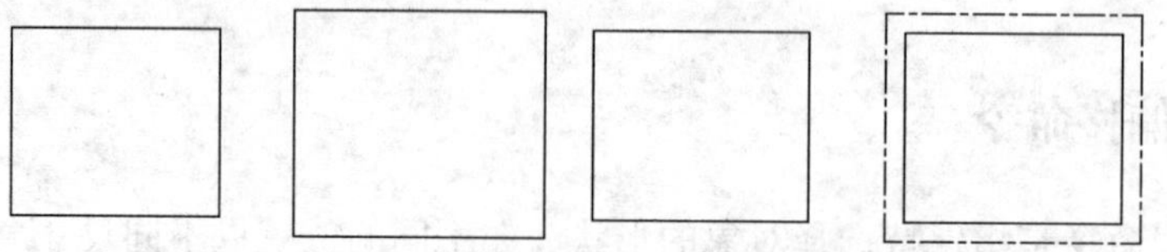 (a)删除源对象　　(b)偏移对象的图层为当前层 图 4-12　偏移选项说明 2

选项	含义
图层（L）	确定将偏移对象创建在当前图层上还是原对象所在的图层上，这样就可以在不同图层上偏移对象，选择该项后，命令行提示如下。 **输入偏移对象的图层选项 [当前（C）/源（S）] <当前>:** 如果偏移对象的图层选择为当前层，则偏移对象的图层特性与当前图层相同，如图 4-12（b）所示
多个（M）	使用当前偏移距离重复进行偏移操作，并接受附加的通过点，执行结果如图 4-13 所示。 图 4-13　偏移选项说明 3

⚠ 注意

在 AutoCAD 2014 中，可以使用偏移命令，对指定的直线、圆弧、圆等对象作定距离偏移复制操作。在实际应用中，常利用偏移命令的特性创建平行线或等距离分布图形，效果与"阵列"相同。默认情况下，需要先指定偏移距离，再选择要偏移复制的对象，然后指定偏移方向，以复制出需要的对象。

4.2.5　实例——石栏杆

本例绘制的石栏杆，如图 4-14 所示。简要说明石栏杆造型的绘制的方法与技巧。本实例主要用到了矩形命令、直线命令、多线段命令、图案填充命令、镜像命令等。

图 4-14　石栏杆

（1）单击"绘图"工具栏中的"矩形"按钮 □，绘制矩形。结果如图 4-15 所示。
（2）单击"修改"工具栏中的"偏移"按钮 ，偏移处理。命令行提示与操作如下。

```
命令: _offset
当前设置: 删除源=否    图层=源    OFFSETGAPTYPE=0
指定偏移距离或 [通过 (T) /删除 (E) /图层 (L)] <通过>: 输入适当距离
选择要偏移的对象，或 [退出 (E) /放弃 (U)] <退出>: 选取上方内部矩形
指定要偏移的那一侧上的点，或 [退出 (E) /多个 (M) /放弃 (U)] <退出>: 在矩形内
```

部单击鼠标

选择要偏移的对象，或［退出（E）/放弃（U）］<退出>：

采用同样的方法将下方内部矩形向内偏移，结果如图 4-16 所示。

（3）将当前图层设为"1"图层，单击"绘图"工具栏中的"直线"按钮 ✎，绘制直线。结果如图 4-17 所示。

（4）单击"绘图"工具栏中的"多段线"按钮 ⌐⊃，绘制多线段。结果如图 4-18 所示。

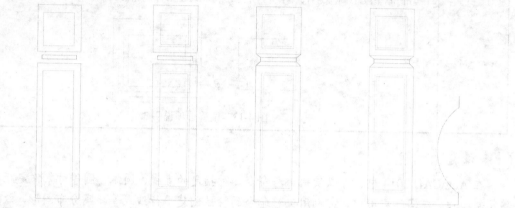

图 4-15　绘制矩形　　图 4-16　偏移处理　　图 4-17　绘制直线　　图 4-18　绘制多线段

（5）单击"绘图"工具栏中的"直线"按钮 ✎，绘制直线。结果如图 4-19 所示。

（6）单击"绘图"工具栏中的"图案填充"按钮 ▨，对图形进行图案填充。结果如图 4-20 所示。

图 4-19　绘制直线　　　　　　　　图 4-20　图案填充

（7）单击"修改"工具栏中的"镜像"按钮 ◭，对图形进行镜像处理，结果如图 4-14 所示。

4.2.6　阵列命令

阵列是指多重复制选择对象并把这些副本按矩形、路径或环形排列。把副本按矩形排列称为建立矩形阵列，把副本按路径排列称为建立路径阵列，把副本按环形排列称为建立极阵列。

AutoCAD 2014 提供 ARRAY 命令创建阵列，用该命令可以创建矩形阵列、环形阵列和旋转的矩形阵列。

1．执行方式

命令行：ARRAY（快捷命令：AR）。

菜单栏：选择菜单栏中的"修改"→"阵列"命令。

工具栏：单击"修改"工具栏中的"矩形阵列"按钮 ，"路径阵列"按钮 和"环形阵列"按钮 。

2．操作步骤

命令：ARRAY

选择对象：（使用对象选择方法）

输入阵列类型[矩形（R）/路径（PA）/极轴（PO）]<矩形>：

3．选项说明

（1）矩形（R）。

将选定对象的副本分布到行数、列数和层数的任意组合。选择该选项后出现如下提示：

选择夹点以编辑阵列或 [关联（AS）/基点（B）/计数（COU）/间距（S）/列数（COL）/行数（R）/层数（L）/退出（X）] <退出>：（通过夹点，调整阵列间距，列数，行数和层数；也可以分别选择各选项输入数值）

（2）路径（PA）。

沿路径或部分路径均匀分布选定对象的副本。选择该选项后出现如下提示：

选择路径曲线：（选择一条曲线作为阵列路径）

选择夹点以编辑阵列或 [关联（AS）/方法（M）/基点（B）/切向（T）/项目（I）/行（R）/层（L）/对齐项目（A）/Z方向（Z）/退出（X）] <退出>：（通过夹点，调整阵行行数和层数；也可以分别选择各选项输入数值）

（3）极轴（PO）。

在绕中心点或旋转轴的环形阵列中均匀分布对象副本。选择该选项后出现如下提示：

指定阵列的中心点或 [基点（B）/旋转轴（A）]：（选择中心点、基点或旋转轴）

选择夹点以编辑阵列或 [关联（AS）/基点（B）/项目（I）/项目间角度（A）/填充角度（F）/行（ROW）/层（L）/旋转项目（ROT）/退出（X）] <退出>：（通过夹点，调整角度，填充角度；也可以分别选择各选项输入数值）

注意

阵列在平面作图时有3种方式，可以在矩形、路径或环形（圆形）阵列中创建对象的副本。对于矩形阵列，可以控制行和列的数目，以及它们之间的距离。对于路径阵列，可以沿整个路径或部分路径平均分布对象副本，对于环形阵列，可以控制对象副本的数目并决定是否旋转副本。

4.2.7 实例——小房子

本例绘制的小房子，如图 4-21 所示。首先绘制了房子的窗户，再绘制其房子轮廓线，最后进行细部加工。

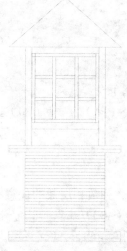

图 4-21　小房子

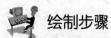 **绘制步骤**

（1）图层设计。单击"图层"工具栏中的"新建"按钮 ，新建两个图层：

① "1"图层，颜色为红色，其余属性默认。

② "2"图层，颜色为黑色，其余属性默认。

（2）绘制窗户。单击"绘图"工具栏中的"矩形"按钮 ，命令行操作与提示如下。

```
命令: _rectang
指定第一个角点或 [倒角（C）/标高（E）/圆角（F）/厚度（T）/宽度（W）]: 70,360
指定另一个角点或 [面积（A）/尺寸（D）/旋转（R）]: @10,210
命令:
RECTANG 指定第一个角点或 [倒角（C）/标高（E）/圆角（F）/厚度（T）/宽度（W）]:
70,360
指定另一个角点或 [面积（A）/尺寸（D）/旋转（R）]: @210,10
```

绘制结果如图 4-22 所示。

（3）阵列处理。单击"修改"工具栏中的"矩形阵列"按钮 ，选择上述绘制的两个矩形分别左阵列，命令行操作与提示如下。

```
命令: _arrayrect
选择对象:选择竖矩形
选择对象:
类型 = 矩形　关联 = 是
```

选择夹点以编辑阵列或 [关联 (AS) /基点 (B) /计数 (COU) /间距 (S) /列数 (COL) /行数 (R) /层数 (L) /退出 (X)] <退出>: as

创建关联阵列 [是 (Y) /否 (N)] <是>: n

选择夹点以编辑阵列或 [关联 (AS) /基点 (B) /计数 (COU) /间距 (S) /列数 (COL) /行数 (R) /层数 (L) /退出 (X)] <退出>: col

输入列数数或 [表达式 (E)] <4>: 4

指定 列数 之间的距离或 [总计 (T) /表达式 (E)] <15>: 66.6666

选择夹点以编辑阵列或 [关联 (AS) /基点 (B) /计数 (COU) /间距 (S) /列数 (COL) /行数 (R) /层数 (L) /退出 (X)] <退出>: r

输入行数数或 [表达式 (E)] <3>: 1

指定 行数 之间的距离或 [总计 (T) /表达式 (E)] <315>: *取消*

选择夹点以编辑阵列或 [关联 (AS) /基点 (B) /计数 (COU) /间距 (S) /列数 (COL) /行数 (R) /层数 (L) /退出 (X)] <退出>: *取消*

命令: ARRAYRECT

选择对象: 选择水平矩形

选择对象:

类型 = 矩形   关联 = 否

选择夹点以编辑阵列或 [关联 (AS) /基点 (B) /计数 (COU) /间距 (S) /列数 (COL) /行数 (R) /层数 (L) /退出 (X)] <退出>: r

输入行数数或 [表达式 (E)] <3>: 4

指定 行数 之间的距离或 [总计 (T) /表达式 (E)] <15>: 66.6666

指定 行数 之间的标高增量或 [表达式 (E)] <0>:

选择夹点以编辑阵列或 [关联 (AS) /基点 (B) /计数 (COU) /间距 (S) /列数 (COL) /行数 (R) /层数 (L) /退出 (X)] <退出>: col

输入列数数或 [表达式 (E)] <4>: 1

指定 列数 之间的距离或 [总计 (T) /表达式 (E)] <315>: *取消*

选择夹点以编辑阵列或 [关联 (AS) /基点 (B) /计数 (COU) /间距 (S) /列数 (COL) /行数 (R) /层数 (L) /退出 (X)] <退出>: *取消*

(4) 单击"修改"工具栏中的"修剪"按钮，命令行提示与操作如下。

命令: _trim

当前设置: 投影=UCS，边=无

选择剪切边...

选择对象或 <全部选择>: 全部选择

选择要修剪的对象，或按住 Shift 键选择要延伸的对象，或[栏选 (F) /窗交 (C) /投影 (P) /边 (E) /删除 (R) /放弃 (U)]: 删除多余的线段

选择要修剪的对象，或按住 Shift 键选择要延伸的对象，或[栏选 (F) /窗交 (C) /投影 (P) /边 (E) /删除 (R) /放弃 (U)]:

结果如图 4-23 所示。

图 4-22　绘制矩形 1

图 4-23　阵列处理

（5）绘制矩形。单击"绘图"工具栏中的"矩形"按钮，命令行操作与提示如下。

```
命令：_rectang
指定第一个角点或 [倒角（C）/标高（E）/圆角（F）/厚度（T）/宽度（W）]：0，0
指定另一个角点或 [面积（A）/尺寸（D）/旋转（R）]：@350，30
按同样的方法，用矩形命令绘制另外 4 个矩形，端点坐标分别为：{（0，300），（@350，25）}、
{（50，290），（@20，300）}、{（280，290），（@20，300）}、{（70，290），（@210，50）}。
```

单击"绘图"工具栏中的"直线"按钮，在最下边的两个矩形之间绘制两条竖直线。绘制结果如图 4-24 所示。

（6）绘制直线。将当前图层设为"1"图层，单击"绘图"工具栏中的"直线"按钮，命令行提示与操作如下。

```
命令：_line 指定第一点：0，10
指定下一点或 [放弃(U)]：350，10
指定下一点或 [放弃(U)]：

命令：_line 指定第一点：0，20
指定下一点或 [放弃(U)]：350，20
指定下一点或 [放弃(U)]：

命令：_line 指定第一点：0，277.5
指定下一点或 [放弃(U)]：350，277.5
指定下一点或 [放弃(U)]：

命令：_line 指定第一点：0，590
指定下一点或 [放弃(U)]：350，590
指定下一点或 [放弃(U)]：@-175，150
指定下一点或 [闭合(C)/放弃(U)]：c
```

将当前图层设为"2"图层，单击"绘图"工具栏中的"直线"按钮，命令行提示与操作如下。

```
命令：_line 指定第一点：50，40
指定下一点或 [放弃（U）]：@250，0
指定下一点或 [放弃（U）]：
```

绘制结果如图 4-25 所示。

（7）阵列处理。单击"修改"工具栏中的"矩形阵列"按钮，选择上述绘制的直线，行数为 23，列数为 1，行间距为 10，绘制结果如图 4-26 所示。

图 4-24　绘制矩形 2

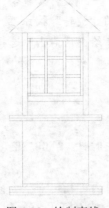
图 4-25　绘制直线

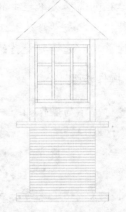
图 4-26　绘制结果

4.3　改变位置类命令

改变位置类编辑命令是指按照指定要求改变当前图形或图形中某部分的位置。主要包括移动、旋转和缩放命令。

4.3.1　移动命令

1．执行方式

命令行：MOVE（快捷命令：M）。
菜单栏：选择菜单栏中的"修改"→"移动"命令。
工具栏：单击"修改"工具栏中的"移动"按钮✥。
快捷菜单：选择要复制的对象，在绘图区右击，选择快捷菜单中的"移动"命令。

2．操作步骤

命令行提示与操作如下。

命令：MOVE
选择对象：用前面介绍的对象选择方法选择要移动的对象，按Enter键结束选择
指定基点或位移：指定基点或位移
指定基点或 [位移（D）] <位移>：指定基点或位移
指定第二个点或 <使用第一个点作为位移>：

"移动"命令选项功能与"复制"命令类似。

4.3.2　旋转命令

1．执行方式

命令行：ROTATE（快捷命令：RO）。

菜单栏：选择菜单栏中的"修改"→"旋转"命令。

工具栏：单击"修改"工具栏中的"旋转"按钮〇。

快捷菜单：选择要旋转的对象，在绘图区右击，选择快捷菜单中的"旋转"命令。

2．操作步骤

命令行提示与操作如下。

> 命令：ROTATE
> UCS 当前的正角方向：　ANGDIR=逆时针　ANGBASE=0
> 选择对象：选择要旋转的对象
> 指定基点：指定旋转基点，在对象内部指定一个坐标点
> 指定旋转角度，或 [复制（C）/参照（R）] <0>：指定旋转角度或其他选项

3．选项说明

"旋转"命令各个选项的含义如表 4-3 所示。

表 4-3　"旋转"命令各个选项的含义

选项	含义
复制（C）	选择该选项，则在旋转对象的同时，保留原对象
参照（R）	采用参照方式旋转对象时，命令行提示与操作如下。 指定参照角 <0>：指定要参照的角度，默认值为 0 指定新角度：输入旋转后的角度值 操作完毕后，对象被旋转至指定的角度位置

🖝 **注意**

可以用拖动鼠标的方法旋转对象。选择对象并指定基点后，从基点到当前光标位置会出现一条连线，拖动鼠标，选择的对象会动态地随着该连线与水平方向夹角的变化而旋转，按 Enter 键确认旋转操作，如图 4-27 所示。

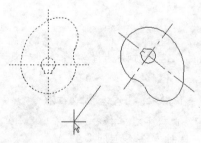

图 4-27　拖动鼠标旋转对象

4.3.3　实例——双层钢筋配置图

绘制如图 4-28 所示的双层钢筋配置图。

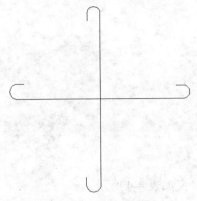

图4-28 双层钢筋配置图

 绘制步骤

（1）单击"绘图"工具栏中的"多段线"按钮，绘制单层钢筋，如图4-29所示。

（2）在状态栏，单击"对象捕捉"按钮，打开对象捕捉模式。单击"修改"工具栏中的"旋转"按钮，命令行提示和操作如下。

```
命令: _rotate
UCS 当前的正角方向:  ANGDIR=逆时针  ANGBASE=0
选择对象:（选择刚绘制的多段线）
选择对象:
指定基点:（捕捉多段线的中点, 如图4-30所示）
指定旋转角度, 或 [复制（C）/参照（R）] <0>: c
旋转一组选定对象。
指定旋转角度, 或 [复制（C）/参照（R）] <0>: 90
```

结果如图4-30所示。

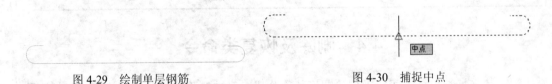

图4-29 绘制单层钢筋   图4-30 捕捉中点

4.3.4 缩放命令

1. 执行方式

命令行: SCALE（快捷命令: SC）。

菜单栏: 选择菜单栏中的"修改"→"缩放"命令。

工具栏: 单击"修改"工具栏中的"缩放"按钮。

快捷菜单: 选择要缩放的对象, 在绘图区右击, 选择快捷菜单中的"缩放"命令。

2．操作步骤

命令行提示与操作如下。

命令：SCALE
选择对象：选择要缩放的对象
指定基点：指定缩放基点
指定比例因子或 [复制（C）/参照（R）]：

3．选项说明

"缩放"命令各个选项的含义如表 4-4 所示。

表 4-4 "缩放"命令各个选项的含义

选项	含义
参照（R）	采用参照方向缩放对象时，命令行提示如下。 指定参照长度 <1>：指定参照长度值 指定新的长度或 [点（P）] <1.0000>：指定新长度值 若新长度值大于参照长度值，则放大对象；反之，缩小对象。操作完毕后，系统以指定的基点按指定的比例因子缩放对象。如果选择"点（P）"选项，则选择两点来定义新的长度
比例因子	可以用拖动鼠标的方法缩放对象。选择对象并指定基点后，从基点到当前光标位置会出现一条连线，线段的长度即为比例大小。拖动鼠标，选择的对象会动态地随着该连线长度的变化而缩放，按 Enter 键确认缩放操作
复制（C）	选择"复制（C）"选项时，可以复制缩放对象，即缩放对象时，保留原对象，如图 4-31 所示。 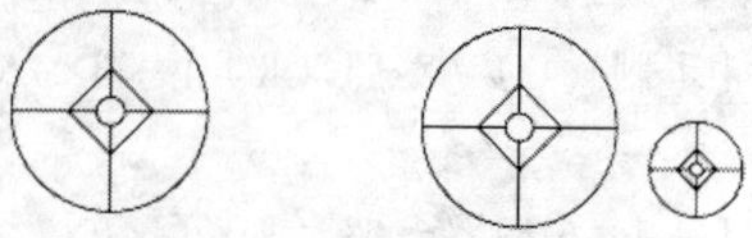 缩放前　　　缩放后 图 4-31　复制缩放

4.4　删除及恢复类命令

删除及恢复类命令主要用于删除图形某部分或对已被删除的部分进行恢复。包括删除、恢复、重做、清除等命令。

4.4.1　删除命令

如果所绘制的图形不符合要求或不小心错绘了图形，可以使用删除命令"ERASE"把其删除。

执行方式
命令行：ERASE（快捷命令：E）。
菜单栏：选择菜单栏中的"修改"→"删除"命令。

工具栏：单击"修改"工具栏中的"删除"按钮。

快捷菜单：选择要删除的对象，在绘图区右击，选择快捷菜单中的"删除"命令。

可以先选择对象后再调用删除命令，也可以先调用删除命令后再选择对象。选择对象时可以使用前面介绍的对象选择的各种方法。

当选择多个对象时，多个对象都被删除；若选择的对象属于某个对象组，则该对象组中的所有对象都被删除。

注意

在绘图过程中，如果出现了绘制错误或绘制了不满意的图形，需要删除时，可以单击"标准"工具栏中的"放弃"按钮，也可以按 Delete 键，命令行提示"_.erase"。删除命令可以一次删除一个或多个图形，如果删除错误，可以利用"放弃"按钮来补救。

4.4.2 恢复命令

若不小心误删了图形，可以使用恢复命令"OOPS"，恢复误删的对象。

执行方式

命令行：OOPS 或 U。

工具栏：单击"标准"工具栏中的"放弃"按钮。

快捷键：按 Ctrl+Z 组合键。

4.4.3 清除命令

此命令与删除命令功能完全相同。

执行方式

快捷键：按 Delete 键。

执行上述命令后，命令行提示如下。

选择对象：选择要清除的对象，按 Enter 键执行清除命令。

4.5 改变几何特性类命令

改变几何特性类编辑命令在对指定对象进行编辑后，使编辑对象的几何特性发生改变。包括修剪、延伸、拉伸、拉长、圆角、倒角、打断等命令。

4.5.1 修剪命令

1. 执行方式

命令行：TRIM（快捷命令：TR）。

菜单：选择菜单栏中的"修改"→"修剪"命令。

工具栏：单击"修改"工具栏中的"修剪"按钮。

2．操作步骤

命令行提示与操作如下。

> 命令: TRIM
> 当前设置:投影=UCS，边=无
> 选择剪切边...
> 选择对象或 <全部选择>: 选择用作修剪边界的对象，按 Enter 键结束对象选择
> 选择要修剪的对象，或按住 Shift 键选择要延伸的对象，或[栏选（F）/窗交（C）/投影（P）/边（E）/删除（R）/放弃（U）]:

3．选项说明

"修剪"命令各个选项的含义如表 4-5 所示。

表 4-5　"修剪"命令各个选项的含义

选项	含义
延伸	在选择对象时，如果按住 Shift 键，系统就会自动将"修剪"命令转换成"延伸"命令，"延伸"命令将在下节介绍
栏选（F）	选择"栏选（F）"选项时，系统以栏选的方式选择被修剪的对象如图 4-32 所示。 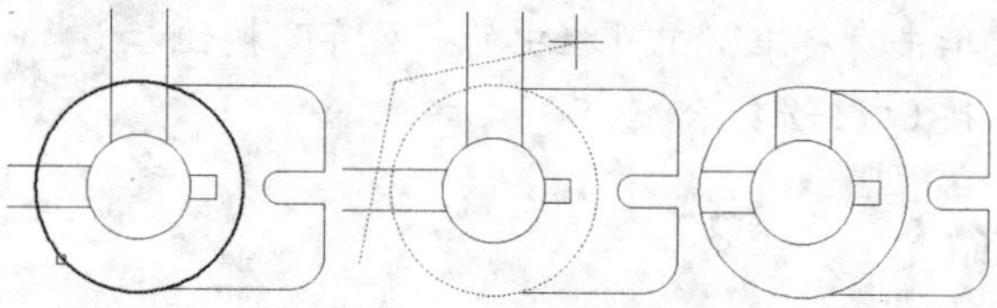 选定剪切边　使用栏选选定的修剪对象　结果 图 4-32　"栏选"修剪对象
窗交（C）	选择"窗交（C）"选项时，系统以窗交的方式选择被修剪的对象，如图 4-33 所示。 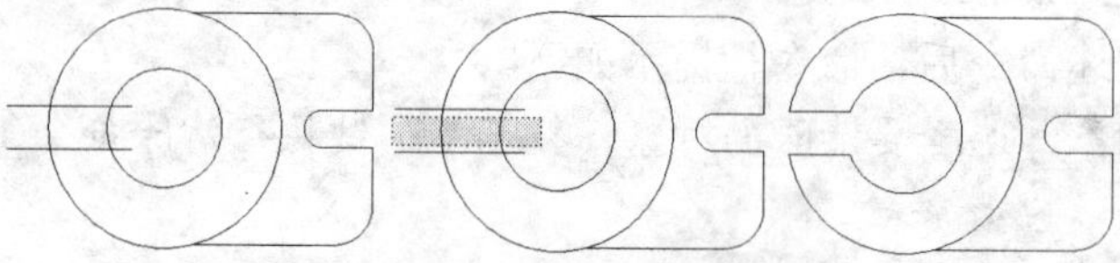 使用窗交选定剪切边　选定要修剪的对象　结果 图 4-33　"窗交"修剪对象
边（E）	选择"边（E）"选项时，可以选择对象的修剪方式。 （1）延伸（E）：延伸边界进行修剪。在此方式下，如果剪切边没有与要修剪的对象相交，系统会延伸剪切边直至与对象相交，然后再修剪，如图 4-34 所示。 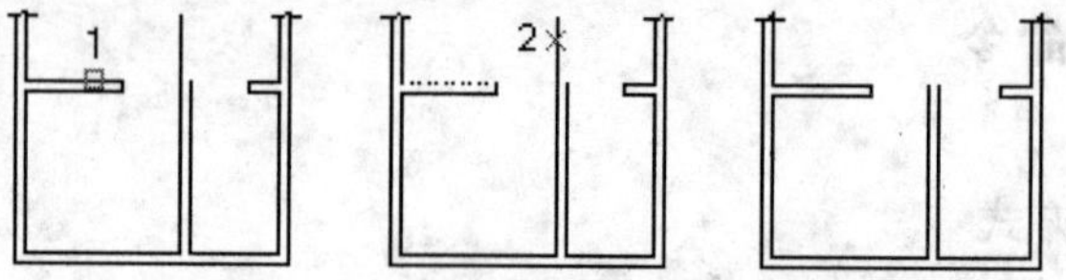 选择剪切边　选择要修剪的对象　修剪后的结果 图 4-34　"延伸"修剪对象 （2）不延伸（N）：不延伸边界修剪对象，只修剪与剪切边相交的对象
边界和被修剪对象	被选择的对象可以互为边界和被修剪对象，此时系统会在选择的对象中自动判断边界

注意

在使用修剪命令选择修剪对象时，我们通常是逐个点击选择的，有时显得效率低，要比较快的实现修剪过程，可以先输入修剪命令 "TR" 或 "TRIM"，然后按 Space 或 Enter 键，命令行中就会提示选择修剪的对象，这时可以不选择对象，继续按 Space 或 Enter 键，系统默认选择全部，这样做就可以很快地完成修剪过程。

4.5.2 延伸命令

延伸命令是指延伸对象直到另一个对象的边界线，如图 4-35 所示。

选择边界　　　　　　选择要延伸的对象　　　　　　执行结果

图 4-35　延伸对象 1

1. 执行方式

命令行：EXTEND（快捷命令：EX）。
菜单栏：选择菜单栏中的"修改"→"延伸"命令。
工具栏：单击"修改"工具栏中的"延伸"按钮---/。

2. 操作步骤

命令行提示与操作如下。

> 命令：EXTEND
> 当前设置:投影=UCS，边=无
> 选择边界的边...
> 选择对象或 <全部选择>: 选择边界对象

此时可以选择对象来定义边界，若直接按 Enter 键，则选择所有对象作为可能的边界对象。

系统规定可以用作边界对象的对象：直线段、射线、双向无限长线、圆弧、圆、椭圆、二维/三维多段线、样条曲线、文本、浮动的视口、区域。如果选择二维多段线作为边界对象，系统会忽略其宽度而把对象延伸至多段线的中心线。

选择边界对象后，命令行提示如下。

> 选择要延伸的对象，或按住 Shift 键选择要修剪的对象，或[栏选（F）/窗交（C）/投影（P）/边（E）/放弃（U）]:

3. 选项说明

（1）如果要延伸的对象是适配样条多段线，则延伸后会在多段线的控制框上增加新节点；

如果要延伸的对象是锥形的多段线，系统会修正延伸端的宽度，使多段线从起始端平滑地延伸至新终止端；如果延伸操作导致终止端宽度可能为负值，则取宽度值为 0，操作提示如图 4-36 所示。

选择边界对象　　选择要延伸的多段线　　延伸后的结果

图 4-36　延伸对象 2

（2）选择对象时，如果按住 Shift 键，系统就会自动将"延伸"命令转换成"修剪"命令。

4.5.3　拉伸命令

拉伸命令是指拖拉选择的对象，且使对象的形状发生改变。拉伸对象时应指定拉伸的基点和移置点。利用一些辅助工具如捕捉、钳夹功能及相对坐标等，可以提高拉伸的精度。

1．执行方式

命令行：STRETCH（快捷命令：S）。
菜单栏：选择菜单栏中的"修改"→"拉伸"命令。
工具栏：单击"修改"工具栏中的"拉伸"按钮 。

2．操作步骤

命令行提示与操作如下。

命令：STRETCH
以交叉窗口或交叉多边形选择要拉伸的对象…
选择对象：C
指定第一个角点：指定对角点：找到 2 个：采用交叉窗口的方式选择要拉伸的对象
指定基点或 ［位移（D）］〈位移〉：指定拉伸的基点
指定第二个点或〈使用第一个点作为位移〉：指定拉伸的移至点

此时，若指定第二个点，系统将根据这两点决定矢量拉伸的对象；若直接按 Enter 键，系统会把第一个点作为 X 和 Y 轴的分量值。

拉伸命令将使完全包含在交叉窗口内的对象不被拉伸，部分包含在交叉选择窗口内的对象被拉伸。

4.5.4　实例——箍筋

绘制如图 4-37 所示的箍筋。

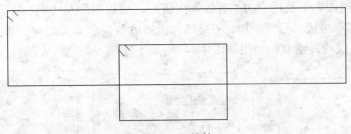

图 4-37　箍筋

绘制步骤

（1）绘制矩形。单击"绘图"工具栏中的"矩形"按钮□，绘制一个矩形，如图 4-38 所示。

（2）在状态栏的"对象捕捉"按钮□上单击鼠标右键，打开右键快捷菜单，如图 4-39 所示，选择其中的"设置"命令，打开"草图设置"对话框，如图 4-40 所示，选中"启用对象捕捉"复选框，单击"全部选择"按钮，选择所有的对象捕捉模式。再单击"极轴追踪"选项卡，如图 4-41 所示，选中"启用极轴追踪"复选框，将下面的增量角设置成默认的 45。

图 4-38　绘制矩形　　　　　　　　图 4-39　右键快捷菜单

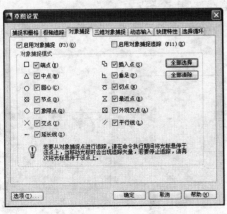

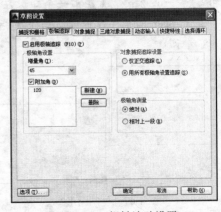

图 4-40　"草图设置"对话框　　　　　图 4-41　极轴追踪设置

（3）单击"绘图"工具栏中的"直线"按钮 ，捕捉矩形左边靠上角一点为线段起点，如图 4-42 所示，利用极轴追踪功能，在 315° 极轴追踪线上适当指定一点为线段终点，如图 4-43 所示，完成线段绘制，结果如图 4-44 所示。

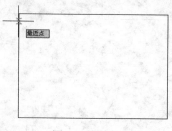

图 4-42　捕捉起点　　　　　图 4-43　绘制圆　　　　　图 4-44　绘制线段

（4）单击"修改"工具栏中的"镜像"按钮 ，选择刚绘制的线段为对象，捕捉矩形左上角为对称线起点，在 315° 极轴追踪线上适当指定一点为对称线终点，如图 4-45 所示，完成线段的镜像绘制，如图 4-46 所示。

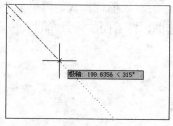
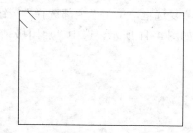

图 4-45　指定对称线　　　　　　　　图 4-46　镜像绘制

（5）单击"修改"工具栏中的"复制"按钮 ，将刚绘制的图形向右下方适当位置复制，结果如图 4-47 所示。

（6）单击"修改"工具栏中的"拉伸"按钮 ，命令行提示和操作如下。

命令：_stretch
以交叉窗口或交叉多边形选择要拉伸的对象...
选择对象：c
指定第一个角点：（在第一个矩形左上方适当位置指定一点）
　指定对角点：（往右下方适当位置指定一点，注意不要包含第二个矩形任何图线，如图 4-48 所示）

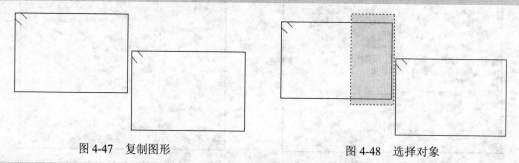

图 4-47　复制图形　　　　　　　图 4-48　选择对象

选择对象：↙（完成对象选择，选中的对象高亮显示，如图 4-49 所示）

指定基点或 [位移（D）] <位移>：（适当指定一点）

　　指定第二个点或 <使用第一个点作为位移>：（水平向右适当位置指定一点，如图 4-50 所示）

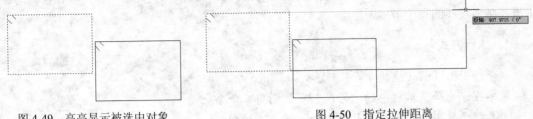

图 4-49　高亮显示被选中对象　　　　图 4-50　指定拉伸距离

　　结果如图 4-37 所示。

4.5.5　拉长命令

1．执行方式

命令行：LENGTHEN（快捷命令：LEN）。
菜单栏：选择菜单栏中的"修改"→"拉长"命令。

2．操作步骤

命令行提示与操作如下。

命令：LENGTHEN
选择对象或 [增量（DE）/百分数（P）/全部（T）/动态（DY）]：选择要拉长的对象
当前长度：30.5001（给出选定对象的长度，如果选择圆弧，还将给出圆弧的包含角）
选择对象或 [增量（DE）/百分数（P）/全部（T）/动态（DY）]：DE↙（选择拉长或缩短的方式为增量方式）
输入长度增量或 [角度（A）] <0.0000>：10（在此输入长度增量数值。如果选择圆弧段，则可输入选项"A"，给定角度增量）
选择要修改的对象或 [放弃（U）]：选定要修改的对象，进行拉长操作
选择要修改的对象或 [放弃（U）]：继续选择，或按<enter>键结束命令

3．选项说明

"拉长"命令各个选项的含义如表 4-6 所示。

表 4-6　"拉长"命令各个选项的含义

选项	含义
增量（DE）	用指定增加量的方法改变对象的长度或角度
百分数（P）	用指定占总长度百分比的方法改变圆弧或直线段的长度
全部（T）	用指定新总长度或总角度值的方法改变对象的长度或角度
动态（DY）	在此模式下，可以使用拖拉鼠标的方法来动态地改变对象的长度或角度

4.5.6　圆角命令

圆角命令是指用一条指定半径的圆弧平滑连接两个对象。可以平滑连接一对直线段、非圆弧的多段线段、样条曲线、双向无限长线、射线、圆、圆弧和椭圆，并且可以在任何时候平滑连接多段线的每个节点。

1．执行方式

命令行：FILLET（快捷命令：F）。
菜单栏：选择菜单栏中的"修改"→"圆角"命令。
工具栏：单击"修改"工具栏中的"圆角"按钮◯。

2．操作步骤

命令行提示与操作如下。

命令：FILLET
当前设置：模式 = 修剪，半径 = 0.0000
选择第一个对象或 [放弃（U）/多段线（P）/半径（R）/修剪（T）/多个（M）]：选择第一个对象或别的选项
选择第二个对象，或按住 Shift 键选择要应用角点的对象：选择第二个对象

3．选项说明

"圆角"命令各个选项的含义如表 4-7 所示。

表 4-7　"圆角"命令各个选项的含义

选项	含义
多段线（P）	在一条二维多段线两段直线段的节点处插入圆弧。选择多段线后系统会根据指定的圆弧半径把多段线各顶点用圆弧平滑连接起来
修剪（T）	决定在平滑连接两条边时，是否修剪这两条边，如图 4-51 所示。 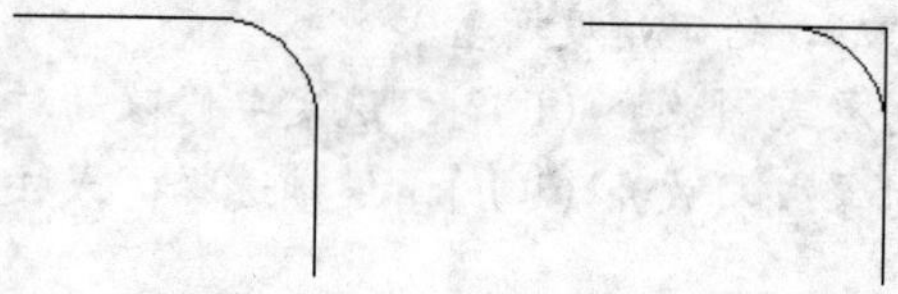 （a）修剪方式　　　（b）不修剪方式 图 4-51　圆角连接
多个（M）	同时对多个对象进行圆角编辑，而不必重新起用命令
按住 Shift 键并选择两条直线	按住 Shift 键并选择两条直线，可以快速创建零距离倒角或零半径圆角

4.5.7　实例——桥墩

本实例绘制的花瓶如图 4-52 所示。由图 4-52 可知，该花瓶主要由矩形、多段线、圆弧

等组成，主要用圆角命令与镜像命令来绘制。

图 4-52　花瓶

绘制步骤

（1）绘制矩形。单击"绘图"工具栏中的"矩形"按钮口，分别以{（0,0），（20,4）}和{（1,4），（19,5）}为角点绘制矩形，结果如图 4-53 所示。

（2）绘制多段线。单击"绘图"工具栏中的"多段线"按钮，过（2，5）、(a)、(s)、（2.29，5.7）、（3，6）、(l)、(@14，0)、(a)、(s)、（17.7，5.7）、（18，5）绘制多段线；过（3，6）、(a)、(s)、（3.9，7.72）、（4.49，9.58）、（3.5，11）、(l)、（16.5，11）、(a)、(s)、（15.66，10.53）、（15.51，9.58）、(s)、（16.09，7.72）、（17，6）绘制多段线；过（3.5，11）、(a)、(s)、（3.79，11.7）、（4.5，12）、(l)、（15.5，12）、(a)、（16.5，11）绘制多段线。结果如图 4-54 所示。

图 4-53　绘制矩形

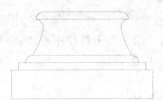

图 4-54　绘制底座

（3）单击"绘图"工具栏中的"矩形"按钮口，分别以{（0，18.5），（20，20）}、{（6，41），（14，42）}、{（5，45.5），（15，46.5）}为角点绘制矩形，结果如图 4-55 所示。

（4）单击"修改"工具栏中的"圆角"按钮口，将上述绘制的下面两个矩形进行圆角处理，并将下方的矩形圆角半径设为 7.5，中间的圆角半径设为 5。命令行提示与操作如下。

```
命令: _fillet
当前设置: 模式 = 修剪, 半径 = 0.0000
选择第一个对象或 [放弃（U）/多段线（P）/半径（R）/修剪（T）/多个（M）]: r
指定圆角半径 <0.0000>: 7.5
选择第一个对象或 [放弃（U）/多段线（P）/半径（R）/修剪（T）/多个（M）]:选择
下方的矩形边
选择第二个对象，或按住 Shift 键选择对象以应用角点或 [半径（R）]:
命令: _fillet
当前设置: 模式 = 修剪, 半径 =7.5000
```

选择第一个对象或 [放弃（U）/多段线（P）/半径（R）/修剪（T）/多个（M）]: r

指定圆角半径 <7.5000>: 5

选择第一个对象或 [放弃（U）/多段线（P）/半径（R）/修剪（T）/多个（M）]:选择中间矩形边

选择第二个对象，或按住 Shift 键选择对象以应用角点或 [半径（R）]:

结果如图 4-56 所示。

（5）单击"绘图"工具栏中的"圆弧"按钮 ，以（8.23，19.17）为圆心，以（0.75，18.5）和（6，12）为端点绘制圆弧；再分别过{（0.75，20），（1.26，27.02），（5，33）}、{（5，33），（6.72，36.82），（6.5，41）}、{（6.5，42），（6.46，44.05），（5，45.5）}、{（5，46.5），（3.54，47.7），（3，49.5）}绘制圆弧。结果如图 4-57 所示。

（6）单击"修改"工具栏中的"镜像"按钮 ，将上述绘制的圆弧进行镜像处理，镜像轴为（100,0）与（100,10），结果如图 4-58 所示。

图 4-55　绘制矩形　　图 4-56　圆角处理　　图 4-57　绘制圆弧　　图 4-58　镜像处理

（7）单击"绘图"工具栏中的"矩形"按钮 ，以（2,49.5）和（18,53）为角点绘制矩形，结果如图 4-52 所示。

4.5.8　倒角命令

倒角命令即斜角命令，是用斜线连接两个不平行的线型对象。可以用斜线连接直线段、双向无限长线、射线和多段线。

系统采用两种方法确定连接两个对象的斜线：指定两个斜线距离，指定斜线角度和一个斜线距离。下面分别介绍这两种方法的使用。

（1）指定两个斜线距离。

斜线距离是指从被连接对象与斜线的交点到被连接的两对象交点之间的距离，如图 4-59 所示。

（2）指定斜线角度和一个斜距离连接选择的对象。

采用这种方法连接对象时，需要输入两个参数：斜线与一个对象的斜线距离和斜线与该对象的夹角，如图 4-60 所示。

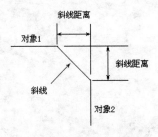

图 4-59　斜线距离

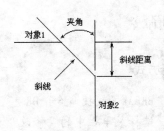

图 4-60　斜线距离与夹角

执行方式

命令行：CHAMFER（快捷命令：CHA）。

菜单栏：选择菜单栏中的"修改"→"倒角"命令。

工具栏：单击"修改"工具栏中的"倒角"按钮◻。

操作步骤

命令行提示与操作如下。

命令：CHAMFER

（"不修剪"模式）当前倒角距离 1 = 0.0000，距离 2 = 0.0000

选择第一条·直线或 [放弃（U）/多段线（P）/距离（D）/角度（A）/修剪（T）/方式（E）/多个（M）]：选择第一条直线或别的选项

选择第二条直线，或按住 Shift 键选择要应用角点的直线：选择第二条直线

选项说明

"倒角"命令各个选项的含义如表 4-8 所示。

表 4-8　"倒角"命令各个选项的含义

选项	含义
多段线（P）	对多段线的各个交叉点倒斜角。为了得到最好的连接效果，一般设置斜线是相等的值，系统根据指定的斜线距离把多段线的每个交叉点都作斜线连接，连接的斜线成为多段线新的构成部分，如图 4-61 所示。 （a）选择多段线　　（b）倒斜角结果 图 4-61　斜线连接多段线
距离（D）	选择倒角的两个斜线距离。这两个斜线距离可以相同也可以不相同，若二者均为 0，则系统不绘制连接的斜线，而是把两个对象延伸至相交并修剪超出的部分
角度（A）	选择第一条直线的斜线距离和第一条直线的倒角角度
修剪（T）	与圆角连接命令"FILLET"相同，该选项决定连接对象后是否剪切源对象
方式（E）	决定采用"距离"方式还是"角度"方式来倒斜角
多个（M）	同时对多个对象进行倒斜角编辑

4.5.9 打断命令

1. 执行方式

命令行：BREAK（快捷命令：BR）。
菜单栏：选择菜单栏中的"修改"→"打断"命令。
工具栏：单击"修改"工具栏中的"打断"按钮□。

2. 操作步骤

命令行提示与操作如下。

命令：BREAK
选择对象：选择要打断的对象
指定第二个打断点或 [第一点（F）]：指定第二个断开点或输入"F"

3. 选项说明

如果选择"第一点（F）"选项，系统将放弃前面选择的第一个点，重新提示用户指定两个断开点。

4.5.10 打断于点命令

打断于点命令是指在对象上指定一点，从而把对象在此点拆分成两部分，此命令与打断命令类似。

1. 执行方式

工具栏：单击"修改"工具栏中的"打断于点"按钮□。

2. 操作步骤

单击"修改"工具栏中的"打断于点"按钮□，命令行提示与操作如下。

_break 选择对象：选择要打断的对象
指定第二个打断点或 [第一点（F）]：_f（系统自动执行"第一点"选项）
指定第一个打断点：选择打断点
指定第二个打断点：@：系统自动忽略此提示

4.5.11 分解命令

1. 执行方式

命令行：EXPLODE（快捷命令：X）。
菜单栏：选择菜单栏中的"修改"→"分解"命令。

工具栏：单击"修改"工具栏中的"分解"按钮⌗。

2. 操作步骤

> 命令：EXPLODE
> 选择对象：选择要分解的对象
> 选择一个对象后，该对象会被分解，系统继续提示该行信息，允许分解多个对象。

⚠ **注意**

分解命令是将一个合成图形分解为其部件的工具。例如，一个矩形被分解后就会变成4条直线，且一个有宽度的直线分解后就会失去其宽度属性。

4.5.12 合并命令

可以将直线、圆、椭圆弧和样条曲线等独立的图线合并为一个对象，如图4-62所示。

图4-62　合并对象

1. 执行方式

命令行：JOIN。
菜单栏：选择菜单栏中的"修改"→"合并"命令。
工具栏：单击"修改"工具栏中的"合并"按钮⊷。

2. 操作步骤

命令行提示与操作如下。

> 命令：JOIN
> 选择源对象：选择一个对象
> 选择要合并到源的直线：选择另一个对象
> 找到 1 个
> 选择要合并到源的直线：
> 已将 1 条直线合并到源

4.5.13 光顺曲线命令

在两条选定直线或曲线之间的间隙中创建样条曲线。

1．执行方式

命令行：BLEND。
菜单栏：选择菜单栏中的"修改"→"光顺曲线"命令。
工具栏：单击"修改"工具栏中的"光顺曲线"按钮 。

2．操作步骤

命令：BLEND
连续性=相切
选择第一个对象或[连续性（CON）]：CON
输入连续性[相切（T）/平滑（S）]<切线>：
选择第一个对象或[连续性（CON）]：
选择第二个点：

3．选项说明

"光顺曲线"命令各个选项的含义如表 4-9 所示。

表 4-9 "光顺曲线"命令各个选项的含义

选项	含义
连续性（CON）	在两种过渡类型中指定一种
相切（T）	创建一条 3 阶样条曲线，在选定对象的端点处具有相切（G1）连续性
平滑（S）	创建一条 5 阶样条曲线，在选定对象的端点处具有曲率（G2）连续性。 如果使用"平滑"选项，请勿将显示从控制点切换为拟合点。此操作将样条曲线更改为 3 阶，这会改变样条曲线的形状

4.6　对象编辑命令

在对图形进行编辑时，还可以对图形对象本身的某些特性进行编辑，从而方便地进行图形绘制。

4.6.1　钳夹功能

利用钳夹功能可以快速方便地编辑对象。AutoCAD 在图形对象上定义了一些特殊点，称为夹持点。利用夹持点可以灵活地控制对象，如图 4-63 所示。

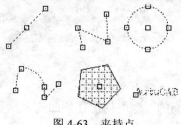

图 4-63　夹持点

　　要使用钳夹功能编辑对象，必须先打开钳夹功能，打开方法：选择菜单栏中的"工具"→"选项"命令，系统打开"选项"对话框。单击"选择集"选项卡，选中"夹点"选项组中的"显示夹点"复选框。在该选项卡中还可以设置代表夹点的小方格尺寸和颜色。

　　也可以通过 GRIPS 系统变量控制是否打开钳夹功能，1 代表打开，0 代表关闭。

　　打开了钳夹功能后，应该在编辑对象之前先选择对象。夹点表示对象的控制位置。

　　使用夹点编辑对象，要选择一个夹点作为基点，称为基准夹点。然后，选择一种编辑操作：删除、移动、复制选择、旋转和缩放。可以用按 Space 或 Enter 键循环选择这些功能。

　　下面就其中的拉伸对象操作为例进行讲解，其他操作类似。

　　在图形上选择一个夹点，该夹点改变颜色，此点为夹点编辑的基准点，此时命令行提示如下。

** 拉伸 **

指定拉伸点或 [基点（B）/复制（C）/放弃（U）/退出（X）]：

　　在上述拉伸编辑提示下，输入"缩放"命令或右击，选择快捷菜单中的"缩放"命令，系统就会转换为"缩放"操作，其他操作类似。

4.6.2　修改对象属性

　　命令行：DDMODIFY 或 PROPERTIES。

　　菜单栏：选择菜单栏中的"修改"→"特性"命令。

　　工具栏：单击"标准"工具栏中的"特性"按钮▣。

　　执行上述命令后，系统打开"特性"选项板，如图 4-64 所示。利用它可以方便地设置或修改对象的各种属性。不同的对象属性种类和值不同，修改属性值，对象改变为新的属性。

图 4-64　"特性"选项板

第 5 章

文字与表格

- - - - - - - -

文字注释是绘制图形过程中很重要的内容，进行各种设计时，不仅要绘制出图形，还要在图形中标注一些注释性的文字，如技术要求、注释说明等，对图形对象加以解释。AutoCAD提供了多种在图形中输入文字的方法，本章会详细介绍文本的注释和编辑功能。图表在AutoCAD 图形中也有大量的应用，如名细表、参数表和标题栏等。本章主要介绍文字与图表的使用方法。

5.1 文本标注

在绘制图形的过程中，文字传递了很多设计信息，它可能是一个很复杂的说明，也可能是一个简短的文字信息。当需要文字标注的文本不太长时，可以利用 TEXT 命令创建单行文本；当需要标注很长、很复杂的文字信息时，可以利用 MTEXT 命令创建多行文本。

5.1.1 文本样式

所有 AutoCAD 图形中的文字都有与其相对应的文本样式。当输入文字对象时，AutoCAD使用当前设置的文本样式。文本样式是用来控制文字基本形状的一组设置。AutoCAD 2014提供了"文字样式"对话框，通过这个对话框可以方便直观地设置需要的文本样式，或是对已有样式进行修改。

1. 执行方式

命令行：STYLE（快捷命令：ST）或 DDSTYLE。
菜单栏：选择菜单栏中的"格式" → "文字样式"命令。
工具栏：单击"文字"工具栏中的"文字样式"按钮 **A**。
执行上述命令后，系统打开"文字样式"对话框，如图 5-1 所示。

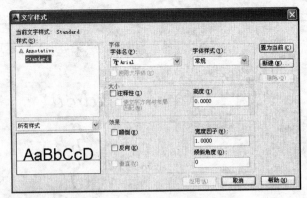

图 5-1　"文字样式"对话框

2．选项说明

"文字样式"对话框各个选项的含义如表 5-1 所示。

表 5-1　"文字样式"对话框各个选项的含义

选项		含义
"样式"列表框		列出所有已设定的文字样式名或对已有样式名进行相关操作
"新建"按钮		系统打开如图 5-2 所示的"新建文字样式"对话框。在该对话框中可以为新建的文字样式输入名称。 图 5-2　"新建文字样式"对话框
"字体"选项组		用于确定字体样式。文字的字体确定字符的形状，在 AutoCAD 中，除了它固有的 SHX 形状字体文件外，还可以使用 TrueType 字体（如宋体、楷体、Italic 等）。一种字体可以设置不同的效果，从而被多种文本样式使用
"大小"选项组		用于确定文本样式使用的字体文件、字体风格及字高。"高度"文本框用来设置创建文字时的固定字高，在用 TEXT 命令输入文字时，AutoCAD 不再提示输入字高参数。如果在此文本框中设置字高为 0，系统会在每一次创建文字时提示输入字高，所以，如果不想固定字高，就可以把"高度"文本框中的数值设置为 0
"效果"选项组	"颠倒"复选框	勾选该复选框，表示将文本文字倒置标注，如图 5-3 所示。 ABCDEFGHIJKLMN ABCDEFGHIJKLMN 图 5-3　文字倒置标注
	"反向"复选框	确定是否将文本文字反向标注，如图 5-4 所示的标注效果。 ABCDEFGHIJKLMN ABCDEFGHIJKLMN 图 5-4　文字反向标注

续表

选项	含义
"垂直"复选框	确定文本是水平标注还是垂直标注。勾选该复选框时为垂直标注，否则为水平标注，垂直标注如图 5-5 所示。 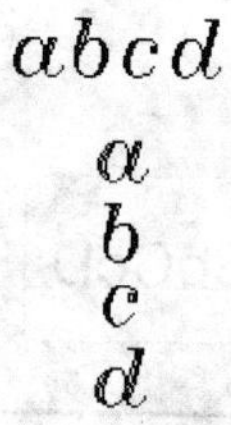 *abcd* *a* *b* *c* *d* 图 5-5　垂直标注
"宽度因子"文本框	设置宽度系数，确定文本字符的宽高比。当比例系数为 1 时，表示将按字体文件中定义的宽高比标注文字。当此系数小于 1 时，字会变窄，反之变宽
"倾斜角度"文本框	用于确定文字的倾斜角度。角度为 0 时不倾斜，为正数时向右倾斜，为负数时向左倾斜
"应用"按钮	确认对文字样式的设置。当创建新的文字样式或对现有文字样式的某些特征进行修改后，都需要单击此按钮，系统才会确认所做的改动

5.1.2　单行文本标注

1．执行方式

命令行：TEXT。

菜单栏：选择菜单栏中的"绘图"→"文字"→"单行文字"命令。

工具栏：单击"文字"工具栏中的"单行文字"按钮**A**。

2．操作步骤

命令行提示与操作如下。

命令：TEXT
当前文字样式： Standard　当前文字高度： 0.2000　注释性：否　对正：左
指定文字的起点或 [对正 (J) /样式 (S)]:

3．选项说明

（1）指定文字的起点。在此提示下直接在绘图区选择一点作为输入文本的起始点，命令行提示如下。

指定高度 <0.2000>: 确定文字高度
指定文字的旋转角度 <0>: 确定文本行的倾斜角度

执行上述命令后，即可在指定位置输入文本文字，输入后按 Enter 键，文本文字另起一行，可继续输入文字，待全部输入完后按两次 Enter 键，退出 TEXT 命令。可见，TEXT 命令也可创建多行文本，只是这种多行文本每一行是一个对象，不能对多行文本同时进行操作。

注意

只有当前文本样式中设置的字符高度为 0，在使用 TEXT 命令时，系统才出现要求用户确定字符高度的提示。AutoCAD 允许将文本行倾斜排列，如图 5-6 所示为倾斜角度分别是 0°、45° 和-45° 时的排列效果。在 "指定文字的旋转角度 <0>" 提示下输入文本行的倾斜角度或在绘图区拉出一条直线来指定倾斜角度。

图 5-6 文本行倾斜排列的效果

（2）对正（J）。在 "指定文字的起点或 [对正（J）/样式（S）]" 提示下输入 "J"，用来确定文本的对齐方式，对齐方式决定文本的哪部分与所选插入点对齐。执行此选项，命令行提示如下。

> 输入选项 [左（L）/居中（C）/右（R）/对齐（A）/中间（M）/布满（F）/左上（TL）/中上（TC）/右上（TR）/左中（ML）/正中（MC）/右中（MR）/左下（BL）/中下（BC）/右下（BR）]：

在此提示下选择一个选项作为文本的对齐方式。当文本文字水平排列时，AutoCAD 为标注文本的文字定义了如图 5-7 所示的顶线、中线、基线和底线，各种对齐方式如图 5-8 所示，图中大写字母对应上述提示中各命令。下面以 "对齐" 方式为例进行简要说明。

图 5-7 文本行的底线、基线、中线和顶线

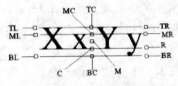

图 5-8 文本的对齐方式

选择 "对齐（A）" 选项，要求用户指定文本行基线的起始点与终止点的位置，命令行提示与操作如下。

> 指定文字基线的第一个端点：指定文本行基线的起点位置
> 指定文字基线的第二个端点：指定文本行基线的终点位置
> 输入文字：输入文本文字
> 输入文字：

执行结果：输入的文本文字均匀地分布在指定的两点之间，如果两点间的连线不水平，则文本行倾斜放置，倾斜角度由两点间的连线与 X 轴夹角确定；字高、字宽根据两点间的距离、字符的多少，以及文本样式中设置的宽度系数自动确定。指定了两点之后，每行输入的字符越多，字宽和字高越小。其他选项与 "对齐" 选项类似，此处不再赘述。

实际绘图时，有时需要标注一些特殊字符，如直径符号、上划线或下划线、温度符号等，由于这些符号不能直接从键盘上输入，AutoCAD 提供了一些控制码，用来实现这些要求。控制码用两个百分号（％％）加一个字符构成，常用的控制码及其标注的特殊字符如表 5-2 所示。

表 5-2　AutoCAD 常用的控制码及其标注的特殊字符

控制码	标注的特殊字符	控制码	标注的特殊字符
%%O	上划线	\u+0278	电相位
%%U	下划线	\u+E101	流线
%%D	"度"符号（°）	\u+2261	标识
%%P	正负符号（±）	\u+E102	界碑线
%%C	直径符号（Φ）	\u+2260	不相等（≠）
%%%	百分号（%）	\u+2126	欧姆（Ω）
\u+2248	约等于（≈）	\u+03A9	欧米加（Ω）
\u+2220	角度（∠）	\u+214A	低界线
\u+E100	边界线	\u+2082	下标 2
\u+2104	中心线	\u+00B2	上标 2
\u+0394	差值		

其中，%%O 和 %%U 分别是上划线和下划线的开关，第一次出现此符号开始画上划线和下划线，第二次出现此符号，上划线和下划线终止。例如，输入"I want to %%U go to Beijing%%U."，则得到如图 5-9（a）所示的文本行，输入"50%%D+%%C75%%P12"，则得到如图 5-9（b）所示的文本行。

利用 TEXT 命令可以创建一个或若干个单行文本，即此命令可以标注多行文本。在"输入文字"提示下输入一行文本文字后按 Enter 键，命令行继续提示"输入文字"，用户可输入第二行文本文字，依此类推，直到文本文字全部输写完毕，再在此提示下按两次 Enter 键，结束文本输入命令。每一次按 Enter 键就结束一个单行文本的输入，每一个单行文本是一个对象，可以单独修改其文本样式、字高、旋转角度、对齐方式等。

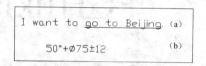

图 5-9　文本行

用 TEXT 命令创建文本时，在命令行输入的文字同时显示在绘图区，而且在创建过程中可以随时改变文本的位置，只要移动光标到新的位置单击，则当前行结束，随后输入的文字在新的文本位置出现，用这种方法可以把多行文本标注到绘图区的不同位置。

5.1.3　多行文本标注

1. 执行方式

命令行：MTEXT（快捷命令：T 或 MT）。

菜单栏：选择菜单栏中的"绘图"→"文字"→"多行文字"命令。

工具栏：单击"绘图"工具栏中的"多行文字"按钮 A 或单击"文字"工具栏中的"多行文字"按钮 A。

2．操作步骤

命令行提示与操作如下。

命令: MTEXT
当前文字样式: Standard　当前文字高度: 1.9122
指定第一角点: 指定矩形框的第一个角点
指定对角点或 [高度（H）/对正（J）/行距（L）/旋转（R）/样式（S）/宽度（W）/栏（C）]:

3．选项说明

"多行文字"命令各个选项的含义如表 5-3 所示。

表 5-3　"多行文字"命令各个选项的含义

选项	含义
指定对角点	在绘图区选择两个点作为矩形框的两个角点，AutoCAD 以这两个点为对角点构成一个矩形区域，其宽度作为将来要标注的多行文本的宽度，第一个点作为第一行文本顶线的起点。响应后 AutoCAD 打开如图 5-10 所示的"文字格式"对话框和多行文字编辑器，可利用此编辑器输入多行文本文字并对其格式进行设置。关于该对话框中各项的含义及编辑器功能，稍后再详细介绍。 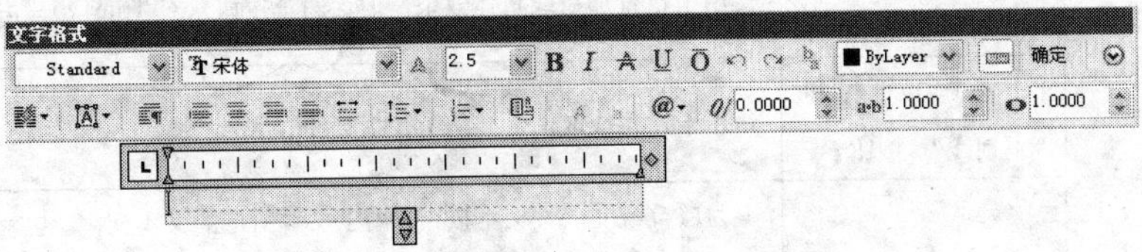 图 5-10　"文字格式"对话框和多行文字编辑器
对正（J）	用于确定所标注文本的对齐方式。选择此选项，命令行提示如下。 　输入对正方式 [左上（TL）/中上（TC）/右上（TR）/左中（ML）/正中（MC）/右中（MR）/左下（BL）/中下（BC）/右下（BR）] <左上（TL）>: 这些对齐方式与 TEXT 命令中的各对齐方式相同。选择一种对齐方式后按 Enter 键，系统回到上一级提示
行距（L）	用于确定多行文本的行间距。这里所说的行间距是指相邻两文本行基线之间的垂直距离。选择此选项，命令行提示如下。 　输入行距类型 [至少（A）/精确（E）] <至少（A）>: 在此提示下有"至少"和"精确"两种方式确定行间距。在"至少"方式下，系统根据每行文本中最大的字符自动调整行间距；在"精确"方式下，系统为多行文本赋予一个固定的行间距，可以直接输入一个确切的间距值，也可以输入"nx"的形式，其中 n 是一个具体数，表示行间距设置为单行文本高度的 n 倍，而单行文本高度是本行文本字符高度的 1.66 倍
旋转（R）	用于确定文本行的倾斜角度。选择此选项，命令行提示如下。 　指定旋转角度 <0>: 输入角度值后按 Enter 键，系统返回到"指定对角点或 [高度（H）/对正（J）/行距（L）/旋转（R）/样式（S）/宽度（W）]:"的提示
样式（S）	用于确定当前的文本文字样式

选项	含义
宽度（W）	用于指定多行文本的宽度。可在绘图区选择一点，与前面确定的第一个角点组成一个矩形框的宽作为多行文本的宽度；也可以输入一个数值，精确设置多行文本的宽度。 在创建多行文本时，只要指定文本行的起始点和宽度后，系统就会打开如图 5-10 所示的多行文字编辑器，该编辑器包含一个"文字格式"对话框和一个快捷菜单。用户可以在编辑器中输入和编辑多行文本，包括设置字高、文本样式及倾斜角度等。该编辑器与 Microsoft Word 编辑器界面相似，事实上该编辑器与 Word 编辑器在某些功能上趋于一致。这样既增强了多行文字的编辑功能，又能使用户更熟悉和方便地使用
栏（C）	根据栏宽、栏间距宽度和栏高组成矩形框，打开如图 5-10 所示的"文字格式"对话框和多行文字编辑器
"文字格式"对话框	用来控制文本文字的显示特性。可以在输入文本文字前设置文本的特性，也可以改变已输入的文本文字特性。要改变已有文本文字显示特性，首先应选择要修改的文本，选择文本的方式有以下 3 种。 将光标定位到文本文字开始处，按住鼠标左键，拖到文本末尾。 双击某个文字，则该文字被选中。 三次单击鼠标左键，则选中全部内容。 对话框中部分选项的功能介绍如下

	"文字高度"下拉列表框	用于确定文本的字符高度，可在文本编辑器中设置输入新的字符高度，也可从此下拉列表框中选择已设定过的高度值
	"加粗" **B** 和"斜体" *I* 按钮	用于设置加粗或斜体效果，但这两个按钮只对 TrueType 字体有效
	"下划线"按键 U 和"上划线" 按钮 Ō	用于设置或取消文字的上、下划线
	"堆叠"按钮	为层叠或非层叠文本按钮，用于层叠所选的文本文字，也就是创建分数形式。当文本中某处出现"/"、"^"或"#"3 种层叠符号之一时，可层叠文本，其方法是选中需层叠的文字，然后单击此按钮，则符号左边的文字作为分子，右边的文字作为分母进行层叠。AutoCAD 提供了 3 种分数形式；如选中"abcd/efgh"后单击此按钮，得到如图 5-11（a）所示的分数形式；如果选中"abcd^efgh"后单击此按钮，则得到如图 5-11（b）所示的形式，此形式多用于标注极限偏差；如果选中"abcd # efgh"后单击此按钮，则创建斜排的分数形式，如图 5-11（c）所示。如果选中已经层叠的文本对象后单击此按钮，则恢复到非层叠形式。 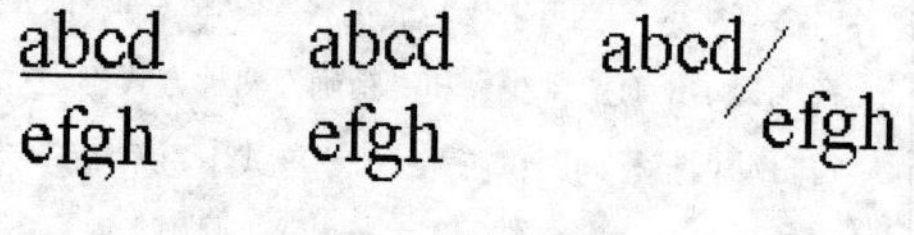 $\dfrac{\text{abcd}}{\text{efgh}}$ $\dfrac{\text{abcd}}{\text{efgh}}$ abcd/efgh （a）　　　（b）　　　（c） 图 5-11　文本层叠
	"倾斜角度"下拉列表框 *0/*	用于设置文字的倾斜角度

续表

<table>
<tr><th>选项</th><th colspan="2">含义</th></tr>
<tr><td></td><td>“符号”按钮 @</td><td>用于输入各种符号。单击此按钮，系统打开符号列表，如图 5-12 所示，可以从中选择符号输入到文本中。
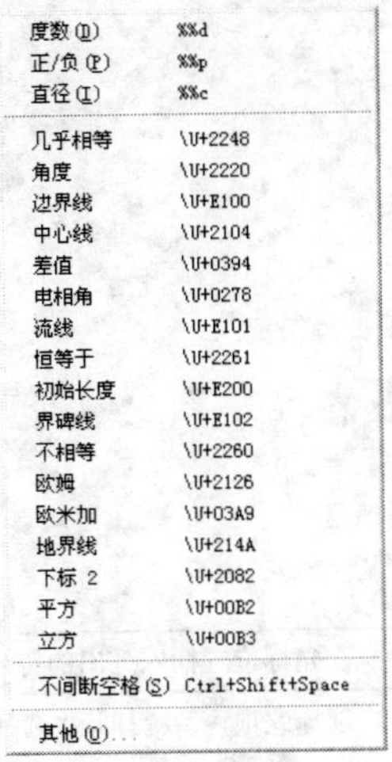
度数(D) %%d
正/负(P) %%p
直径(I) %%c
几乎相等 \U+2248
角度 \U+2220
边界线 \U+E100
中心线 \U+2104
差值 \U+0394
电相角 \U+0278
流线 \U+E101
恒等于 \U+2261
初始长度 \U+E200
界碑线 \U+E102
不相等 \U+2260
欧姆 \U+2126
欧米加 \U+03A9
地界线 \U+214A
下标 2 \U+2082
平方 \U+00B2
立方 \U+00B3
不间断空格(S) Ctrl+Shift+Space
其他(O)...
图 5-12 符号列表</td></tr>
<tr><td></td><td>“插入字段”按钮</td><td>用于插入一些常用或预设字段。单击此按钮，系统打开“字段”对话框，如图 5-13 所示，用户可从中选择字段，插入到标注文本中。
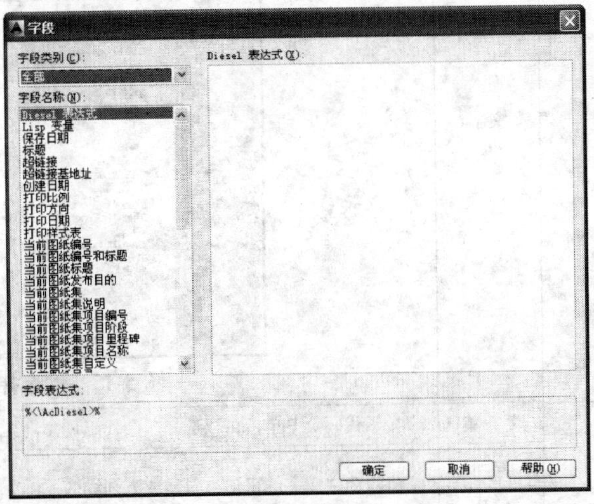
字段
字段类别(C):
全部
字段名称(N):
Diesel 表达式
Lisp 变量
保存日期
标题
超链接
超链接基地址
创建日期
打印比例
打印方向
打印日期
打印样式表
当前图纸编号
当前图纸编号和标题
当前图纸标题
当前图纸发布目的
当前图纸集
当前图纸集说明
当前图纸集项目编号
当前图纸集项目阶段
当前图纸集项目里程碑
当前图纸集项目名称
当前图纸集自定义
Diesel 表达式(X):
字段表达式:
%<\AcDiesel>%
确定
取消
帮助(H)
图 5-13 “字段”对话框</td></tr>
<tr><td></td><td>“追踪”下拉列表框 a•b</td><td>用于增大或减小选定字符之间的空间。1.0 表示设置常规间距，设置大于 1.0 表示增大间距，设置小于 1.0 表示减小间距</td></tr>
<tr><td></td><td>“宽度因子”下拉列表框</td><td>用于扩展或收缩选定字符。1.0 表示设置代表此字体中字母的常规宽度，可以增大该宽度或减小该宽度</td></tr>
</table>

续表

选项		含义
"选项"菜单		"文字格式"对话框中单击"选项"按钮 ⊙，系统打开"选项"菜单，如图 5-14 所示。其中许多选项与 Word 中相关选项类似，对其中比较特殊的选项简单介绍如下。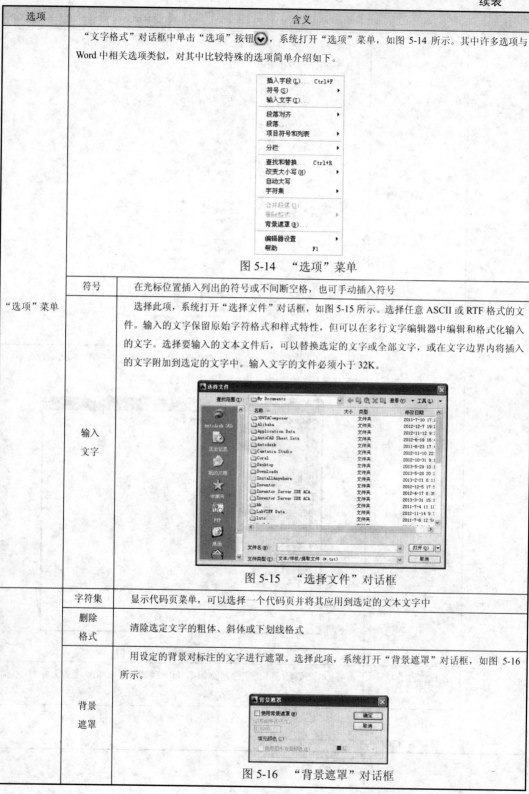 图 5-14 "选项"菜单
	符号	在光标位置插入列出的符号或不间断空格，也可手动插入符号
	输入文字	选择此项，系统打开"选择文件"对话框，如图 5-15 所示。选择任意 ASCII 或 RTF 格式的文件。输入的文字保留原始字符格式和样式特性，但可以在多行文字编辑器中编辑和格式化输入的文字。选择要输入的文本文件后，可以替换选定的文字或全部文字，或在文字边界内将插入的文字附加到选定的文字中。输入文字的文件必须小于 32K。 图 5-15 "选择文件"对话框
	字符集	显示代码页菜单，可以选择一个代码页并将其应用到选定的文本文字中
	删除格式	清除选定文字的粗体、斜体或下划线格式
	背景遮罩	用设定的背景对标注的文字进行遮罩。选择此项，系统打开"背景遮罩"对话框，如图 5-16 所示。 图 5-16 "背景遮罩"对话框

注意

倾斜角度与斜体效果是两个不同的概念，前者可以设置任意倾斜角度，后者是在任意倾斜角度的基础上设置斜体效果，如图 5-17 所示。第一行倾斜角度为 0°，非斜体效果；第二行倾斜角度为 12°，非斜体效果；第三行倾斜角度为 12°，斜体效果。

多行文字是由任意数目的文字行或段组成的，布满指定的宽度，还可以沿垂直方向无限延伸。多行文字中，无论行数是多少，单个编辑任务中创建的每个段落集将构成单个对象；用户可对其进行移动、旋转、删除、复制、镜像或缩放操作。

图 5-17 倾斜角度与斜体效果

5.1.4 实例——索引符号

本实例绘制的索引符号如图 5-18 所示。

由图 5-18 可知，该索引符号主要由圆和单行文字组成，利用圆命令绘制索引符号外轮廓，利用单行文字创建文字。

图 5-18 索引符号

绘制步骤

（1）单击"绘图"工具栏中的"圆"按钮⊙，在视图中适当位置绘制半径为 25 的圆。

（2）单击"修改"工具栏中的"偏移"按钮叠，将上步绘制的圆向内偏移 3。

（3）单击"绘图"工具栏中的"直线"按钮✏，连接圆的两象限点，结果如图 5-19 所示。

（4）单击"绘图"工具栏中的"图案填充"按钮⊠，打开如图 5-20 所示的"图案填充和渐变色"对话框，单击图案栏中的□按钮，打开如图 5-21 所示的"填充图案选项板"对话框，选择 SOLID 图案，单击"确定"按钮，返回到"图案填充和渐变色"对话框，单击"添加：拾取点"按钮⊞，拾取两圆之间的区域为填充区域，按回车键返回到"填充图案选项板"对话框，单击"确定"按钮，完成图案填充，如图 5-22 所示。

图 5-19 绘制直线

图 5-20 "图案填充和渐变色"对话框

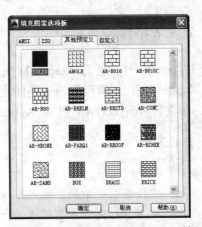

图 5-21 "填充图案选项板"对话框

（5）单击"样式"工具栏中的"文字样式"按钮 A，打开"文字样式"对话框，在字体名下拉列表中选择"Arial Black"，其他采用默认设置，如图 5-23 所示，单击"应用"按钮和"关闭"按钮，完成字体样式的设置。

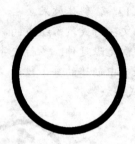

图 5-22　进行同心圆填充　　　　　　　　　图 5-23　"文字样式"对话框

（6）选择菜单栏中的"绘图"→"文字"→"单行文字"命令，标注文字。命令行提示与操作如下。

```
命令: TEXT
当前文字样式: Standard  文字高度: 2.5000  注释性: 否  对正: 左
指定文字的起点 或 [对正 (J) /样式 (S)]:
指定高度 <2.5000>:18
指定文字的旋转角度 <0>:
输入文字
```

结果如图 5-18 所示。

5.2　表格

在以前的 AutoCAD 版本中，要绘制表格必须采用绘制图线或结合偏移、复制等编辑命令来完成，这样的操作过程烦琐而复杂，不利于提高绘图效率。有了表格功能，创建表格就变得非常容易，用户可以直接插入设置好样式的表格，而不用绘制由单独图线组成的表格。

5.2.1　定义表格样式

和文字样式一样，所有 AutoCAD 图形中的表格都有与其相对应的表格样式。当插入表格对象时，系统使用当前设置的表格样式。表格样式是用来控制表格基本形状和间距的一组设置。模板文件 ACAD.DWT 和 ACADISO.DWT 中定义了名为"Standard"的默认表格样式。

1．执行方式

命令行: TABLESTYLE。
菜单栏: 选择菜单栏中的"格式"→"表格样式"命令。
工具栏: 单击"样式"工具栏中的"表格样式"按钮。

执行上述命令后，系统打开"表格样式"对话框，如图 5-24 所示。

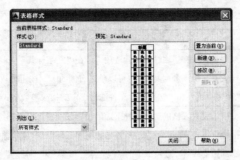

图 5-24　"表格样式"对话框

2. 选项说明

"表格样式"对话框各个选项的含义如表 5-4 所示。

表 5-4　"表格样式"对话框各个选项的含义

选项	含义
"新建"按钮	单击该按钮，系统打开"创建新的表格样式"对话框，如图 5-25 所示。输入新的表格样式名后，单击"继续"按钮，系统打开"新建表格样式"对话框，如图 5-26 所示，从中可以定义新的表格样式。 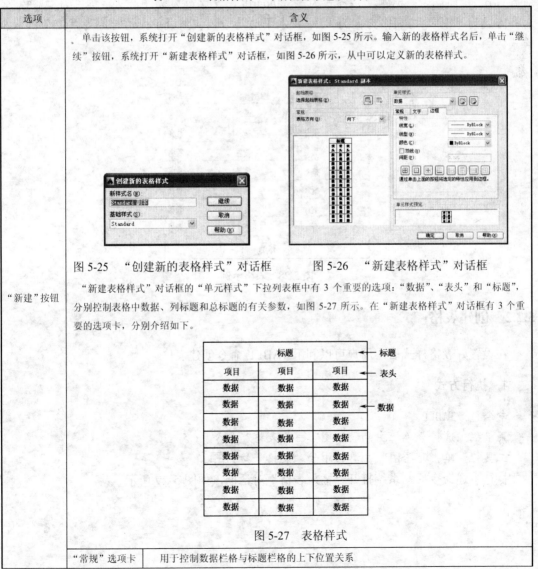 图 5-25　"创建新的表格样式"对话框　　　图 5-26　"新建表格样式"对话框 "新建表格样式"对话框的"单元样式"下拉列表框中有 3 个重要的选项："数据"、"表头"和"标题"，分别控制表格中数据、列标题和总标题的有关参数，如图 5-27 所示。在"新建表格样式"对话框有 3 个重要的选项卡，分别介绍如下。 图 5-27　表格样式
"常规"选项卡	用于控制数据栏格与标题栏格的上下位置关系

选项		含义
	"文字"选项卡	用于设置文字属性单击此选项卡，在"文字样式"下拉列表框中可以选择已定义的文字样式并应用于数据文字，也可以单击右侧的 [...] 按钮重新定义文字样式。其中"文字高度"、"文字颜色"和"文字角度"各选项设定的相应参数格式可供用户选择
	"边框"选项卡	用于设置表格的边框属性下面的边框线按钮控制数据边框线的各种形式，如绘制所有数据边框线、只绘制数据边框外部边框线、只绘制数据边框内部边框线、无边框线、只绘制底部边框线等。选项卡中的"线宽"、"线型"和"颜色"下拉列表框则控制边框线的线宽、线型和颜色；选项卡中的"间距"文本框用于控制单元边界和内容之间的间距
"修改"按钮		用于对当前表格样式进行修改，方式与新建表格样式相同

如图 5-28 所示，数据文字样式为"Standard"，文字高度为 4.5，文字颜色为"红色"，对齐方式为"右下"；标题文字样式为"Standard"，文字高度为 6，文字颜色为"蓝色"，对齐方式为"正中"，表格方向为"上"，水平单元边距和垂直单元边距都为"1.5"的表格样式。

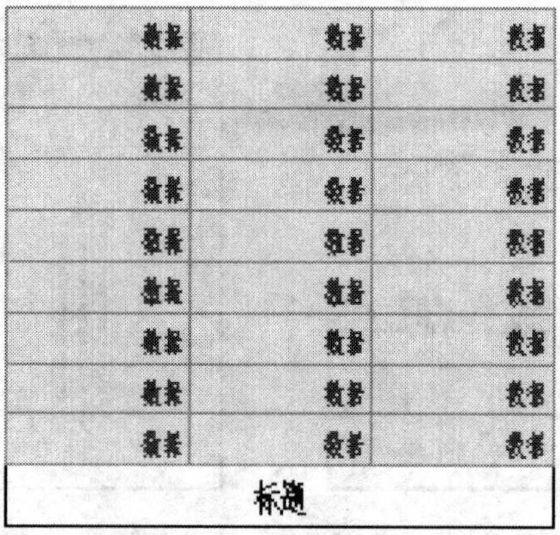

图 5-28　表格示例

5.2.2　创建表格

在设置好表格样式后，用户可以利用 TABLE 命令创建表格。

1. 执行方式

命令行：TABLE。
菜单栏：选择菜单栏中的"绘图"→"表格"命令。
工具栏：单击"绘图"工具栏中的"表格"按钮。
执行上述命令后，系统打开"插入表格"对话框，如图 5-29 所示。

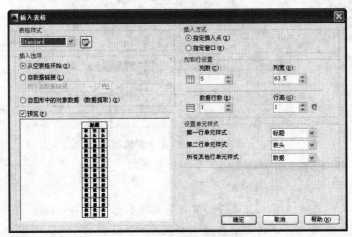

图 5-29 "插入表格"对话框

2．选项说明

"插入表格"对话框各个选项的含义如表 5-5 所示。

表 5-5 "插入表格"对话框各个选项的含义

选项	含义	
"表格样式"选项组	可以在"表格样式"下拉列表框中选择一种表格样式，也可以通过单击后面的 […] 按钮来新建或修改表格样式	
"插入选项"选项组	"从空表格开始"单选钮	创建可以手动填充数据的空表格
	"自数据连接"单选钮	通过启动数据连接管理器来创建表格
	"自图形中的对象数据"单选钮	通过启动"数据提取"向导来创建表格
"插入方式"选项组	"指定插入点"单选钮	指定表格的左上角的位置。可以使用定点设备，也可以在命令行中输入坐标值。如果表格样式将表格的方向设置为由下而上读取，则插入点位于表格的左下角
	"指定窗口"单选钮	指定表的大小和位置。可以使用定点设备，也可以在命令行中输入坐标值。选定此选项时，行数、列数、列宽和行高取决于窗口的大小及列和行设置
"列和行设置"选项组	指定列和数据行的数目及列宽与行高	
"设置单元样式"选项组	指定"第一行单元样式"、"第二行单元样式"和"所有其他行单元样式"分别为标题、表头或者数据样式	

在"插入表格"对话框中进行相应设置后，单击"确定"按钮，系统在指定的插入点或窗口自动插入一个空表格，并打开多行文字编辑器，用户可以逐行逐列输入相应的文字或数据，如图 5-30 所示。

图 5-30　多行文字编辑器

注意

在"插入方式"选项组中单击"指定窗口"单选钮后，列与行设置的两个参数中只能指定一个，另外一个由指定窗口的大小自动等分来确定。

在插入后的表格中选择某一个单元格，单击后出现钳夹点，通过移动钳夹点可以改变单元格的大小，如图 5-31 所示。

图 5-31　改变单元格大小

5.2.3　实例——建筑制图 A3 样板图

绘制如图 5-32 所示的建筑制图 A3 样板图。图形样板指扩展名为"dwt"的文件，又称样板文件。它一般包含单位、图形界限、图层、文字样式、标注样式、线型等标准设置。当新建图形文件时，将样板文件载入，同时也就加载了相应的设置。

绘制步骤

（1）单击"绘图"工具栏中的"矩形"按钮口，绘制一个两个角点的坐标分别为（25,10）和（410,287）的矩形作为图框，如图 5-33 所示。

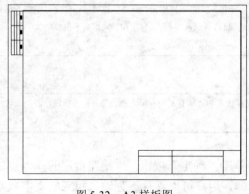

图 5-32　A3 样板图

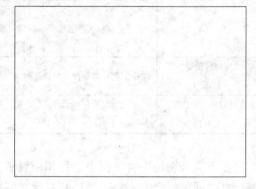

图 5-33　绘制矩形

注意

A3 图纸标准的幅面大小是 420×297，这里留出了带装订边的图框到纸面边界的距离。

（2）标题栏结构如图 5-34 所示，由于分隔线并不整齐，所以可以先绘制一个 9×4（每个单元格的尺寸是 10×10）的标准表格，然后在此基础上编辑合并单元格，形成如图 5-28 所示的形式。

图 5-34　标题栏示意图

（3）单击"样式"工具栏中的"表格样式"按钮，打开"表格样式"对话框，如图 5-35 所示。

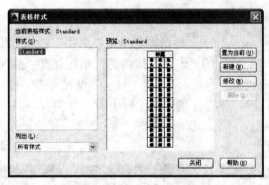

图 5-35　"表格样式"对话框

（4）单击"修改"按钮，打开"修改表格样式"对话框，在"单元样式"下拉列表框中选择"数据"选项，在下面的"文字"选项卡中将"文字高度"设置为 8，如图 5-36 所示。再单击"常规"选项卡，将"页边距"选项组中的"水平"和"垂直"参数都设置成 1，如图 5-37 所示。

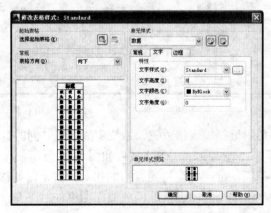

图 5-36　"修改表格样式"对话框

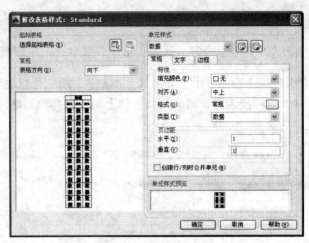

图 5-37   设置"常规"选项卡

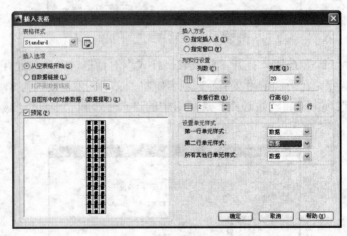

图 5-38   "插入表格"对话框

注意

表格的行高=文字高度+2×垂直页边距，此处设置为 8+2×1=10。

（5）确认后返回到"表格样式"对话框，单击"关闭"按钮退出。

（6）单击"绘图"工具栏中的"表格"按钮，系统打开"插入表格"对话框，在"列和行设置"选项组中将"列数"设置为 9，将"列宽"设置为 20，将"数据行"设置为 2（加上标题行和表头行共 4 行），将"行高"设置为 1 行（即为 10）；在"设置单元样式"选项组中将"第一行单元样式"、"第二行单元样式"和"第三行单元样式"都设置为"数据"，如图 5-38 所示。

（7）在图框线右下角附近指定表格位置，系统生成表格，同时打开多行文字编辑器，如图 5-39 所示，直接回车，不输入文字，生成表格如图 5-40 所示。

（8）刚生成的标题栏无法准确确定与图线框的相对位置，需要移动。单击"绘图"工具栏中的"移动"按钮，将刚绘制的表格准确放置在图框的右下角，如图 5-41 所示。

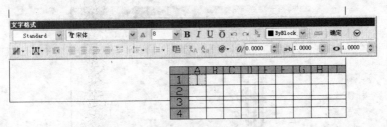

图 5-39　表格和文字编辑器

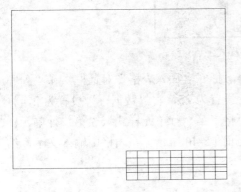

图 5-40　生成表格

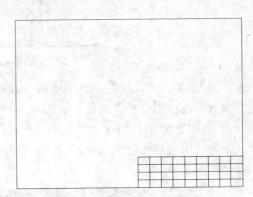

图 5-41　移动表格

（9）单击 A1 单元格，按住 Shift 键，同时选择 B1 和 C1 单元格，在"表格"编辑器中单击"合并单元格"按钮 ，在其下拉菜单中选择"全部"命令，如图 5-42 所示。

图 5-42　合并单元格

（10）使用同样方法对其他单元格进行合并，结果如图 5-43 所示。

（11）会签栏具体大小和样式如图 5-44 所示。下面采取与标题栏相同的方法进行绘制。

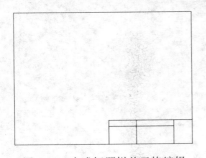

图 5-43　完成标题栏单元格编辑

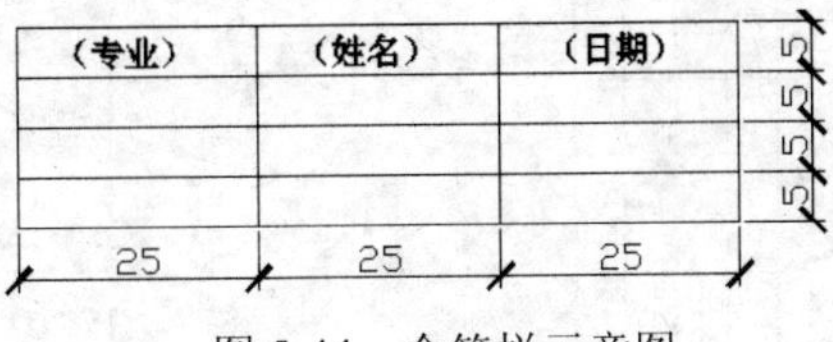

图 5-44　会签栏示意图

（12）在"修改表格样式"对话框中，将"文字"选项卡中的"文字高度"设置为 4，如图 5-45 所示；再设置"常规"选项卡中"页边距"选项组的"水平"和"垂直"参数都为 0.5。

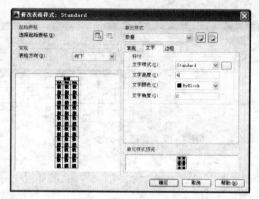

图 5-45　设置表格样式

（13）单击"绘图"工具栏中的"表格"按钮▦，打开"插入表格"对话框，在"列和行设置"选项组中将"列数"设置为 3，将"列宽"设置为 25，将"数据行"设置为 2，将"行高"设置为 1 行；在"设置单元样式"选项组中将"第一行单元样式"、"第二行单元样式"和"所有其他行单元样式"都设置为"数据"，如图 5-46 所示。在表格中输入文字，结果如图 5-47 所示。

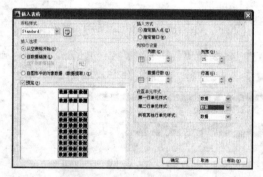

图 5-46　设置表格的行和列

图 5-47　会签栏的绘制

（14）单击"修改"工具栏中的"旋转"按钮↻，将会签栏旋转-90°，结果如图 5-48 所示。单击"修改"工具栏中的"移动"按钮✥，将会签栏移动到图线框左上角，结果如图 5-49 所示。

图 5-48　旋转会签栏

图 5-49　绘制完成的样板图

（15）选择菜单栏中的"文件"→"另存为"命令，打开"图形另存为"对话框，将图形保存为 DWT 格式的文件即可，如图 5-50 所示。

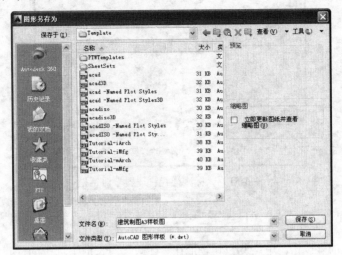

图 5-50 "图形另存为"对话框

5.3 尺寸标注

5.3.1 尺寸样式

组成尺寸标注的尺寸线、尺寸界线、尺寸文本和尺寸箭头可以采用多种形式，尺寸标注以什么形态出现，取决于当前所采用的尺寸标注样式。标注样式决定尺寸标注的形式，包括尺寸线、尺寸界线、尺寸箭头和中心标记的形式、尺寸文本的位置、特性等。在 AutoCAD 2014 中用户可以利用"标注样式管理器"对话框方便地设置自己需要的尺寸标注样式。

在进行尺寸标注前，先要创建尺寸标注的样式。如果用户不创建尺寸样式而直接进行标注，系统使用默认名称为"Standard"的样式。如果用户认为使用的标注样式某些设置不合适，也可以修改标注样式。

1. 执行方式

命令行：DIMSTYLE（快捷命令：D）。

菜单栏：选择菜单栏中的"格式"→"标注样式"命令或"标注"→"标注样式"命令。

工具栏：单击"标注"工具栏中的"标注样式"按钮 。

2. 操作步骤

执行上述命令，系统打开"标注样式管理器"对话框，如图 5-51 所示。利用此对话框可方便直观地定制和浏览尺寸标注样式，包括产生新的标注样式、修改已存在的样式、设置当前尺寸标注样式、样式重命名，以及删除一个已有样式等。

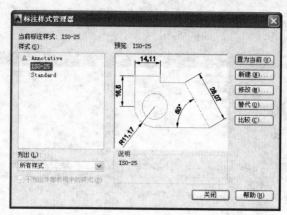

图 5-51　"标注样式管理器"对话框

3. 选项说明

（1）"置为当前"按钮。单击此按钮，把在"样式"列表框中选中的样式设置为当前样式。

（2）"新建"按钮。定义一个新的尺寸标注样式。单击此按钮，AutoCAD 打开"创建新标注样式"对话框，如图 5-52 所示；利用此对话框可创建一个新的尺寸标注样式，单击"继续"按钮，系统打开"新建标注样式"对话框，如图 5-53 所示；利用此对话框可对新样式的各项特性进行设置。该对话框中各部分的含义和功能将在后面介绍。

（3）"修改"按钮。修改一个已存在的尺寸标注样式。单击此按钮，AutoCAD 弹出"修改标注样式"对话框，该对话框中的各选项与"新建标注样式"对话框中完全相同，可以对已有标注样式进行修改。

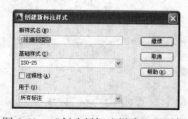

图 5-52　"创建新标注样式"对话框

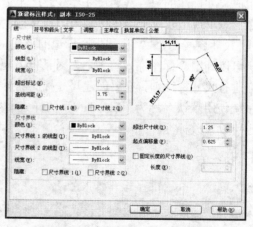

图 5-53　"新建标注样式"对话框

（4）"替代"按钮。设置临时覆盖尺寸标注样式。单击此按钮，AutoCAD 打开"替代当前样式"对话框，该对话框中各选项与"新建标注样式"对话框完全相同，用户可改变选项的设置覆盖原来的设置，但这种修改只对指定的尺寸标注起作用，而不影响当前尺寸变量的设置。

（5）"比较"按钮。比较两个尺寸标注样式在参数上的区别或浏览一个尺寸标注样式的参数设置。单击此按钮，AutoCAD 打开"比较标注样式"对话框，如图 5-54 所示。可以把比较结果复制到剪切板上，然后再粘贴到其他的 Windows 应用软件上。

在图 5-53 所示的"新建标注样式"对话框中有 7 个选项卡，分别说明如下。

（1）线。该选项卡对尺寸线、尺寸界线的形式和特性各个参数进行设置。包括尺寸线的颜色、线宽、超出标记、基线间距、隐藏等参数；尺寸界线的颜色、线宽、超出尺寸线、起点偏移量、隐藏等参数。

（2）符号和箭头。该选项卡主要对箭头、圆心标记、弧长符号和半径折弯标注的形式和特性进行设置，如图 5-55 所示。包括箭头的大小、引线、形状等参数，以及圆心标记的类型和大小等参数。

图 5-54　"比较标注样式"对话框

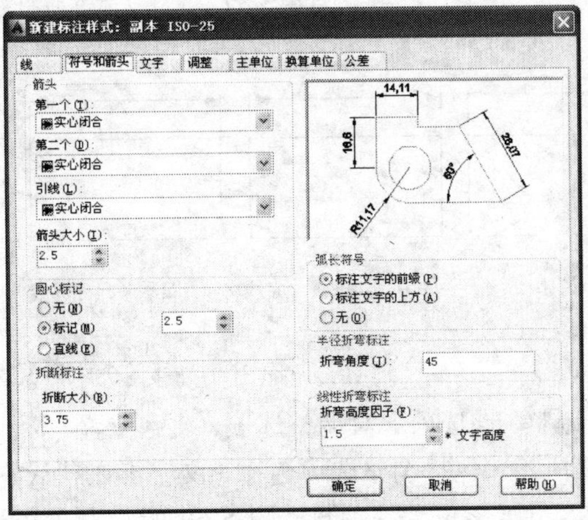

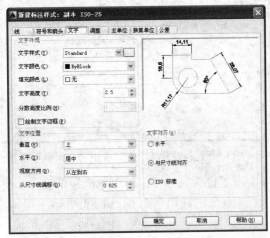

图 5-55　"新建标注样式"对话框中的"符号和箭头"选项卡

（3）文字。该选项卡对文字的外观、位置、对齐方式等各个参数进行设置，如图 5-56 所示。包括文字外观的文字样式、文字颜色、填充颜色、文字高度、分数高度比例和是否绘制文字边框等参数，文字位置的垂直、水平和从尺寸线偏移量等参数。对齐方式有水平、与尺寸线对齐、ISO 标准 3 种方式。图 5-57 所示为尺寸在垂直方向的放置的 4 种不同情形，图 5-58 所示为尺寸在水平方向的放置的 5 种不同情形。

图 5-56　"新建标注样式"对话框中的"文字"选项卡

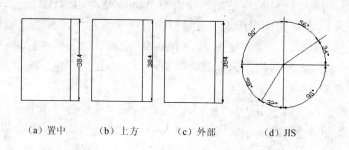

（a）置中 　　（b）上方 　　（c）外部 　　（d）JIS

图 5-57 　尺寸文本在垂直方向的放置

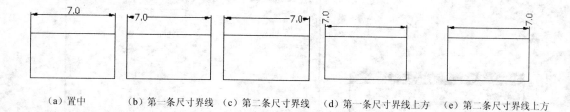

（a）置中 　（b）第一条尺寸界线 　（c）第二条尺寸界线 　（d）第一条尺寸界线上方 　（e）第二条尺寸界线上方

图 5-58 　尺寸文本在水平方向的放置

（4）调整。该选项卡对调整选项、文字位置、标注特征比例、优化等各个参数进行设置，如图 5-59 所示。包括调整选项选择、文字不在默认位置时的放置位置、标注特征比例选择，以及调整尺寸要素位置等参数。图 5-60 所示为文字不在默认位置时的放置位置的 3 种不同情形。

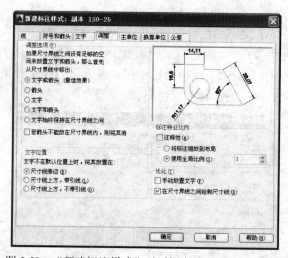

图 5-59 　"新建标注样式"对话框中的"调整"选项卡

（5）主单位。该选项卡用于设置尺寸标注的主单位和精度，以及给尺寸文本添加固定的前缀或后缀。本选项卡含有两个选项组，分别对长度型标注和角度型标注进行设置，如图 5-61 所示。

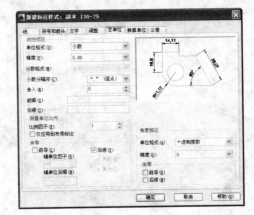

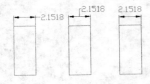

图 5-60　尺寸文本的位置　　　图 5-61　"新建标注样式"对话框中的"主单位"选项卡

（6）换算单位。该选项卡用于对替换单位进行设置，如图 5-62 所示。

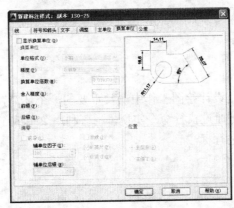

图 5-62　"新建标注样式"对话框中的"换算单位"选项卡

（7）公差。该选项卡用于对尺寸公差进行设置，如图 5-63 所示。其中"方式"下拉列表框列出了 AutoCAD 提供的 5 种标注公差的形式，用户可从中选择。这 5 种形式分别是"无"、"对称"、"极限偏差"、"极限尺寸"和"基本尺寸"，其中"无"表示不标注公差。其余 4 种标注情况如图 5-64 所示。在"精度"、"上偏差"、"下偏差"、"高度比例"、"垂直位置"等文本框中输入或选择相应的参数值。

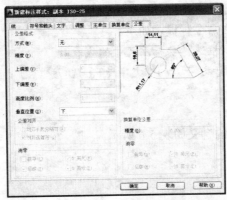

图 5-63　"新建标注样式"对话框中的"公差"选项卡

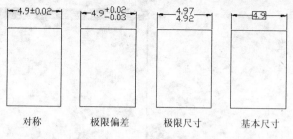

图 5-64 公差标注的形式

① 注意

系统自动在上偏差数值前加一个 "+" 号，在下偏差数值前加一个 "−" 号。如果上偏差是负值或下偏差是正值，都需要在输入的偏差值前加负号。如下偏差是+0.005，则需要在 "下偏差" 微调框中输入 "−0.005"。

5.3.2 标注尺寸

正确地进行尺寸标注是设计绘图工作中非常重要的一个环节，AutoCAD 2014 提供了方便快捷的尺寸标注方法，可通过执行命令实现，也可利用菜单或工具按钮实现。本节重点介绍如何对各种类型的尺寸进行标注。

1. 线性标注

执行方式

命令行：DIMLINEAR（缩写名：DIMLIN，快捷命令：DLI）。

菜单栏：选择菜单栏中的 "标注" → "线性" 命令。

工具栏：单击 "标注" 工具栏中的 "线性" 按钮├┤。

操作步骤

命令行提示与操作如下。

命令：DIMLIN

指定第一个尺寸界线原点或 <选择对象>：

光标变为拾取框，并在命令行提示如下。

选择标注对象：用拾取框选择要标注尺寸的线段

指定尺寸线位置或[多行文字（M）/文字（T）/角度（A）/水平（H）/垂直（V）/旋转（R）]：

选项说明

"线性" 命令各个选项的含义如表 5-6 所示。

表5-6 "线性"命令各个选项的含义

选项	含义
指定尺寸线位置	用于确定尺寸线的位置。用户可移动鼠标选择合适的尺寸线位置，然后按 Enter 键或单击，AutoCAD 则自动测量要标注线段的长度并标注出相应的尺寸
多行文字（M）	用多行文本编辑器确定尺寸文本
文字（T）	用于在命令行提示下输入或编辑尺寸文本。选择此选项后，命令行提示如下。 输入标注文字 <默认值>: 其中的默认值是 AutoCAD 自动测量得到的被标注线段的长度，直接按 Enter 键即可采用此长度值，也可输入其他数值代替默认值。当尺寸文本中包含默认值时，可使用尖括号 "<>" 表示默认值
角度（A）	用于确定尺寸文本的倾斜角度
水平（H）	水平标注尺寸，不论标注什么方向的线段，尺寸线总保持水平放置
垂直（V）	垂直标注尺寸，不论标注什么方向的线段，尺寸线总保持垂直放置
旋转（R）	输入尺寸线旋转的角度值，旋转标注尺寸

🚫 注意

线性标注分为水平、垂直或对齐放置。使用对齐标注时，尺寸线将平行于两尺寸界线原点之间的直线（想象或实际）。基线（或平行）和连续（或链）标注是一系列基于线性标注的连续标注，连续标注是首尾相连的多个标注。在创建基线或连续标注之前，必须创建线性、对齐或角度标注。可从当前任务最近创建的标注中以增量方式创建基线标注。

2. 基线标注

基线标注用于产生一系列基于同一尺寸界线的尺寸标注，适用于长度尺寸、角度和坐标标注。在使用基线标注方式之前，应该先标注出一个相关的尺寸作为基线标准。

执行方式

命令行：DIMBASELINE（快捷命令：DBA）。

菜单栏：选择菜单栏中的"标注"→"基线"命令。

工具栏：单击"标注"工具栏中的"基线"按钮 。

操作步骤

命令行提示与操作如下。

命令：DIMBASELINE

指定第二条尺寸界线原点或 [放弃（U）/选择（S）] <选择>:

（3）选项说明

"基线"命令各个选项的含义如表5-7所示。

表5-7 "基线"命令各个选项的含义

选项	含义
指定第二条尺寸界线原点	直接确定另一个尺寸的第二条尺寸界线的起点，AutoCAD 以上次标注的尺寸为基准标注，标注出相应尺寸
选择（S）	在上述提示下直接按 Enter 键，命令行提示如下。 选择基准标注: 选择作为基准的尺寸标注

3. 连续标注

连续标注又称尺寸链标注，用于产生一系列连续的尺寸标注，后一个尺寸标注均把前一个标注的第二条尺寸界线作为它的第一条尺寸界线。适用于长度型尺寸、角度和坐标标注。在使用连续标注方式之前，应该先标注出一个相关的尺寸。

执行方式

命令行：DIMCONTINUE（快捷命令：DCO）。

菜单栏：选择菜单栏中的"标注"→"连续"命令。

工具栏：单击"标注"工具栏中的"连续"按钮。

操作步骤

命令行提示与操作如下。

命令：DIMCONTINUE

选择连续标注：

指定第二条尺寸界线原点或 [放弃（U）/选择（S）] <选择>：

此提示下的各选项与基线标注中完全相同，此处不再赘述。

注意

AutoCAD 允许用户利用基线标注方式和连续标注方式进行角度标注，如图 5-65 所示。

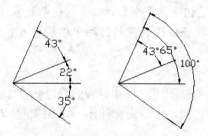

图 5-65　连续型和基线型角度标注

4. 一般引线标注

LEADE 命令可以创建灵活多样的引线标注形式，可根据需要把指引线设置为折线或曲线，指引线可带箭头，也可不带箭头，注释文本可以是多行文本，也可以是形位公差，还可以从图形其他部位复制，还可以是一个图块。

执行方式

命令行：LEADER

操作步骤

命令：LEADER

指定引线起点：（输入指引线的起始点）

指定下一点：（输入指引线的另一点）

指定下一点或 [注释（A）/格式（F）/放弃（U）] <注释>：

选项说明

LEADER 命令各个选项的含义如表 5-8 所示。

表 5-8　LEADER 命令各个选项的含义

选项	含义		
指定下一点	直接输入一点，AutoCAD 根据前面的点画出折线作为指引线		
注释	输入注释文本，为默认项。在上面提示下直接回车，AutoCAD 提示： 输入注释文字的第一行或 <选项>：		
	输入注释文本	在此提示下输入第一行文本后回车，可继续输入第二行文本，如此反复执行，直到输入全部注释文本，然后在此提示下直接回车，AutoCAD 会在指引线终端标注出所输入的多行文本，并结束 LEADER 命令	
	如果在上面的提示下直接回车，AutoCAD 提示： 输入注释选项 [公差（T）/副本（C）/块（B）/无（N）/多行文字（M）] <多行文字>： 在此提示下选择一个注释选项或直接回车选"多行文字"选项。其中各选项的含义如下		
	公差（T）	标注形位公差	
	副本（C）	把已由 LEADER 命令创建的注释复制到当前指引线末端。执行该选项，系统提示： 选择要复制的对象： 在此提示下选择一个已创建的注释文本，则 AutoCAD 把它复制到当前指引线的末端	
	块（B）	插入块，把已经定义好的图块插入到指引线的末端。执行该选项，系统提示： 输入块名或 [?]： 在此提示下输入一个已定义好的图块名，AutoCAD 把该图块插入到指引线的末端。或键入"？"列出当前已有图块，用户可从中选择	
	无（N）	不进行注释，没有注释文本	
	多行文字	用多行文本编辑器标注注释文本并定制文本格式，为默认选项	
格式（F）	确定指引线的形式。选择该项，AutoCAD 提示： 输入引线格式选项 [样条曲线（S）/直线（ST）/箭头（A）/无（N）] <退出>： 选择指引线形式，或直接回车回到上一级提示		
	样条曲线（S）	设置指引线为样条曲线	
	直线（ST）	设置指引线为折线	
	箭头（A）	在指引线的起始位置画箭头	
	无（N）	在指引线的起始位置不画箭头	
	退出	此项为默认选项，选取该项退出"格式"选项，返回"指定下一点或 [注释（A）/格式（F）/放弃（U）]<注释>:"提示，并且指引线形式按默认方式设置	

5.4　综合实例——玻璃构件侧面图

本例绘制如图 5-66 所示的玻璃构件侧面图。

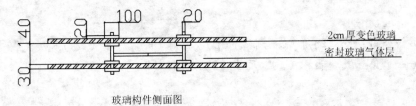

图 5-66　玻璃构件侧面图

绘制步骤

（1）单击"绘图"工具栏中的"矩形"按钮▭，命令行提示与操作如下。

命令：_rectang
指定第一个角点或 [倒角（C）/标高（E）/圆角（F）/厚度（T）/宽度（W）]：0,0
指定另一个角点或 [面积（A）/尺寸（D）/旋转（R）]：@1400,30

绘制结果如图 5-67 所示。

图 5-67　绘制矩形

（2）单击"绘图"工具栏中的"图案填充"按钮▨，打开"图案填充和渐变色"对话框，选择填充材料为"ANSI31"，比例为 100，如图 5-68 所示，填充结果如图 5-69 所示。

图 5-68　"图案填充和渐变色"对话框

图 5-69　图案填充

（3）单击"绘图"工具栏中的"矩形"按钮▭，绘制玻璃连接件，命令行提示与操作如下。

命令：_rectang
指定第一个角点或 [倒角（C）/标高（E）/圆角（F）/厚度（T）/宽度（W）]：400,-20
指定另一个角点或 [面积（A）/尺寸（D）/旋转（R）]：500,0
命令：
RECTANG 指定第一个角点或 [倒角（C）/标高（E）/圆角（F）/厚度（T）/宽度（W）]：
400,50

```
指定另一个角点或 [面积（A）/尺寸（D）/旋转（R）]：500,30
命令：
RECTANG 指定第一个角点或 [倒角(C)/标高(E)/圆角(F)/厚度(T)/宽度(W)]：440,-40
指定另一个角点或 [面积（A）/尺寸（D）/旋转（R）]：460,240
命令：
RECTANG 指定第一个角点或 [倒角(C)/标高(E)/圆角(F)/厚度(T)/宽度(W)]：460,80
指定另一个角点或 [面积（A）/尺寸（D）/旋转（R）]：700,100
```
绘制结果如图 5-70 所示。

图 5-70　绘制玻璃连接件

（4）单击"修改"工具栏中的"修剪"按钮 ，将步骤 3 中绘制的连接件修剪成为如图 5-71 所示的结果。

图 5-71　修剪图形

（5）单击"修改"工具栏中的"镜像"按钮 ，将连接件进行镜像处理，命令行提示与操作如下。

```
命令：_mirror
选择对象：（选择步骤 3、4 中绘制的连接件）
选择对象：
指定镜像线的第一点：700,0
指定镜像线的第二点：700,10
是否删除源对象？[是（Y）/否（N）] <N>：
```
绘制结果如图 5-72 所示。

图 5-72　镜像处理

（6）单击"修改"工具栏中的"复制"按钮 ，将复制图形向上移动 170 个单位。复制后图形如图 5-73 所示。

图 5-73　复制图形

（7）单击"修改"工具栏中的"修剪"按钮 ⊬，将连接件与上方玻璃的连接处修剪成为如图 5-74 所示的结果。

图 5-74　修剪图形

（8）单击"样式"工具栏中的"标注样式"按钮，打开如图 5-75 所示的"标注样式管理器"对话框，单击"新建"按钮，打开如图 5-76 所示的"创建新标注样式"对话框，单击"继续"按钮，打开"新建标注样式：标注"对话框，设置如图 5-77 所示。

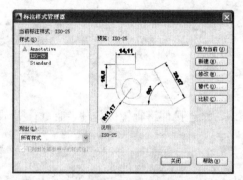

图 5-75　"标注样式管理器"对话框

图 5-76　"创建新标注样式"对话框

(a)

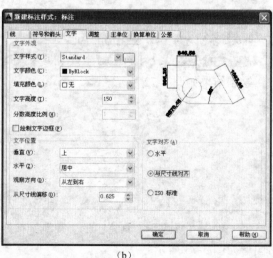

(b)

图 5-77　"新建标注样式：标注"对话框

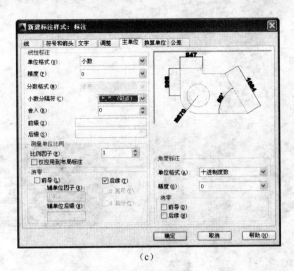

(c)

图 5-77 "新建标注样式：标注"对话框（续）

（9）单击"标注"工具栏中的"线性标注"按钮，命令行提示与操作如下。

命令: _dimlinear
指定第一个尺寸界线原点或 <选择对象>:选取端点
指定第二条尺寸界线原点:选取另一个端点
创建了无关联的标注。
指定尺寸线位置或
[多行文字（M）/文字（T）/角度（A）/水平（H）/垂直（V）/旋转（R）]:
标注文字 = 20

将图形标注成为如图 5-78 所示的结果。

图 5-78 标注图形

（10）单击"绘图"工具栏中的"多行文字"按钮 A，文字高度设为 70，完成的玻璃的构件的侧面图如图 5-66 所示。

第2篇

建筑图形设计篇

本篇主要结合实例讲解利用 AutoCAD 2014 进行各种建筑设计的操作步骤、方法技巧等，包括总平面图、平面图、立面图、剖面图和详图等知识。

本篇内容通过实例加深读者对 AutoCAD 功能的理解和掌握，熟悉各种建筑图形的绘制方法。

第6章

建筑总平面图

········

建筑总平面规划设计是建筑工程设计中比较重要的环节,一般情况下,建筑总平面包含多种功能的建筑群体。本章以别墅和商住楼的总平面为例,详细论述建筑总平面图的设计,以及 CAD 绘制方法与相关技巧,包括总平面中的场地、建筑单体、小区道路及文字、尺寸等绘制和标注方法。

6.1 总平面图绘制概述

将拟建工程四周一定范围内的新建、拟建、原有和拆除的建筑物、构筑物,连同其周围的地形地物状况,用水平投影方法和相应的图例所画出的图样,称为总平面图或总平面布置图。

下面介绍一下总平面图的相关理论基础知识。

6.1.1 总平面图内容概括

规划总平面图是表明一项建设工程总体布置情况的图纸。它是在建设基地的地形图上,把已有的、新建的和拟建的建筑物、构筑物及道路、绿化等按与地形图相同的比例绘制出来的平面图,主要表明新建平面形状、层数、室内外地面标高,新建道路、绿化、场地排水和管线的布置情况,并表明原有建筑、道路、绿化等和新建筑的相互关系,以及环境保护方面的要求等。由于建设工程的性质、规模及所在基地地形、地貌的不同,规划总平面图所包括的内容有的较为简单,有的则比较复杂,必要时还可分项绘出竖向布置图、管线综合布置图、绿化布置图等。

总平面图的图示内容主要包括比例、新建筑的定位、尺寸标注和文字标注、标高。

1. 比例

由于总平面图表达的范围较大,所以采用较小的比例绘制。国家标准《建筑制图标准》（GB/T50104－2001）规定:总平面应采用 1:500、1:1000、1:2000 的比例绘制。总平面上的尺寸标注,要以米为单位。

2．新建筑的定位

新建筑的具体位置，一般根据原有建筑或道路来定位，如果靠近城市主干道，也可以根据主干道来定位。当新建成片的建筑物或较大的公共建筑时，为了保证放线准确，也常采用坐标来确定每一建筑物及道路转折点等的位置。另外，在地形起伏较大的地区，还应画出地形等高线。

3．尺寸标注和文字标注

总平面图上应标注：建筑之间的间距、道路的间距尺寸、新建建筑室内地坪和室外整平地面的绝对标高尺寸，以及各建筑物和环境建筑的名称。总平面图上标注的尺寸及标高，一律以米为单位，标注精确到小数点后两位。

4．标高

标高表示建筑物某一部位相对于基准面（标高的零点）的竖向高度，是竖向定位的依据。表达建筑各部位（如室内外地面、道路高差等）的高度，在图中用标高加注尺寸数字表示。标高分为绝对标高和相对标高。我国把青岛附近的黄海平均海平面定为标高零点，其他各地的高程都以此为基准，得到的数值即为绝对标高。把建筑底层内地面定为零点，建筑其他各部位的高程都以此为基准，得到的数值即为相对标高。建筑施工图中，除了总平面图外，都标注相对标高。

6.1.2　规划设计的基本知识

规划总平面不是简单的用 AutoCAD 绘图，而是通过 AutoCAD 将设计意图表达出来。其中建筑布局和绘制都有一定的要求和依据，我们需要重点掌握的包括基地环境的认知、基地形状与建筑布局形态、规划控制条件的要求、建筑物朝向、绘制方法和步骤。

1．基地环境的认知

每幢建筑总是处于一个特定的环境中，因此，建筑的布局要充分考虑和周围环境的关系，如原有建筑、道路的走向、基地面积大小，以及绿化等方面与新建建筑物之间的关系。新规划的建筑，要使所在基地形成协调的室外空间和良好的室外环境。

2．基地形状与建筑布局形态

建筑布局形态与基地的大小、形状和地形有着密切的关系。一般情况下，当场地规模平坦并较小时，常采用简单规整的行列式。对于场地面积较大的基地，结合基地情况，采取围合式、点式等布局形式。对于地形较复杂的基地，可以有吊脚、爬坡等多种处理方式。当场地坪图不规则或较狭窄时，则要根据使用性质，结合实际情况，充分考虑基地环境，采取不规则的布局形式。

3．规划控制条件的要求

新建筑的布局往往受到周围环境的影响，为了与周围环境协调，就要遵守一些规划的控制条件，一般包括建筑红线和建筑半间距。

建筑红线（又称建筑控制线）是指有关法规或详细规划确定的建筑物、构筑物的基底位置不得超出的界线。建筑半间距是指规划中相邻地块的建筑各退让一半，作为合理的日照间距。

当然规划的控制条件远不止以上两条，有兴趣的可以查找相关规范。

4．建筑物朝向

影响建筑物朝向的因素主要有日照和风向。根据我国所处的地理位置，建筑物南向或南偏东、偏西少许角度就能获得良好的日照。

正确的朝向可改变室内气温条件、创造舒适的室内环境。例如，住宅设计中合理利用夏季主导风向，可以有效解决夏季通风降温的问题。

5．绘制方法和步骤

规划总平面图是一水平投影图，绘制时按照一定的比例，在图纸上画出建筑的轮廓线及其他设施的水平投影的可见线，以表示建筑物和周围设施在一定范围内的总体布局情况。

6.1.3　总平面图绘制步骤

一般情况下，在 AutoCAD 中绘制总平面图的步骤如下。

（1）地形图的处理：包括地形图的插入、描绘、整理、应用等。地形图是总平面图绘制的基础，包括 3 方面的内容：一是图廓处的各种标记，二是地物和地貌，三是用地范围。

（2）总平面布置：包括建筑物、道路、广场、停车场、绿地、场地出入口布置等内容，需要着重处理好它们之间的空间关系，及其与四邻、水体、地形之间的关系。本章主要以某别墅和商住楼方案设计总平面图为例。

（3）各种文字及标注：包括文字、尺寸、标高、坐标、图表、图例等内容。

（4）布图：包括插入图框、调整图面等。

6.2　商住楼总平面布置

本例绘制的商住楼总平面布置，如图 6-1 所示。

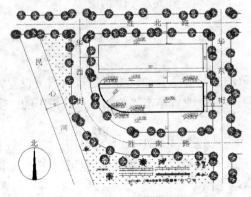

总平面图 1:1000

图 6-1　商住楼总平面图

商住楼的特点是亦商亦住，一般底层作为商铺或写字间，上面作为住宿楼。这种建筑一般适合于中小城市的非商业核心区但交通又很方便的区域或大城市不繁华的街道区域。属于一种比较灵活，方便业者改变使用形态的建筑形式。由于受使用环境所限，这种建筑一般以低层为主。

下面以商住楼的总平面图绘制过程为例进一步深入讲解各种不同类型结构的总平面图的绘制方法与技巧。

 绘制步骤

6.2.1 设置绘图参数

（1）设置单位。在总平面图中一般以"m"为单位，进行尺寸标注，但在绘图时仍以"mm"为单位进行绘图。

（2）设置图形边界。将模型空间设置为 420000×297000。

（3）设置图层。根据图样内容，按照不同图样划分到不同的图层中去的原则，设置不同的图层。其中包括设置图层名、图层颜色、设置线型、线宽等。设置时要考虑到线型、颜色的搭配和协调。商住楼图层的设置如图 6-2 所示。

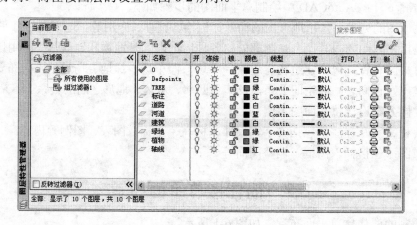

图 6-2　图层的设置

6.2.2 建筑物布置

（1）绘制轮廓线。打开"图层"工具栏，将"建筑"图层设置为当前图层。选择菜单栏中的"绘图"→"多段线"命令，或者单击"绘图"工具栏中的"多段线"按钮，绘制建筑物周边的可见轮廓线。

（2）轮廓线加粗。选中多段线，按 Ctrl+1 组合键打开"多段线"特性窗口，如图 6-3 所示。可以在"几何图形"选项中调整"全局宽度"，也可以在"基本"选项中调整"线宽"，将轮廓线加粗。结果如图 6-4 所示。

可以根据坐标来定位，即根据国家大地坐标系或测量坐标系引出定位坐标。对于建筑定

位，一般至少应给出 3 个角点坐标。这种方式精度高，但比较复杂。

图6-3 "多段线"特性

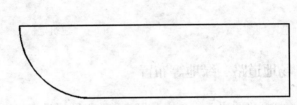

图6-4 绘制轮廓线

也可以根据相对距离来进行建筑物定位，即参照现有的建筑物和构筑物、场地边界、围墙、道路中心等的边缘位置，以相对距离来确定新建筑的设计位置。这种方式比较简单，但精度低。本商住楼临街外墙与街道平行，以外墙定位轴线为定位基准，采用相对距离定位比较方便。

（3）绘制辅助线。打开"图层"工具栏，将"轴线"图层设置为当前图层。选择菜单栏中的"绘图"→"直线"命令，或者单击"绘图"工具栏中的"直线"按钮，绘制一条水平线和一条竖直中心线，选择菜单栏中的"修改"→"偏移"命令，或者单击"修改"工具栏中的"偏移"按钮，将水平中心线向上偏移64000，将竖直中心线向右偏移77000，形成道路中心线，结果如图6-5所示。

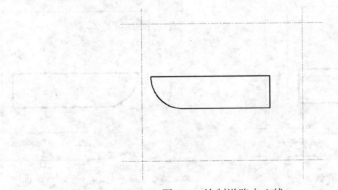

图6-5 绘制道路中心线

（4）建筑定位。选择菜单栏中的"修改"→"偏移"命令，或者单击"修改"工具栏中的"偏移"按钮，将下侧的水平中心线向上偏移17000距离，将右侧的竖直中心线向左偏移10000距离。选择菜单栏中的"修改"→"移动"命令，或者单击"修改"工具栏中的"移动"按钮✛，移动建筑物轮廓线，结果如图 6-6 所示。

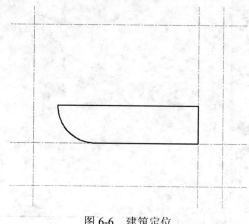

图 6-6　建筑定位

6.2.3　场地道路、绿地等布置

（1）打开"图层"工具栏，将"道路"图层设置为当前图层。

（2）选择菜单栏中的"修改"→"偏移"命令，或者单击"修改"工具栏中的"偏移"按钮⚁，将最下侧的水平中心线分别向两侧偏移 6000 距离，将其余的中心线分别向两侧偏移 5000 距离，选择所有偏移后的直线，设置为"道路"图层，得到主要的道路。选择菜单栏中的"修改"→"修剪"命令，或者单击"修改"工具栏中的"修剪"按钮✦，修剪掉道路多余的线条，使得道路整体连贯。结果如图 6-7 所示。

（3）选择菜单栏中的"修改"→"圆角"命令，或者单击"修改"工具栏中的"圆角"按钮◰，将道路进行圆角处理，左下角的圆角半径分别为 30000、32000 和 34000，其余圆角半径为 10000。结果如图 6-8 所示。

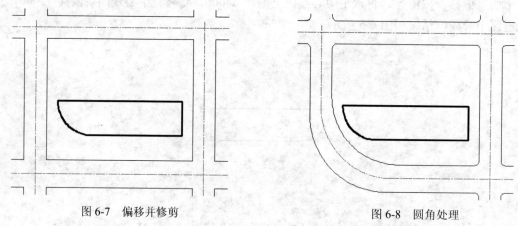

图 6-7　偏移并修剪　　　　　　　　　　图 6-8　圆角处理

（4）选择菜单栏中的"绘图"→"直线"命令，或者单击"绘图"工具栏中的"直线"按钮✎，绘制河道，结果如图 6-9 所示。

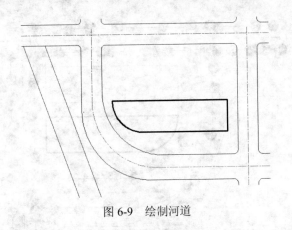

图 6-9　绘制河道

6.2.4　沿街面空地与河道之间设置为街头花园

（1）选择菜单栏中的"工具"→"选项板"→"工具选项板"命令，或者单击"标准"工具栏的"工具选项板"按钮，在工具选项板中选择合适的乔木、灌木图例，然后调用"缩放"命令，把图例放大到合适尺寸。

（2）选择菜单栏中的"修改"→"复制"命令，或者单击"修改"工具栏中的"复制"按钮，将相同的图标复制到合适的位置，完成乔木、灌木等图例的绘制。

（3）选择菜单栏中的"绘图"→"图案填充"命令，或者单击"绘图"工具栏中的"图案填充"按钮，绘制草坪。完成街头花园的绘制，结果如图 6-10 所示。

（4）新建建筑后面为已有的旧建筑。选择菜单栏中的"绘图"→"矩形"命令，或者单击"绘图"工具栏中的"矩形"按钮，绘制已有建筑。结果如图 6-11 所示。

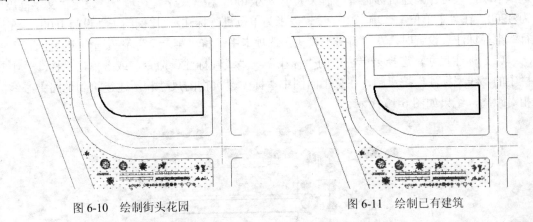

图 6-10　绘制街头花园　　　　　　　　　图 6-11　绘制已有建筑

（5）在道路两侧布置绿化。从设计中心找到相应的绿化图块，选择菜单栏中的"插入"→"块"命令，或单击"绘图"工具栏中的"插入块"按钮，插入绿化图块。单击"绘图"工具栏中的"复制"按钮，将绿化图块复制到合适的位置。结果如图 6-12 所示。

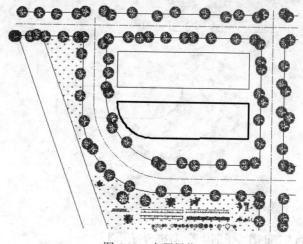

图 6-12　布置绿化

6.2.5　各种标注

在总平面图上标注新建建筑房屋的总长、总宽及与周围建筑物、构筑物、道路、红线之间的距离。标高标注应标注室内地平标高和室外整平标高，二者均为绝对值。初步设计及施工设计图设计阶段的总图中还需要准确标注建筑物角点测量坐标或建筑坐标。总平面图上测量坐标代号用"X、Y"来表示，建筑坐标代号用"A、B"来表示。

（1）尺寸样式设置，选择菜单栏中的"标注"→"标注样式"命令，设置尺寸样式标注。在"直线"选项卡，设定"尺寸界限"列表框中的"超出尺寸线"为400。在"符号和箭头"选项卡中，设定"☑建筑标记"，"箭头大小"为400。在"文字"选项卡，设定"文字高度"为1200。在"主单位"选项卡中，设置以米为单位进行标注，"比例因子"设为0.001。在进行"半径标注"设置时，在"符号和箭头"选项卡中，将"第二个"箭头选为实心闭合箭头。

（2）标注尺寸，选择菜单栏中的"标注"→"线性标注"命令，或者单击"标注"工具栏中的"线型标注"按钮，在总平面图中，标注建筑物的尺寸和新建建筑到道路中心线的相对距离，结果如图6-13所示。

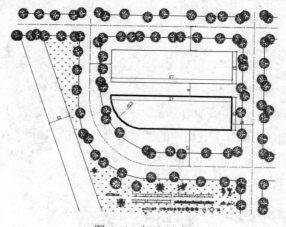

图 6-13　标注尺寸

（3）选择菜单栏中的"插入"→"块"命令，或单击"绘图"工具栏中的"插入块"按钮，将"标高"图块插入到总平面图中，选择菜单栏中的"绘图"→"多行文字"命令，或者单击"绘图"工具栏中的"多行文字"按钮 **A**，输入相应的标高值，结果如图 6-14 所示。

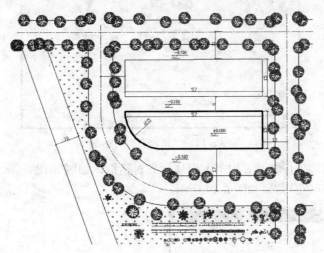

图 6-14　标注标高

（4）绘制指引线。选择菜单栏中的"绘图"→"直线"命令，或者单击"绘图"工具栏中的"直线"按钮，由轴线或外墙面交点引出指引线。

（5）定义属性。选择菜单栏中的"绘图"→"块"→"定义属性"命令，弹出"属性定义"对话框，如图 6-15 所示。在该对话框中输入对应的属性设置，在"属性"区域的"标记"栏中填入"x="，在"提示"栏中填入"输入 x 坐标值"，"文字高度"为 1200。单击"确定"按钮，在屏幕上指定标记位置。

（6）重复上述命令，在"属性"区域的"标记"栏中填入"y="，在"提示"栏中填入"输入 y 坐标值"，完成属性定义。结果如图 6-16 所示。

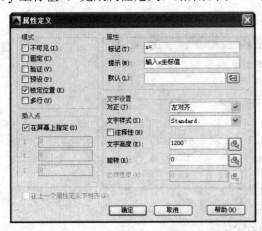

图 6-15　"属性定义"对话框

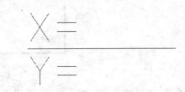

图 6-16　定义属性

（7）定义块。选择菜单栏中的"绘图"→"块"→"创建"命令，或单击"绘图"工具栏中的"创建块"按钮，弹出"块定义"对话框，如图 6-17 所示，定义"坐标"块。

图 6-17　"块定义"对话框

（8）单击"确定"按钮，弹出"编辑属性"对话框，如图 6-18 所示。在"输入坐标值"栏中填入 x、y 坐标值。结果如图 6-19 所示。

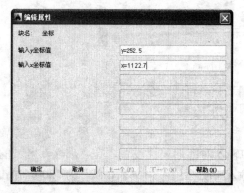

图 6-18　"编辑属性"对话框

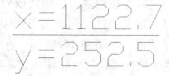

图 6-19　填写坐标值

（9）选择菜单栏中的"插入"→"块"命令，或单击"绘图"工具栏中的"插入块"按钮，弹出"插入"对话框，如图 6-20 所示。

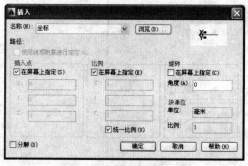

图 6-20　"插入"对话框

单击"确定"按钮，命令行提示与操作如下。

命令: _insert

指定插入点或 [基点(B)/比例(S)/X/Y/Z/旋转(R)]:

输入 X 比例因子，指定对角点，或 [角点(C)/XYZ(XYZ)] <1>:

> 输入 Y 比例因子或 <使用 X 比例因子>:
> 输入属性值
> 输入 y 坐标值: y=226.0
> 输入 x 坐标值: x=1208.3

重复上述步骤，完成坐标的标注，结果如图 6-21 所示。

（10）打开"图层"工具栏，将"文字标注"图层设置为当前层。

（11）选择菜单栏中的"绘图"→"多行文字"命令，或者单击"绘图"工具栏中的"多行文字"按钮 **A**，标注入口、道路等，结果如图 6-22 所示。

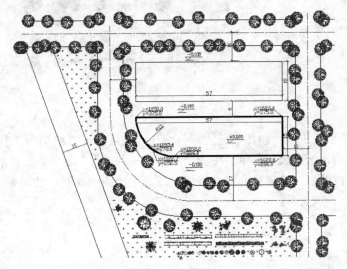

图 6-21　标注坐标

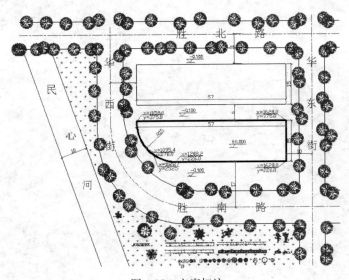

图 6-22　文字标注

（12）单击"绘图"工具栏中的"多行文字"按钮 **A** 和"直线"按钮 标注图名，结果如图 6-23 所示。

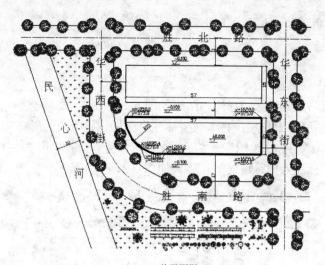

总平面图 1:1000

图 6-23　标注图名

（13）选择菜单栏中的"绘图"→"圆"命令，或者单击"绘图"工具栏中的"圆"按钮⊙，绘制一个圆，然后选择菜单栏中的"绘图"→"直线"命令，或者单击"绘图"工具栏中的"直线"按钮✎，绘制指北针，最终完成总平面图的绘制，结果如图 6-1 所示。

第7章

建筑平面图

• • • • • • • •

本章以别墅和商住楼各层平面图为例详细论述建筑平面图的 CAD 绘制方法与相关技巧，包括建筑平面图中轴线网、墙体、柱子和文字等的绘制与标注方法；台阶和楼梯的绘制方法及技巧；室内布置和室内装饰的绘制。

7.1 建筑平面图绘制概述

建筑平面图是表达建筑物的基本图样之一，它主要反映建筑物的平面布局情况。

7.1.1 建筑平面图内容

建筑平面图是假想在门窗洞口之间用一水平剖切面将建筑物剖切成两部分，下半部分在水平面（H 面）上的正投影图。

平面图中的主要图形包括剖切到的墙、柱、门窗、楼梯，以及看到的地面、台阶、楼梯等剖切面以下的构建轮廓。因此，从平面图中可以看到建筑的平面大小、形状、空间平面布局、内外交通及联系、建筑构配件大小及材料等内容。除了按制图知识和规范绘制建筑构配件平面图形外，还需标注尺寸及文字说明、设置图面比例等。

由于建筑平面图能突出地表达建筑的组成和功能关系等方面内容，因此，一般建筑设计都先从平面设计入手。在平面设计中还应从建筑整体出发，考虑建筑空间组合的效果，照顾建筑剖面和立面的效果和体型关系。在设计的各个阶段中，都应有建筑平面图样，但表达的深度不尽相同。

一般的建筑平面图可以使用粗、中、细 3 种线来绘制。被剖切到的墙、柱断面的轮廓线用粗线来绘制；被剖切到的次要部分的轮廓线如墙面抹灰、轻质隔墙，以及没有剖切到的可见部分的轮廓如窗台、墙身、阳台、楼梯段等，均用中实线绘制；没有剖切到的高窗、墙洞和不可见的轮廓线都用中虚线绘制；引出线、尺寸标注线等用细实线绘制；定位轴线、中心线和对称线用细点划线绘制。

7.1.2 建筑平面图绘制的一般步骤

建筑平面图绘制的一般步骤如下。

（1）绘图环境设置。

（2）轴线绘制。

（3）墙线绘制。

（4）柱绘制。

（5）门窗绘制。

（6）阳台绘制。

（7）楼梯、台阶绘制。

（8）室内布置。

（9）室外周边景观布置（底层平面图）。

（10）尺寸、文字标注。

7.2 绘制一层平面图

本例绘制的一层平面图，如图 7-1 所示。

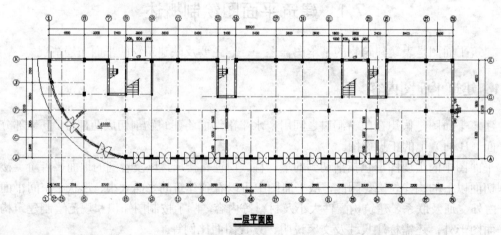

图 7-1 一层平面图

商住楼的特点是亦商亦住，一般一层作为商铺。

下面以商住楼的一层平面图绘制过程为例进一步深入讲解各种不同类型结构的平面图的绘制方法与技巧。

 绘制步骤

7.2.1 设置绘图环境

（1）用 LIMITS 命令设置图幅：420000×297000。

（2）调用 LAYER 命令创建图层轴线、墙线、柱、标高、楼梯等图层，结果如图 7-2 所示。

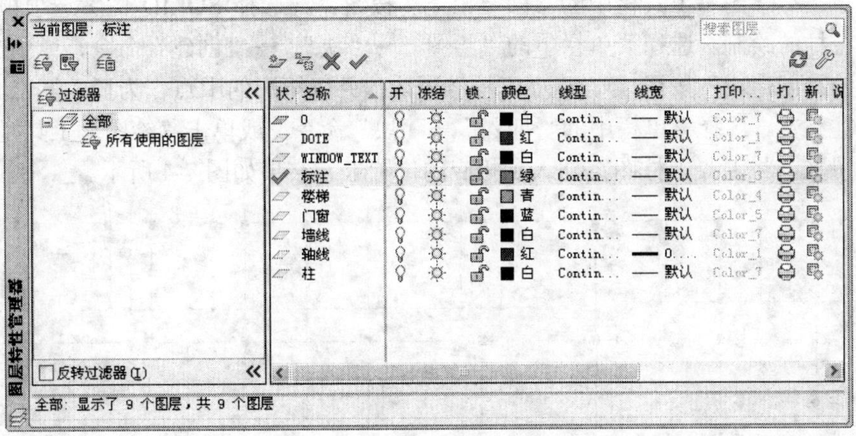

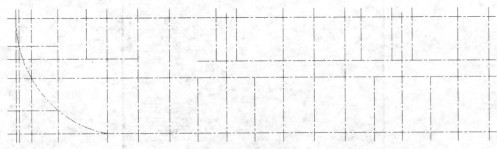

图 7-2　设置图层

7.2.2　绘制轴线网

（1）单击"图层"工具栏中的"图层特性管理器"图标，将当前图层设置为"轴线"图层。

（2）选择菜单栏中的"绘图"→"构造线"命令，或者单击"绘图"工具栏中的"构造线"按钮，绘制一条水平构造线和一条竖直构造线，组成"十"字构造线。调用"偏移"命令，让水平构造线连续分别往上偏移 2665、3635、1800、300、1500 和 3100，得到水平方向的辅助线。让竖直构造线连续分别往右偏移 349、1432、3119、3300、2400、3600、3600、3300、2100、1200、1200、2100、3300、3600、3600、1800、1500、2100、1200、1200、2100、3300 和 3600，得到竖直方向的辅助线。它们和水平辅助线一起构成正交的辅助线网。然后将轴线网进行修改，得到一层辅助线网格如图 7-3 所示。

图 7-3　一层建筑轴线网格

7.2.3　绘制柱

（1）单击"图层"工具栏中的"图层特性管理器"图标，则系统弹出"图层特性管理器"对话框，将当前图层设置为"柱"图层。

（2）建立柱图块。选择菜单栏中的"绘图"→"矩形"命令，或者单击"绘图"工具栏中的"矩形"按钮□，绘制 500×400 的矩形，选择菜单栏中的"绘图"→"图案填充"命令，或者单击"绘图"工具栏中的"图案填充"按钮□，选择 SOLID 图案选项填充矩形，完成混凝土柱的绘制。选择菜单栏中的"绘图"→"块"→"创建"命令，或单击"绘图"工具栏中的"创建块"按钮□，建立"柱"图块，并以矩形的中点作为插入基点。

（3）柱布置。选择菜单栏中的"插入"→"块"命令，或单击"绘图"工具栏中的"插入块"按钮□，将混凝土柱图案插入到相应的位置上。结果如图 7-4 所示。

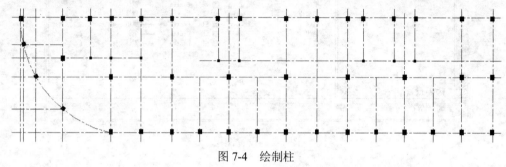

图 7-4　绘制柱

7.2.4　绘制墙线

（1）单击"图层"工具栏中的"图层特性管理器"图标□，则系统弹出"图层特性管理器"对话框，将当前图层设置为"墙线"图层。

（2）墙体绘制。选择菜单栏中的"格式"→"多线样式"命令，打开"多线样式"对话框，如图 7-5 所示。单击"新建"按钮，新建多线样式"240"，在"图元"中的元素偏移量设为 120 和-120，如图 7-6 所示。

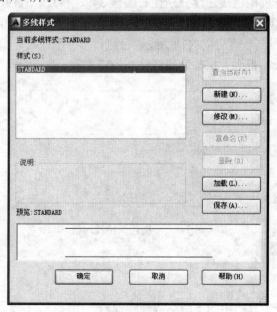

图 7-5　"多线样式"对话框

（说明P）：

封口 图元(E)

	起点	端点
直线(L):	□	□
外弧(O):	□	□
内弧(R):	□	□
角度(N):	90.00	90.00

偏移	颜色	线型
120	BYLAYER	ByLayer
-120	BYLAYER	ByLayer

添加(A)   删除(D)

填充
填充颜色(F)： □无

偏移(S)： -120.000
颜色(C)： ■ByLayer

显示连接(J)： □

线型： 线型(Y)...

确定   取消   帮助(H)

图 7-6 "新建多线样式"对话框

（3）将多线样式"240"置为当前样式，完成"240"墙体多线的设置。调用"多线"命令，对齐方式设为"无"，多线比例设为1，绘制墙线。命令行操作如下。

```
命令：_mline
当前设置：对正 = 上，比例 = 20.00，样式 = STANDARD
指定起点或 [对正(J)/比例(S)/样式(ST)]：  j
输入对正类型 [上(T)/无(Z)/下(B)] <上>：  z
当前设置：对正 = 无，比例 = 20.00，样式 = STANDARD
指定起点或 [对正(J)/比例(S)/样式(ST)]：  s
输入多线比例 <20.00>：  1
当前设置：对正 = 无，比例 = 1.00，样式 = STANDARD
指定起点或 [对正(J)/比例(S)/样式(ST)]：（适当指定一点）
指定下一点：（适当指定一点）
指定下一点或 [闭合(C)/放弃(U)]：
```

（4）墙体修整。本商住楼墙体为填充墙，不参与结构承重，主要起分隔空间的作用，其中心线位置不一定与定位轴线重合，因而有时会出现偏移一定距离的情况。修整结果如图7-7所示。

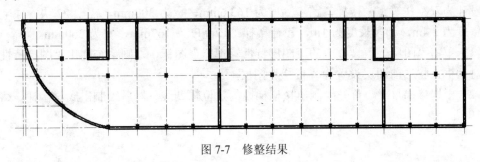

图 7-7 修整结果

7.2.5 绘制门窗

（1）单击"图层"工具栏中"图层特性管理器"图标 ，则系统弹出"图层特性管理器"对话框，将当前图层设置为"门窗"图层。

（2）绘制门窗洞口。借助辅助线确定门窗洞口的位置，然后将洞口处的墙线修剪掉，并将墙线封口。结果如图 7-8 所示。

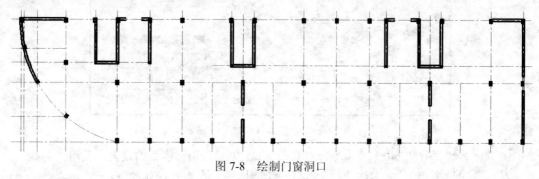

图 7-8 绘制门窗洞口

（3）绘制门窗。采用别墅平面图中门窗的绘制方法来绘制商住楼的门窗，结果如图 7-9 所示。

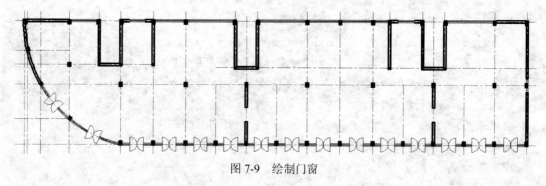

图 7-9 绘制门窗

7.2.6 绘制楼梯

一层楼梯分为商场用楼梯和住宅用楼梯，商场用楼梯间宽度为 3.6m，梯段长度为 1.6m，楼梯设计为双跑（等跑）楼梯，踏步高度为 163.6mm，宽为 300mm，需要 22 级。住宅用楼梯间宽度为 2.4m，梯段长度为 1m，设计楼梯踏步高度为 167mm，宽为 260mm。

（1）单击"图层"工具栏中的"图层特性管理器"图标 ，则系统弹出"图层特性管理器"对话框，将当前图层设置为"楼梯"图层。

（2）根据楼梯尺寸，首先绘制出楼梯梯段的定位辅助线，然后绘制出底层楼梯。结果如图 7-10 所示。

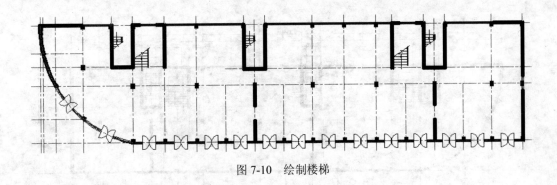

图 7-10   绘制楼梯

7.2.7   绘制散水

选择菜单栏中的"修改"→"偏移"命令，或者单击"修改"工具栏中的"偏移"按钮，将最下侧轴线和圆弧轴线向外偏移 1500 距离，然后选择菜单栏中的"绘图"→"直线"命令，或者单击"绘图"工具栏中的"直线"按钮，补全散水，结果如图 7-11 所示。

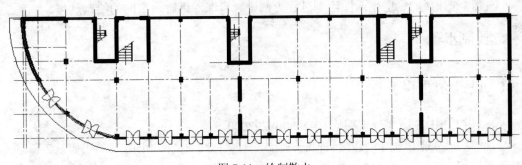

图 7-11   绘制散水

7.2.8   尺寸标注和文字说明

（1）单击"图层"工具栏中"图层特性管理器"图标，则系统弹出"图层特性管理器"对话框，将当前图层设置为"标注"图层。

（2）选择菜单栏中的"标注"→"线性标注"→"连续标注"命令，或者单击"标注"工具栏中的"线性标注"按钮和"连续标注"按钮，为图形添加标注。

（3）选择菜单栏中的"绘图"→"多行文字"命令，或者单击"绘图"工具栏中的"多行文字"按钮 A，为图形添加文字说明，完成一层平面图的绘制，结果如图 7-1 所示。

7.3   绘制二层平面图

本例绘制的二层平面图，如图 7-12 所示。

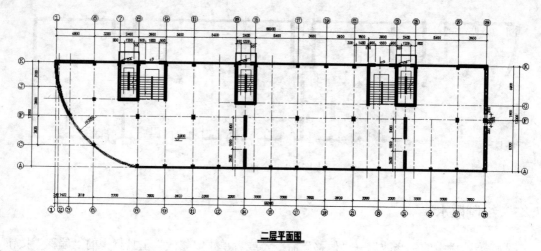

二层平面图

图 7-12　二层平面图

商住楼的特点是亦商亦住，一般二层作为写字间。

下面以商住楼的二层平面图绘制过程为例进一步深入讲解写字间的绘制过程。

　绘制步骤

7.3.1　设置绘图环境

（1）用 LIMITS 命令设置图幅：420000×297000。

（2）调用 LAYER 命令创建图层轴线、墙线、柱、标高、楼梯等图层，结果如图 7-13 所示。

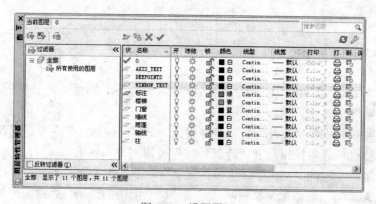

图 7-13　设置图层

7.3.2　复制并整理一层平面图

选择菜单栏中的"修改"→"复制"命令，或者单击"修改"工具栏中的"复制"按钮
❆，复制"一层平面图"的"绘制墙线"图形并修改，得到二层平面图的轴线网格、柱和墙
线图形，结果如图 7-14 所示。

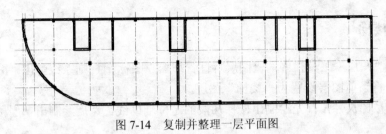

图 7-14　复制并整理一层平面图

7.3.3　绘制窗

（1）单击"图层"工具栏中的"图层特性管理器"图标🖼，则系统弹出"图层特性管理器"对话框，将当前图层设置为"门窗"图层。

（2）绘制窗。采用一层平面图中门窗的绘制方法来绘制商住楼的二层窗，结果如图 7-15 所示。

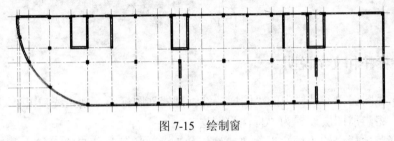

图 7-15　绘制窗

7.3.4　绘制雨篷

（1）单击"图层"工具栏中的"图层特性管理器"图标🖼，则系统弹出"图层特性管理器"对话框，将当前图层设置为"雨篷"图层。

（2）选择菜单栏中的"修改"→"偏移"命令，或者单击"修改"工具栏中的"偏移"按钮🖼，将最上侧的轴线向上偏移 1320 距离，将楼梯间的轴线向外侧偏移 120 距离。选择菜单栏中的"修改"→"修剪"命令，或者单击"修改"工具栏中的"修剪"按钮🖼，将偏移后的直线进行修剪，然后将修剪后的直线向内侧偏移 60 距离，并将这些直线设置为"雨篷"图层，完成雨篷的绘制。结果如图 7-16 所示。

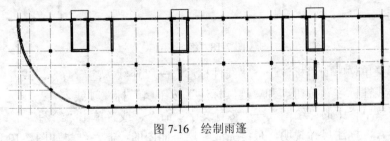

图 7-16　绘制雨篷

7.3.5 绘制楼梯

（1）单击"图层"工具栏中的"图层特性管理器"图标🔳，则系统弹出"图层特性管理器"对话框，将当前图层设置为"楼梯"图层。

（2）根据楼梯尺寸，首先绘制出楼梯梯段的定位辅助线，然后绘制出二层楼梯。结果如图 7-17 所示。

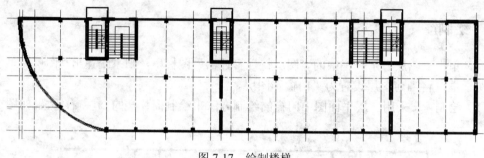

图 7-17   绘制楼梯

7.3.6 尺寸标注和文字说明

（1）单击"图层"工具栏中的"图层特性管理器"图标🔳，则系统弹出"图层特性管理器"对话框，将当前图层设置为"标注"图层。

（2）选择菜单栏中的"标注"→"线性标注"→"连续标注"命令，或者单击"标注"工具栏中的"线性标注"按钮🔳和"连续标注"按钮🔳，为图形添加细部尺寸。

（3）选择菜单栏中的"绘图"→"多行文字"命令，或者单击"绘图"工具栏中的"多行文字"按钮 **A**，标注标高，结果如图 7-18 所示。

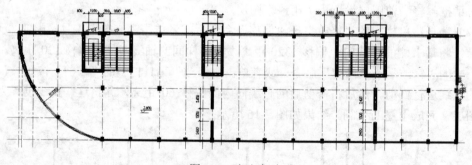

图 7-18   细部标注

（4）选择菜单栏中的"标注"→"线性标注"→"连续标注"命令，或者单击"标注"工具栏中的"线性标注"按钮🔳和"连续标注"按钮🔳，标注轴线。

（5）选择菜单栏中的"绘图"→"多行文字"命令，或者单击"绘图"工具栏中的"多行文字"按钮 **A**，标注尺寸说明，最终完成二层平面图的绘制，结果如图 7-12 所示。

7.4 绘制标准层平面图

本例绘制的标准层平面图，如图 7-19 所示。

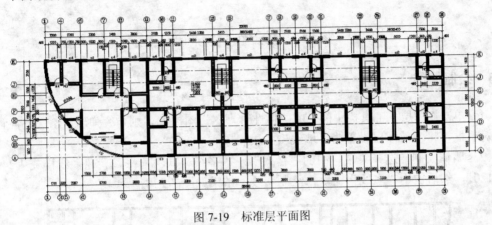

图 7-19 标准层平面图

在本例中我们主要讲解标准层平面图的绘制过程，一般标准层用于办公空间，所以我们要掌握好空间布局。

 绘制步骤

7.4.1 设置绘图环境

（1）用 LIMITS 命令设置图幅：420000×297000。

（2）调用 LAYER 命令创建图层轴线、墙线、柱、标高、楼梯等图层，结果如图 7-20 所示。

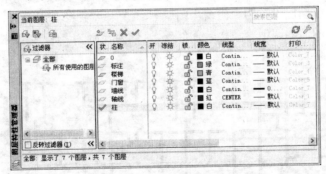

图 7-20 设置图层

7.4.2 复制并整理一层平面图

选择菜单栏中的"修改"→"复制"命令，或者单击"修改"工具栏中的"复制"按钮 ，复制"一层平面图"的"绘制柱"图形并修改，得到标准层平面图的轴线网格和柱图形，结果如图 7-21 所示。

图 7-21　复制并整理一层平面图

7.4.3　绘制墙线

（1）单击"图层"工具栏中的"图层特性管理器"图标，则系统弹出"图层特性管理器"对话框，将当前图层设置为"墙线"图层。

（2）墙体绘制。选择菜单栏中的"格式"→"多线样式"命令，新建多线样式"240"和"120"，然后调用"多线"命令，绘制墙线。结果如图 7-22 所示。

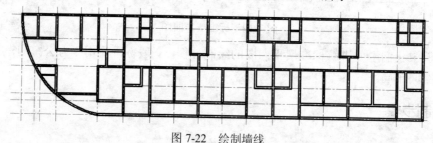

图 7-22　绘制墙线

7.4.4　绘制门窗

（1）单击"图层"工具栏中的"图层特性管理器"图标，则系统弹出"图层特性管理器"对话框，将当前图层设置为"门窗"图层。

（2）绘制门窗洞口。调用"偏移"命令、"修剪"命令和"直线"命令，绘制门窗洞口，结果如图 7-23 所示。

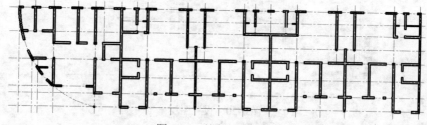

图 7-23　绘制门窗洞口

（3）绘制门窗。调用下拉菜单"格式"→"多线样式"命令，在弹出的"多线样式"对话框中，新建多线"窗"，并将"门窗"多线样式置为当前层。选择菜单栏中的"绘图"→"多线"命令绘制窗。然后选择菜单栏中的"绘图"→"直线"→"圆弧"命令，或者单击"绘图"工具栏中的"直线"按钮和"圆弧"按钮，绘制门，结果如图 7-24 所示。

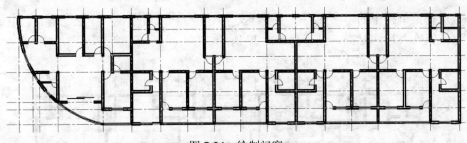

图 7-24　绘制门窗

7.4.5　绘制楼梯

（1）单击"图层"工具栏中的"图层特性管理器"图标，则系统弹出"图层特性管理器"对话框，将当前图层设置为"楼梯"图层。

（2）根据楼梯尺寸，绘制出标准层楼梯。结果如图 7-25 所示。

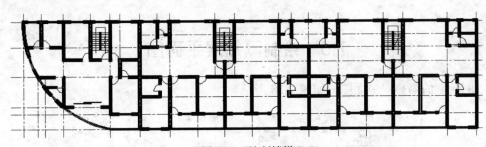

图 7-25　绘制楼梯

7.4.6　尺寸标注和文字说明

（1）单击"图层"工具栏中的"图层特性管理器"图标，则系统弹出"图层特性管理器"对话框，将当前图层设置为"标注"图层。

（2）选择菜单栏中的"标注"→"线性标注"→"连续标注"命令，或者单击"标注"工具栏中的"线性标注"按钮和"连续标注"按钮，标注门窗。

（3）选择菜单栏中的"绘图"→"多行文字"命令，或者单击"绘图"工具栏中的"多行文字"按钮 A，为门窗添加文字说明，结果如图 7-26 所示。

（4）选择菜单栏中的"标注"→"线性标注"→"连续标注"命令，或者单击"标注"工具栏中的"线性标注"按钮和"连续标注"按钮，标注细部尺寸。

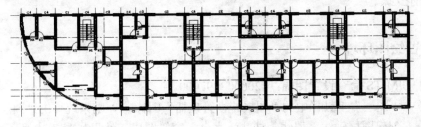

图 7-26　标注门窗

详解 AutoCAD 2014 建筑设计

（5）选择菜单栏中的"绘图"→"多行文字"命令，或者单击"绘图"工具栏中的"多行文字"按钮 **A**，标注标高，结果如图 7-27 所示。

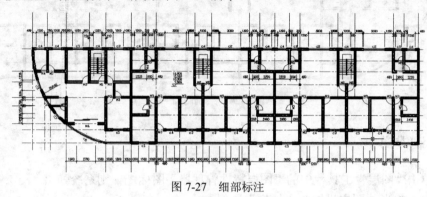

图 7-27　细部标注

（6）调用同样方法，标注轴线尺寸和说明，最终完成标准层平面图的绘制，结果如图 7-19 所示。

7.5　绘制隔热层平面图

本例绘制的隔热层平面图，如图 7-28 所示。

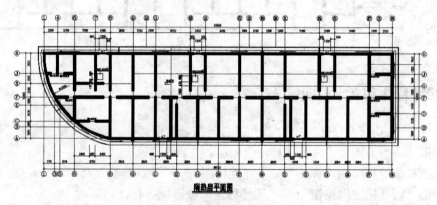

图 7-28　隔热层平面图

本例中我们主要讲解隔热层的绘制过程，隔热层很重要，先绘制墙体，在绘制泛水及上人孔。这都是建筑绘制隔热层平面图不可缺少的。

 绘制步骤

7.5.1　设置绘图环境

（1）用 LIMITS 命令设置图幅：420000×297000。

（2）单击"图层"工具栏中的"图层特性管理器"图标 ，则系统弹出"图层特性管理器"对话框，创建图层轴线、墙线、柱、泛水、天窗等图层，结果如图 7-29 所示。

·178·

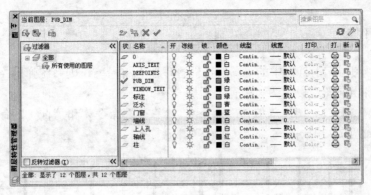

图 7-29　设置图层

7.5.2　复制并整理标准层平面图

选择菜单栏中的"修改"→"复制"命令，或者单击"修改"工具栏中的"复制"按钮
，复制"标准层平面图"的"绘制柱"图形并修改，得到标准层平面图的轴线网格和柱图形，结果如图 7-30 所示。

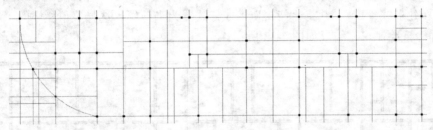

图 7-30　复制并整理标准层平面图

7.5.3　绘制墙线

（1）单击"图层"工具栏中的"图层特性管理器"图标，则系统弹出"图层特性管理器"对话框，将当前图层设置为"墙线"图层。

（2）墙体绘制。调用下拉菜单"格式"→"多线样式"命令，新建多线样式"240"，然后调用"多线"命令，绘制墙线。结果如图 7-31 所示。

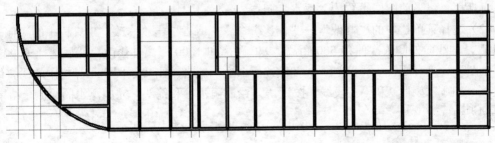

图 7-31　绘制墙线

7.5.4 绘制门窗

（1）单击"图层"工具栏中的"图层特性管理器"图标，则系统弹出"图层特性管理器"对话框，将当前图层设置为"门窗"图层。

（2）绘制门窗洞口。调用"偏移"命令、"修剪"命令和"直线"命令，绘制门窗洞口，结果如图 7-32 所示。

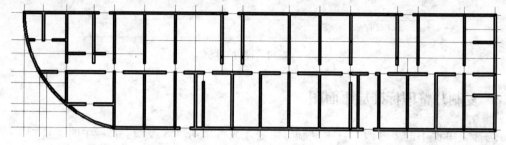

图 7-32 绘制门窗洞口

（3）绘制窗。选择菜单栏中的"格式"→"多线样式"命令，在弹出的"多线样式"对话框中，新建多线"窗"，并将"门窗"多线样式置为当前层。选择菜单栏中的"绘图"→"多线"命令，绘制窗。结果如图 7-33 所示。

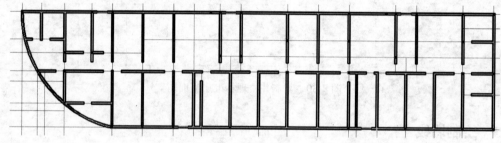

图 7-33 绘制窗

7.5.5 绘制泛水

（1）单击"图层"工具栏中的"图层特性管理器"图标，则系统弹出"图层特性管理器"对话框，将当前图层设置为"泛水"图层。

（2）选择菜单栏中的"修改"→"偏移"命令，或者单击"修改"工具栏中的"偏移"按钮，轴线向外侧依次偏移 500 距离、940 距离和 1000 距离并修改，然后选择菜单栏中的"绘图"→"直线"→"圆"→"多段线"命令，或者单击"绘图"工具栏中的"直线"按钮，"圆"按钮和"多段线"按钮，绘制雨水管和箭头。完成泛水的绘制，结果如图 7-34 所示。

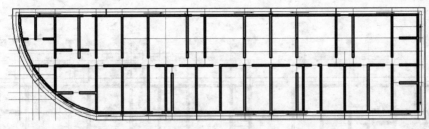

图 7-34 绘制泛水

7.5.6 绘制上人孔

（1）单击"图层"工具栏中的"图层特性管理器"图标，则系统弹出"图层特性管理器"对话框，将当前图层设置为"上人孔"图层。

（2）选择菜单栏中的"绘图"→"矩形"命令，或者单击"绘图"工具栏中的"矩形"按钮，绘制上人孔，结果如图 7-35 所示。

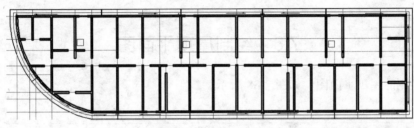

图 7-35 绘制上人孔

7.5.7 尺寸标注和文字说明

（1）单击"图层"工具栏中的"图层特性管理器"图标，则系统弹出"图层特性管理器"对话框，将当前图层设置为"标注"图层。

（2）选择菜单栏中的"标注"→"线性标注"→"连续标注"命令，或者单击"标注"工具栏中的"线性标注"按钮和"连续标注"按钮，标注细部标注。

选择菜单栏中的"绘图"→"多行文字"命令，或者单击"绘图"工具栏中的"多行文字"按钮 A，进行细部的文字说明，结果如图 7-36 所示。

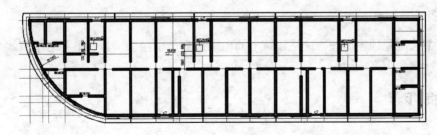

图 7-36 细部标注

（3）利用同样方法，标注轴线尺寸和说明，最终完成隔热层平面图的绘制，结果如图 7-37

所示。

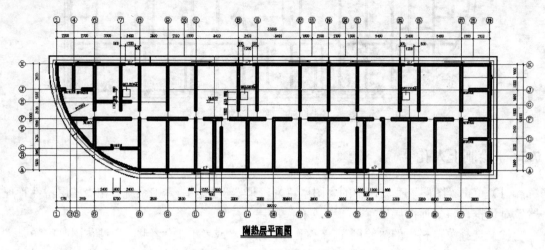

隔热层平面图

图 7-37　绘制隔热层平面图

7.6　绘制屋顶平面图

本例绘制的屋顶平面图，如图 7-38 所示。

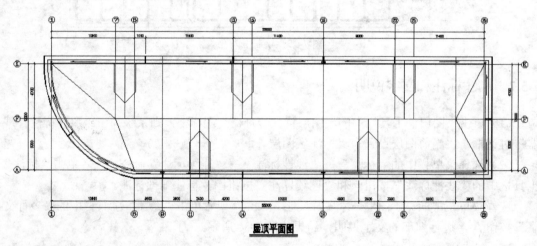

屋顶平面图

图 7-38　屋顶平面图

　　本例中绘制屋顶平面图，这是建筑平面图中最后一个绘制步骤，主要运用直线命令，偏移命令、标注命令完成绘制。

 绘制步骤

7.6.1　设置绘图环境

　　（1）用 LIMITS 命令设置图幅：420000×297000。

（2）单击"图层"工具栏中的"图层特性管理器"图标，则系统弹出"图层特性管理器"对话框，创建图层轴线、墙线、柱、泛水、老虎窗等图层，结果如图 7-39 所示。

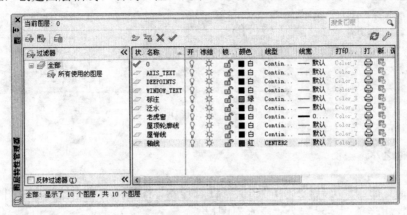

图 7-39　设置图层

7.6.2　绘制轴线网

（1）单击"图层"工具栏中的"图层特性管理器"图标，则系统弹出"图层特性管理器"对话框，将当前图层设置为"轴线"图层。

（2）将当前图层设为"1"图层，选择菜单栏中的"绘图"→"直线"命令，或者单击"绘图"工具栏中的"直线"按钮，绘制直线。

（3）选择菜单栏中的"修改"→"偏移"命令，或者单击"修改"工具栏中的"偏移"按钮，偏移轴线绘制轴线网，结果如图 7-40 所示。

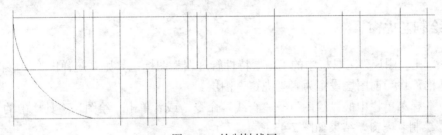

图 7-40　绘制轴线网

7.6.3　绘制屋顶线

（1）单击"图层"工具栏中的"图层特性管理器"图标，则系统弹出"图层特性管理器"对话框，将当前图层设置为"屋顶线"图层。

（2）选择菜单栏中的"修改"→"偏移"命令，或者单击"修改"工具栏中的"偏移"按钮，偏移轴线，并将偏移后的轴线设置为"屋顶线"图层，结果如图 7-41 所示。

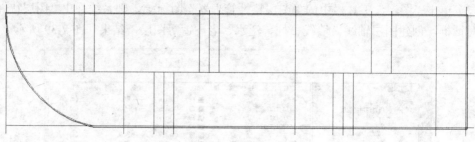

图 7-41　绘制屋顶线

7.6.4　绘制泛水

（1）单击"图层"工具栏中的"图层特性管理器"图标 ，则系统弹出"图层特性管理器"对话框，将当前图层设置为"泛水"图层。

（2）采用与"隔热层平面图"中相同的方法绘制泛水，结果如图 7-42 所示。

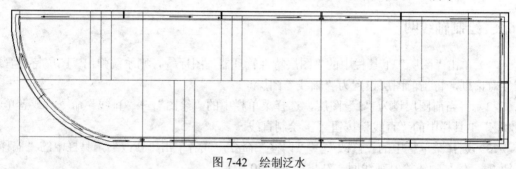

图 7-42　绘制泛水

7.6.5　绘制老虎窗

（1）单击"图层"工具栏中的"图层特性管理器"图标 ，则系统弹出"图层特性管理器"对话框，将当前图层设置为"老虎窗"图层。

（2）选择菜单栏中的"绘图"→"直线"命令，或者单击"绘图"工具栏中的"直线"按钮 ，绘制老虎窗，结果如图 7-43 所示。

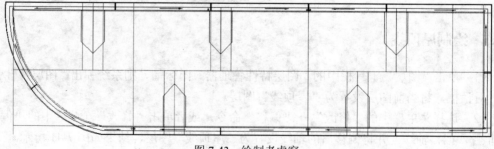

图 7-43　绘制老虎窗

7.6.6 绘制屋脊线

（1）单击"图层"工具栏中的"图层特性管理器"图标绳，则系统弹出"图层特性管理器"对话框，将当前图层设置为"屋脊线"图层。

（2）选择菜单栏中的"绘图"→"直线"命令，或者单击"绘图"工具栏中的"直线"按钮，绘制屋脊线，结果如图7-44所示。

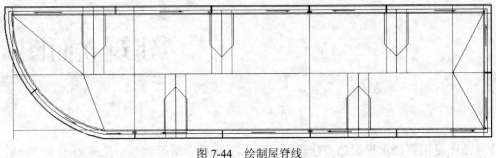

图 7-44 绘制屋脊线

7.6.7 尺寸标注和文字说明

（1）单击"图层"工具栏中的"图层特性管理器"图标绳，则系统弹出"图层特性管理器"对话框，将当前图层设置为"标注"图层。

（2）选择菜单栏中的"标注"→"线性标注"→"连续标注"命令，或者单击"标注"工具栏中的"线性标注"按钮和"连续标注"按钮，进行尺寸标注。

（3）选择菜单栏中的"绘图"→"多行文字"命令，或者单击"绘图"工具栏中的"多行文字"按钮 A，进行文字说明，最终完成屋顶平面图的绘制，结果如图7-38所示。

第 8 章

建筑立面图

立面图是用直接正投影法将建筑各个墙面进行投影所得到的正投影图。本章分别以别墅、商住楼的南、北、西、东立面图为例，详细讲解这些建筑立面图的 CAD 绘制方法与相关技巧。

8.1 建筑立面图绘制概述

建筑立面图是用来研究建筑立面的造型和装修的图样。立面图主要是反映房屋的外貌和立面装修的做法，这是因为建筑物给人的外表美感主要来自其立面的造型和装修。

8.1.1 建筑立面图的概念及图示内容

立面图是用直接正投影法将建筑各个墙面进行投影所得的正投影图。一般，立面图上的图示内容有墙体外轮廓及内部凹凸轮廓、门窗（幕墙）、入口台阶及坡道、雨篷、窗台、窗楣、壁柱、檐口、栏杆、外露楼梯、各种脚线等。从理论上讲，立面图上所有建筑配件的正投影图均要反映在立面图上。实际上，一些比例较小的细部可以简化或用比例来代替。如门窗的立面，可以在具有代表性的位置仔细绘制出窗扇、门扇等细节，而同类门窗则用其轮廓表示即可。在施工图中，如果门窗不是引用有关门窗图集，则其细部构造需要绘制大样图来表示，这就弥补了立面图上的不足。

此外，当立面转折、曲折较复杂时，可以绘制展开立面图。圆形或多边形平面的建筑物可分段展开绘制立面图。为了图示明确，在图名上均应注明"展开"二字，在转角处应准确表明轴线号。

8.1.2 建筑立面图的命名方式

建筑立面图命名的目的在于能够一目了然地识别其立面的位置。因此，各种命名方式都是围绕"明确位置"这一主题来实施的。至于采取哪种方式，则根据具体情况而定。

（1）以相对主入口的位置特征命名。

以相对主入口的位置特征命名，则建筑立面图称为正立面图、背立面图、侧立面图。这种方式一般适应于建筑平面方正、简单，入口位置明确的情况。

（2）以相对地理方位的特征命名。

以相对地理方位的特征命名，建筑立面图常称为南立面图、北立面图、东立面图、西立面图。这种方式一般适应于建筑平面图规整、简单，而且朝向相对正南正北偏转不大的情况。

（3）以轴线编号来命名。

以轴线编号来命名是指用立面起止定位轴线来命名，比如①-⑥立面图、Ⓔ-Ⓐ立面图等。这种方式命名准确，便于查对，特别适应于平面较复杂的情况。

根据国家标准 GB/T 50104—2001，有定位轴线的建筑物，宜根据两端定位轴线号编注立面图名称。无定位轴线的建筑物可按平面图各面的朝向确定名称。

8.1.3　建筑立面图绘制的一般步骤

从总体上来说，立面图是在平面图的基础上引出定位辅助线确定立面图样的水平位置大小，然后根据高度方向的设计尺寸确定立面图样的竖向位置及尺寸，从而绘制出一系列图样。因此，绘制立面图的一般步骤如下。

（1）设置绘图环境。

（2）确定定位辅助线，包括墙、柱定位轴线、楼层水平定位辅助线及其他立面图样的辅助线。

（3）绘制立面图样，包括墙体外轮廓及内部凹凸轮廓、门窗（幕墙）、入口台阶及坡道、雨篷、窗台、窗楣、壁柱、檐口、栏杆、外露楼梯、各种脚线等内容。

（4）配景，包括植物、车辆、人物等。

（5）标注尺寸、文字。

（6）设置线型、线宽。

8.2　南立面图绘制

本例绘制的南立面图，如图 8-1 所示。

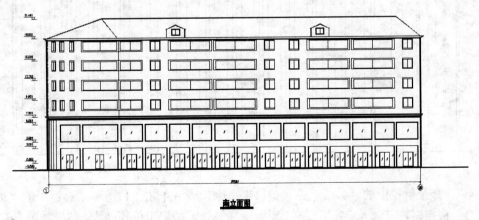

图 8-1　南立面图

本例绘制南立面图，先确定定位辅助线再根据辅助线运用直线命令，偏移命令、多行文字命令完成绘制。

 绘制步骤

8.2.1 绘制定位辅助线

（1）设置绘图环境。

① 用 LIMITS 命令设置图幅：42000×29700。

② 调用 LAYER 命令创建"立面"图层。

（2）绘制定位辅助线。

① 单击"图层"工具栏中的"图层特性管理器"图标，将当前图层设置为"立面"图层。

② 复制一层平面图，并将暂时不用的图层关闭。选择菜单栏中的"绘图"→"直线"命令，或者单击"绘图"工具栏中的"直线"按钮，在一层平面图下方绘制一条地平线，地平线上方需留出足够的绘图空间。

③ 选择菜单栏中的"绘图"→"直线"命令，或者单击"绘图"工具栏中的"直线"按钮，由一层平面图向下引出定位辅助线，结果如图 8-2 所示。

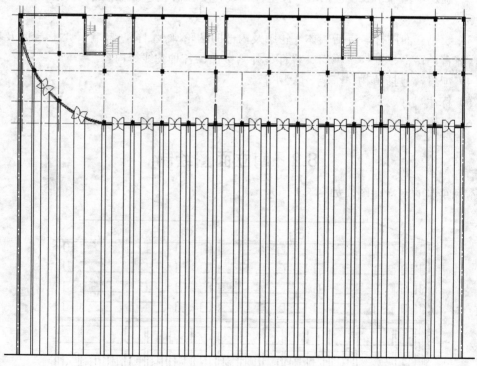

图 8-2　绘制一层竖向辅助线

④ 选择菜单栏中的"修改"→"偏移"命令，或者单击"修改"工具栏中的"偏移"按钮，根据室内外高差、各层层高、屋面标高等确定楼层定位辅助线。结果如图 8-3 所示。

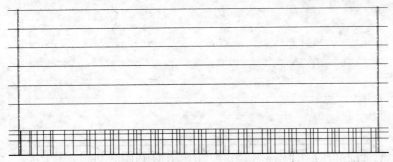

图 8-3　绘制楼层定位辅助线

8.2.2　绘制一层立面图

（1）绘制室内外地平线。将当前图层设为"1"图层，选择菜单栏中的"绘图"→"直线"命令，或者单击"绘图"工具栏中的"直线"按钮，绘制室内外地平线。

（2）选择菜单栏中的"修改"→"偏移"命令，或者单击"修改"工具栏中的"偏移"按钮，偏移地平线，室内外高差为100，结果如图8-4所示。

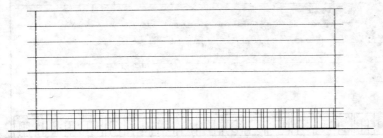

图 8-4　绘制室内外地平线

（3）绘制一层窗户。一二层为大开间商场，所以设计全玻璃门窗，既符合建筑个性，也能够获得大面积采光。选择菜单栏中的"绘图"→"直线"命令，或者单击"绘图"工具栏中的"直线"按钮，根据定位辅助线绘制一层窗户，结果如图8-5所示。

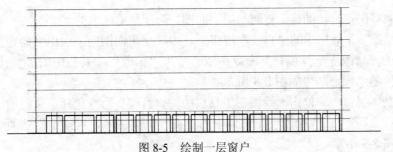

图 8-5　绘制一层窗户

（4）绘制一层门。选择菜单栏中的"绘图"→"直线"命令，或者单击"绘图"工具栏中的"直线"按钮，根据定位辅助线绘制一层门，结果如图8-6所示。

图 8-6　绘制一层门

（5）细化一层立面图。选择菜单栏中的"绘图"→"直线"命令，或者单击"绘图"工具栏中的"直线"按钮✏，绘制直线作为细化图形线。

（6）选择菜单栏中的"修改"→"偏移"命令，或者单击"修改"工具栏中的"偏移"按钮👝，偏移细化线。结果如图 8-7 所示。

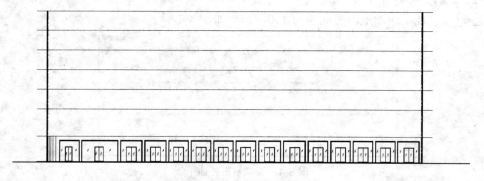

图 8-7　细化一层立面图

8.2.3　绘制二层立面图

（1）绘制二层定位辅助线。复制二层平面图，选择菜单栏中的"绘图"→"直线"命令，或者单击"绘图"工具栏中的"直线"按钮✏，由二层平面图向下引出竖向定位辅助线，选择菜单栏中的"修改"→"偏移"命令，或者单击"修改"工具栏中的"偏移"按钮👝，绘制横向定位辅助线，结果如图 8-8 所示。

（2）绘制二层窗户。单击"绘图"工具栏中的"直线"命令选择菜单栏中的"绘图"→"直线"命令，或者单击"绘图"工具栏中的"直线"按钮✏，根据定位辅助线绘制二层窗户，结果如图 8-9 所示。

（3）细化二层立面图。选择菜单栏中的"绘图"→"直线"命令，或者单击"绘图"工具栏中的"直线"按钮✏，绘制一条斜线。

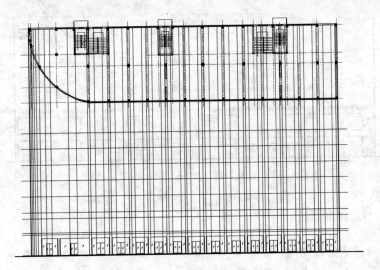

图 8-8　绘制二层定位辅助线

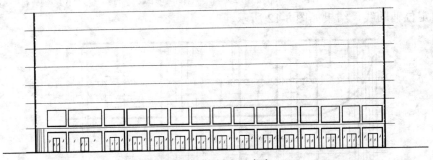

图 8-9　绘制二层窗户

（4）选择菜单栏中的"修改"→"偏移"命令，或者单击"修改"工具栏中的"偏移"按钮▱，偏移上步绘制的斜线，细化二层立面图，结果如图 8-10 所示。

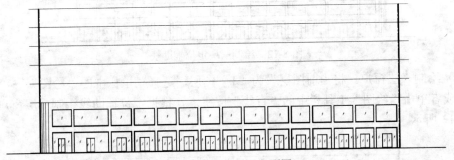

图 8-10　细化二层立面图

（5）绘制二层屋檐。根据定位辅助直线，选择菜单栏中的"绘图"→"直线"命令，或者单击"绘图"工具栏中的"直线"按钮╱，绘制二层屋檐线。

（6）选择菜单栏中的"修改"→"偏移"命令，或者单击"修改"工具栏中的"偏移"按钮▱，将上步绘制的二层屋檐线进行偏移。

（7）选择菜单栏中的"修改"→"修剪"命令，或者单击"修改"工具栏中的"修剪"按钮╱┅，修剪二层屋檐，结果如图 8-11 所示。

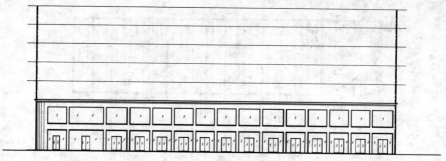

图 8-11　绘制二层屋檐

8.2.4　绘制三层立面图

（1）绘制三层定位辅助线。复制三层平面图，选择菜单栏中的"绘图"→"直线"命令，或者单击"绘图"工具栏中的"直线"按钮，由二层平面图向下引出竖向定位辅助线，选择菜单栏中的"修改"→"偏移"命令，或者单击"修改"工具栏中的"偏移"按钮，绘制横向定位辅助线，结果如图 8-12 所示。

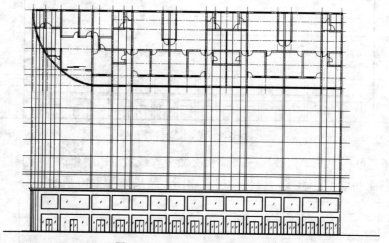

图 8-12　绘制三层定位辅助线

（2）绘制三层窗户。将当前图层设为"1"图层，选择菜单栏中的"绘图"→"直线"命令，或者单击"绘图"工具栏中的"直线"按钮，根据定位辅助线绘制三层窗户，结果如图 8-13 所示。

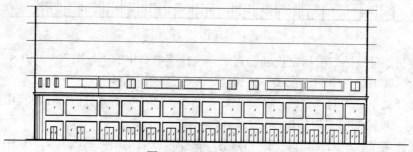

图 8-13　绘制三层窗户

8.2.5 绘制四~六层立面图

（1）绘制窗户。选择菜单栏中的"修改"→"复制"命令，或者单击"修改"工具栏中的"复制"按钮🔧，将三层窗户复制到四~六层，结果如图8-14所示。

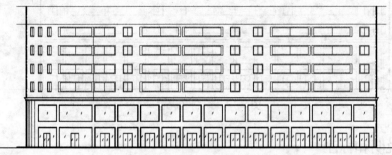

图 8-14 绘制四~六层窗户

（2）绘制六层屋檐。选择菜单栏中的"修改"→"复制"命令，或者单击"修改"工具栏中的"复制"按钮🔧，将二层屋檐复制到六层，结果如图8-15所示。

图 8-15 绘制六层屋檐

8.2.6 绘制隔热层和屋顶

（1）绘制隔热层和屋顶轮廓线。选择菜单栏中的"绘图"→"直线"命令，或者单击"绘图"工具栏中的"直线"按钮✏，根据定位辅助线绘制隔热层和屋顶轮廓线，结果如图8-16所示。

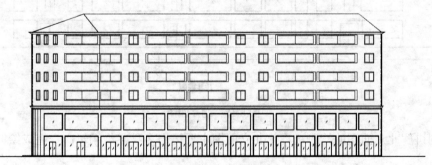

图 8-16 绘制隔热层和屋顶轮廓线

（2）绘制老虎窗。选择菜单栏中的"绘图"→"直线"→"矩形"命令，或者单击"绘图"工具栏中的"直线"按钮／和"矩形"按钮囗，绘制老虎窗，结果如图 8-17 所示。

图 8-17　绘制老虎窗

8.2.7　文字说明和标注

（1）选择菜单栏中的"绘图"→"直线"命令，或者单击"绘图"工具栏中的"直线"按钮／，绘制标高。

（2）选择菜单栏中的"绘图"→"多行文字"命令，或者单击"绘图"工具栏中的"多行文字"按钮 A，进行文字说明，最终完成南立面图的绘制，结果如图 8-1 所示。

8.3　北立面图绘制

本例绘制的北立面图，如图 8-18 所示。

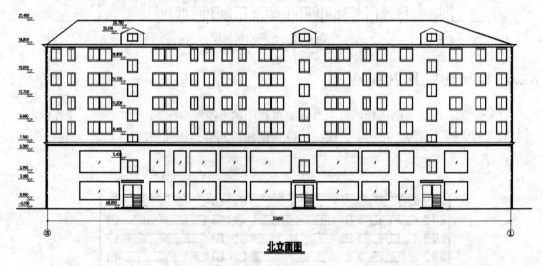

图 8-18　北立面图

本例讲解北立面图的绘制过程，北立面图主要运用多种二维编辑命令完成绘制。

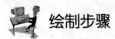 绘制步骤

8.3.1 绘制定位辅助线

（1）设置绘图环境。

① 用 LIMITS 命令设置图幅：42000×29700。

② 调用 LAYER 命令创建"立面"图层。

（2）绘制辅助线。

① 单击"图层"工具栏中的"图层特性管理器"图标，将当前图层设置为"立面"图层。

② 复制一层平面图，并将暂时不用的图层关闭。选择菜单栏中的"修改"→"旋转"命令，或者单击"修改"工具栏中的"旋转"按钮，将一层平面图旋转180°，选择菜单栏中的"绘图"→"直线"命令，或者单击"绘图"工具栏中的"直线"按钮，在一层平面图下方绘制一条地平线，地平线上方需留出足够的绘图空间。

③ 选择菜单栏中的"绘图"→"直线"命令，或者单击"绘图"工具栏中的"直线"按钮，由一层平面图向下引出定位辅助线，结果如图8-19所示。

④ 选择菜单栏中的"修改"→"偏移"命令，或者单击"修改"工具栏中的"偏移"按钮，根据室内外高差、各层层高、屋面标高等确定楼层定位辅助线，结果如图8-20所示。

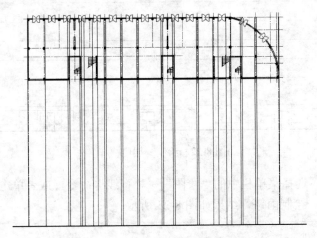

图 8-19 绘制一层竖向辅助线

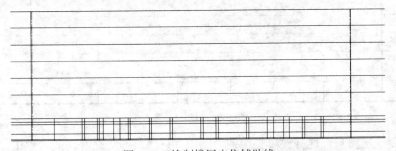

图 8-20 绘制楼层定位辅助线

8.3.2 绘制一层立面图

（1）绘制室内外地平线。选择菜单栏中的"绘图"→"直线"命令，或者单击"绘图"工具栏中的"直线"按钮✎，绘制室外地平线。选择菜单栏中的"修改"→"偏移"命令，或者单击"修改"工具栏中的"偏移"按钮▣，偏移地平线，室内外高差为 100，结果如图 8-21 所示。

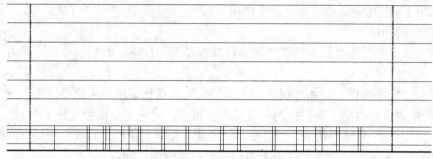

图 8-21　绘制室内外地平线

（2）绘制一层门。选择菜单栏中的"绘图"→"直线"命令，或者单击"绘图"工具栏中的"直线"按钮✎，根据定位辅助线绘制一层门，结果如图 8-22 所示。

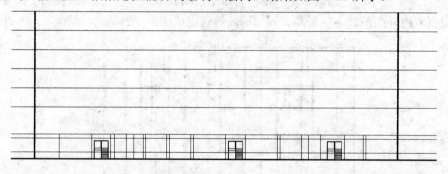

图 8-22　绘制一层门

（3）绘制雨篷。选择菜单栏中的"绘图"→"直线"命令，或者单击"绘图"工具栏中的"直线"按钮✎，绘制雨篷，结果如图 8-23 所示。

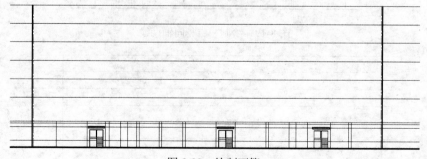

图 8-23　绘制雨篷

（4）绘制一层窗户。选择菜单栏中的"绘图"→"直线"命令，或者单击"绘图"工具栏中的"直线"按钮 ✎，根据定位辅助线绘制一层窗户，结果如图 8-24 所示。

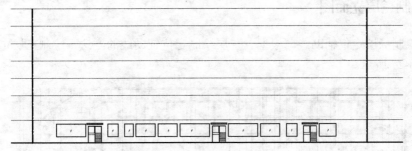

图 8-24　绘制一层窗户

8.3.3　绘制二层立面图

（1）绘制二层窗户。选择菜单栏中的"修改"→"复制"命令，或者单击"修改"工具栏中的"复制"按钮 ⅔，将一层门窗复制到二层位置，并将门位置修改为窗户，结果如图 8-25 所示。

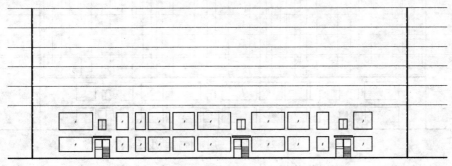

图 8-25　绘制二层窗户

（2）绘制二层屋檐。根据定位辅助直线，选择菜单栏中的"绘图"→"直线"命令，或者单击"绘图"工具栏中的"直线"按钮 ✎，绘制二层屋檐线。

（3）选择菜单栏中的"修改"→"偏移"命令，或者单击"修改"工具栏中的"偏移"按钮 ⚎，将上步绘制的二层屋檐线进行偏移。

（4）选择菜单栏中的"修改"→"修剪"命令，或者单击"修改"工具栏中的"修剪"按钮 ⊹，修剪二层屋檐，结果如图 8-26 所示。

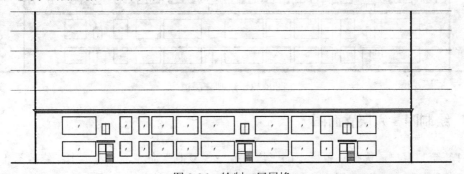

图 8-26　绘制二层屋檐

8.3.4 绘制三层立面图

（1）绘制三层定位辅助线。根据一二层绘制定位辅助线的方法，绘制三层定位辅助线，结果如图 8-27 所示。

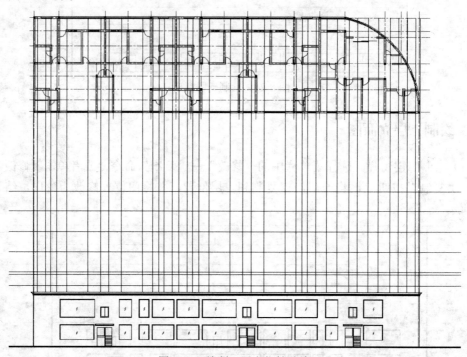

图 8-27　绘制三层定位辅助线

（2）绘制三层窗户。选择菜单栏中的"绘图"→"直线"命令，或者单击"绘图"工具栏中的"直线"按钮，根据定位辅助线绘制三层窗户，结果如图 8-28 所示。

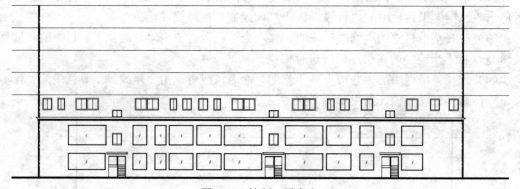

图 8-28　绘制三层窗户

8.3.5 绘制四～六层立面图

（1）绘制窗户。选择菜单栏中的"修改"→"复制"命令，或者单击"修改"工具栏中的"复制"按钮，将三层窗户复制到四～六层，结果如图 8-29 所示。

图 8-29　绘制四～六层窗户

（2）绘制六层屋檐。选择菜单栏中的"修改"→"复制"命令，或者单击"修改"工具栏中的"复制"按钮🖴，将二层屋檐复制到六层，结果如图 8-30 所示。

图 8-30　绘制六层屋檐

8.3.6　绘制隔热层和屋顶

（1）绘制隔热层和屋顶轮廓线。选择菜单栏中的"绘图"→"直线"命令，或者单击"绘图"工具栏中的"直线"按钮✐，根据定位辅助线绘制隔热层和屋顶轮廓线，结果如图 8-31 所示。

图 8-31　绘制隔热层和屋顶轮廓线

（2）绘制老虎窗。选择菜单栏中的"绘图"→"直线"→"矩形"命令，或者单击"绘图"工具栏中的"直线"按钮✐，"矩形"按钮🔲，绘制老虎窗，结果如图 8-32 所示。

图 8-32　绘制老虎窗

8.3.7　文字说明和标注

（1）选择菜单栏中的"绘图"→"直线"命令，或者单击"绘图"工具栏中的"直线"按钮 ✎ ，绘制标高标注。

（2）选择菜单栏中的"绘图"→"多行文字"命令，或者单击"绘图"工具栏中的"多行文字"按钮 A ，对标注标高添加文字说明。

最终完成北立面图的绘制，结果如图 8-18 所示。

8.4　西立面图绘制

本例绘制的西立面图，如图 8-33 所示。

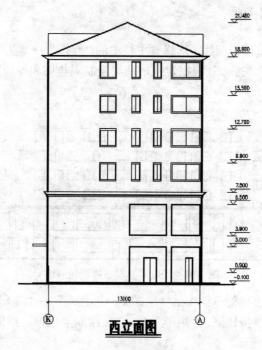

图 8-33　西立面图

本例主要讲解西立面图的绘制过程，主要运用直线命令，修剪命令、偏移命令完成绘制。

 **绘制步骤**

8.4.1　绘制定位辅助线

（1）设置绘图环境。

① 用 LIMITS 命令设置图幅：42000×29700。

② 调用 LAYER 命令创建"立面"图层。

（2）绘制定位辅助线。

① 单击"图层"工具栏中的"图层特性管理器"图标，将当前图层设置为"立面"图层。

② 采用与别墅西立面图定位辅助线相同的绘制方法，绘制商住楼西立面图的定位辅助线，结果如图 8-34 所示。

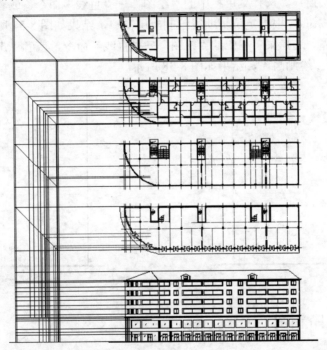

图 8-34　绘制西立面图定位辅助线

8.4.2　绘制一层立面图

（1）绘制室内外地平线。选择菜单栏中的"绘图"→"直线"命令，或者单击"绘图"工具栏中的"直线"按钮，绘制室外地平线。

（2）选择菜单栏中的"修改"→"偏移"命令，或者单击"修改"工具栏中的"偏移"按钮，偏移上步绘制的地平线，室内外高差为100，选择菜单栏中的"修改"→"修剪"命令，或者单击"修改"工具栏中的"修剪"按钮⊬，修改定位辅助线，结果如图 8-35 所示。

（3）绘制一层门。选择菜单栏中的"绘图"→"直线"命令，或者单击"绘图"工具栏中的"直线"按钮✎，根据定位辅助线绘制一层门，结果如图 8-36 所示。

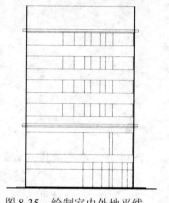

图 8-35　绘制室内外地平线

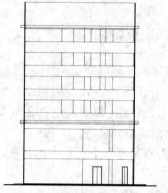

图 8-36　绘制一层门

（4）绘制一层窗户。选择菜单栏中的"绘图"→"直线"命令，或者单击"绘图"工具栏中的"直线"按钮✎，根据定位辅助线绘制一层窗户，结果如图 8-37 所示。

（5）绘制雨篷。选择菜单栏中的"绘图"→"直线"命令，或者单击"绘图"工具栏中的"直线"按钮✎，绘制雨篷，结果如图 8-38 所示。

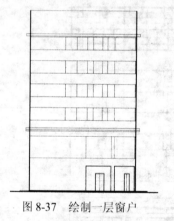

图 8-37　绘制一层窗户

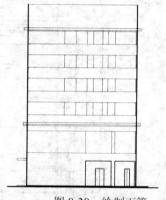

图 8-38　绘制雨篷

8.4.3　绘制二层立面图

（1）绘制二层窗户。选择菜单栏中的"绘图"→"直线"命令，或者单击"绘图"工具栏中的"直线"按钮✎，根据定位辅助线绘制一层窗户，结果如图 8-39 所示。

（2）绘制二层屋檐。根据定位辅助直线，选择菜单栏中的"绘图"→"直线"命令，或者单击"绘图"工具栏中的"直线"按钮✎，绘制二层屋檐线。

（3）选择菜单栏中的"修改"→"偏移"命令，或者单击"修改"工具栏中的"偏移"按钮➿，将上步绘制的二层屋檐线进行偏移。

（4）选择菜单栏中的"修改"→"修剪"命令，或者单击"修改"工具栏中的"修剪"按钮⊬，修剪二层屋檐，结果如图 8-40 所示。

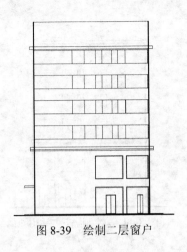

图 8-39 绘制二层窗户

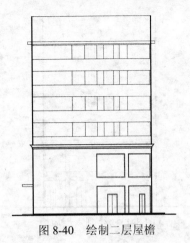

图 8-40 绘制二层屋檐

8.4.4 绘制三~六层立面图

（1）绘制三层窗户。选择菜单栏中的"绘图"→"直线"命令，或者单击"绘图"工具栏中的"直线"按钮 ，根据定位辅助线绘制三层窗户，结果如图 8-41 所示。

（2）绘制四~六层窗户。选择菜单栏中的"修改"→"复制"命令，或者单击"修改"工具栏中的"复制"按钮 ，将三层窗户复制到四~六层，结果如图 8-42 所示。

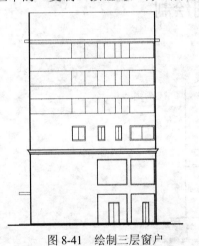

图 8-41 绘制三层窗户

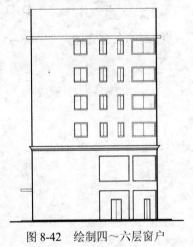

图 8-42 绘制四~六层窗户

（3）绘制六层屋檐。选择菜单栏中的"修改"→"复制"命令，或者单击"修改"工具栏中的"复制"按钮 ，将二层屋檐复制到六层，结果如图 8-43 所示。

8.4.5 绘制隔热层和屋顶

选择菜单栏中的"绘图"→"直线"命令，或者单击"绘图"工具栏中的"直线"按钮 ，根据定位辅助线绘制隔热层和屋顶轮廓线，结果如图 8-44 所示。

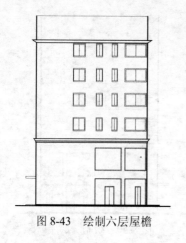

图 8-43 绘制六层屋檐

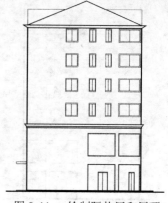

图 8-44 绘制隔热层和屋顶

8.4.6 文字说明和标注

（1）选择菜单栏中的"绘图"→"直线"命令，或者单击"绘图"工具栏中的"直线"按钮，绘制标高。

（2）选择菜单栏中的"绘图"→"多行文字"命令，或者单击"绘图"工具栏中的"多行文字"按钮 A，进行文字说明，最终完成西立面图的绘制，结果如图 8-33 所示。

8.5 东立面图绘制

本例绘制的东立面图，如图 8-45 所示。

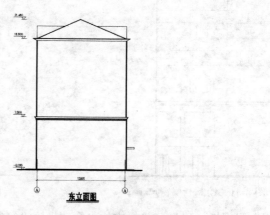

图 8-45 东立面图

本例中主要讲解东立面图的绘制过程，东立面图的绘制方法与西立面图类似，主要运用二维绘制命令和二维编辑命令完成绘制。

绘制步骤

东立面图与西立面图轮廓基本相同，而且不涉及门窗的绘制，比较简单，不再详细描述，绘制结果如图 8-45 所示。

第**9**章

建筑剖面图和详图

● ● ● ● ● ● ● ●

建筑剖面图主要反映建筑物的结构形式、垂直空间利用、各层构造做法和门窗洞口高度等情况。本章以别墅和商住楼的 1—1 剖面图、2—2 剖面图为例，详细论述建筑剖面图的 CAD 绘制方法与相关技巧。

9.1 建筑剖面图绘制概述

建筑剖面图是与平面图和立面图相互配合表达建筑物的重要图样，主要反映建筑物的结构形式、垂直空间利用、各层构造做法和门窗洞口高度等情况。

9.1.1 建筑剖面图的概念及图示内容

剖面图是指用一剖面将建筑物的某一位置剖开，移去一侧后，剩下的一侧沿剖视方向的正投影图。根据工程的需要，绘制一个剖面图可以选择一个剖切面、两个平行的剖切面或相交的两个剖切面，如图 9-1 所示。对于两个剖切面相交的情形，应在图中注明"展开"二字。剖面图与断面图的区别在于，剖面图除了表示剖切到的部位外，还应表示出投射方向看到的构配件轮廓，而断面图只需要表示剖切到的部位。

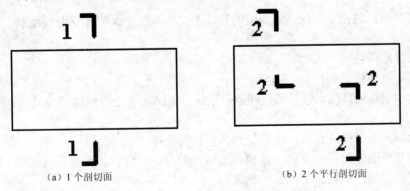

(a) 1 个剖切面   (b) 2 个平行剖切面

图 9-1   剖切面形式

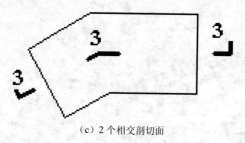

（c）2 个相交剖切面

图 9-1　剖切面形式（续）

不同的设计深度，图示内容有所不同。

方案阶段重点在于表达剖切部位的空间关系、建筑层数、高度、室内外高差等。剖面图中应注明室内外地坪标高、楼层标高、建筑总高度（室外地面至檐口）、剖面标号、比例或比例尺等。如果有建筑高度控制，还需表明最高点的标高。

初步设计阶段需要在方案图基础上增加主要内外承重墙、柱的定位轴线和编号，更加详细、清晰、准确地表达出建筑结构、构件（剖到或看到的墙、柱、门窗、楼板、地坪、楼梯、台阶、坡道、雨篷、阳台等）本身及相互之间的关系。

施工阶段在优化、调整和丰富初设图的基础上，图示内容最为详细。一方面是剖到和看到的构配件图样准确、详尽、到位，另一方面是标注详细。除了标注室内外地坪、楼层、屋面突出物、各构配件的标高外，还需要标注竖向尺寸和水平尺寸。竖向尺寸包括外部三道尺寸（与立面图类似）和内部地坑、隔断、吊顶、门窗等部位的尺寸；水平尺寸包括两端和内部剖到的墙、柱定位轴线间尺寸及轴线编号。

9.1.2　剖切位置及投射方向的选择

根据规定，剖面图的剖切部位应根据图纸的用途或设计深度，在平面图上选择空间复杂、能反映全貌、构造特征，以及有代表性的部位剖切。

投射方向一般宜向左、向上，当然也要根据工程情况而定。剖切符号在底层平面图中，短线指向为投射方向。剖面图编号标在投射方向一侧，剖切线若有转折，应在转角的外侧加注与该符号相同的编号。

9.1.3　建筑剖面图绘制的一般步骤

建筑剖面图一般在平面图、立面图的基础上，并参照平面图和立面图绘制。绘制剖面图的一般步骤如下。

（1）设置绘图环境。

（2）确定剖切位置和投射方向。

（3）绘制定位辅助线，包括墙、柱定位轴线、楼层水平定位辅助线及其他剖面图样的辅助线。

（4）绘制剖面图样及看线，包括剖到和看到的墙柱、地坪、楼层、屋面、门窗（幕墙）、楼梯、台阶及坡道、雨篷、窗台、窗楣、檐口、阳台、栏杆、各种线脚等内容。

（5）配景，包括植物、车辆、人物等。

（6）标注尺寸、文字。

9.2 建筑详图绘制概述

建筑详图是建筑施工图绘制中的一项重要内容，与建筑构造设计息息相关。

建筑详图的概念及图示内容

建筑平面图、立面图、剖面图均是全局性的图纸，由于比例的限制，不可能将一些复杂的局部或细部的做法表示清楚，因此，需要将这些局部细部的构造、材料及相互关系采用较大的比例详图绘制出来，以指导施工。这样的建筑图形称为详图，又称大样图。对于局部平面（如厨房、卫生间）放大绘制的图形，习惯称为这放大图。需要绘制详图的位置一般有室内外墙节点、楼梯、厨房、卫生间、门窗、室内外装饰等。

内外墙节点一般用平面和剖面表示，常用比例为1：20。平面节点详图用于表示墙、柱或构造柱的材料和构造关系。剖面节点详图就是常说的墙身详图，需要表示出墙体与室内外地坪、楼面、屋面的关系，以及相关的门窗洞口、梁或圈梁、雨篷、阳台、女儿墙、檐口、散水、防潮层、屋面防水、地下室防水等的构造做法。墙身详图可以从地下层、室内外地坪、防潮层处开始一直绘制到女儿墙压顶。为了节省图纸空间，可以在门窗洞口处断开，也可以重点绘制地坪、中间层、屋面处的几个节点，而将中间层重复使用的节点集中到一个详图上表示。节点一般按照从上到下的顺序编号。

楼梯详图包括平面、剖面及节点3部分。平面、剖面常用1：50的比例绘制，楼梯中的节点详图可以根据对象大小酌情采用1：5、1：10、1：20等比例。楼梯平面图与建筑平面图不同的是，它只需绘制出楼梯及四面相接的墙体；而且楼梯平面图需要准确地表示出楼梯净空、楼段长度、楼段宽度、踏步宽度和级数、栏杆（栏板）的大小及位置，以及楼面平台处的标高等。楼梯间剖面图只需绘制出楼梯相交的部分，相邻部分可以用折断线断开。选择在底层第一跑并能够剖切到窗户的位置剖切，向底层另一跑梯段方向投射。尺寸需要标出层高、平台、梯段、门窗洞口、栏杆高度等竖向尺寸，并应标注出室内外地坪、平台、平台梁底面的标高。水平方向需要标注定位轴线并编号、轴线尺寸、平台、梯段尺寸等。梯段尺寸一般用"踏步宽（高）×级数=梯段宽（高）"的形式表示。此外，楼梯剖面上还应注明栏杆构造节点详图的索引编号。

厨房、卫生间放大图根据其大小可以酌情采用1：30、1：40、1：50等比例绘制，需要详细表示出各种设备的形状、大小和位置及地面设计标高、地面排水方向及坡度等。对于需要进一步说明的构造节点，需要表明详图索引符号、绘制节点详图或引用图集。

门窗详图包括立面图、断面图、节点详图等内容。立面图常用1：20的比例绘制，断面图常用1：5的比例绘制，节点图常用1：10的比例绘制。标准化的门窗可以引用有关标准图集，说明其门窗图集编号和所在位置。非标准的门窗、幕墙需绘制详图。

9.3 1—1剖面图绘制

本例绘制的1—1剖面图绘制，如图9-2所示。

剖面图的绘制是建立在平面图和立面图的基础上的，要先由平面图引出辅助线，然后运用直线、修剪、偏移等命令完成绘制。

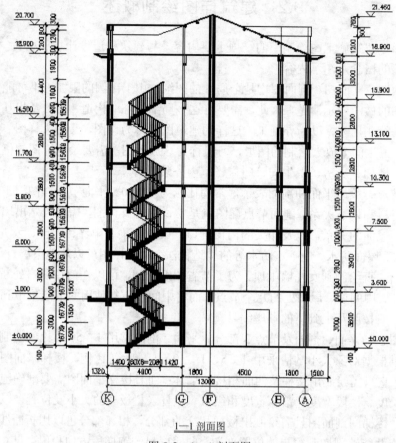

1—1 剖面图

图 9-2   1—1 剖面图

绘制步骤

9.3.1 绘制墙体

（1）设置绘图环境。

① 用 LIMITS 命令设置图幅：42000×29700。

② 调用 LAYER 命令创建"剖面"图层。

（2）绘制定位辅助线。

① 单击"图层"工具栏中的"图层特性管理器"图标，将当前图层设置为"剖面"图层。

② 复制一层平面图、三层平面图和南立面图，选择菜单栏中的"绘图"→"直线"命令，或者单击"绘图"工具栏中的"直线"按钮，在立面图左侧同一水平线上绘制室外地平线位置。然后采用绘制立面图定位辅助线的方法绘制出剖面图的定位辅助线，结果如图 9-3 所示。

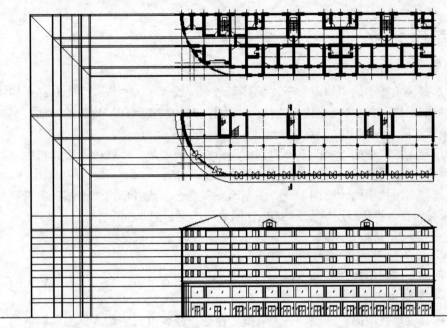

图 9-3   绘制定位辅助线

（3）绘制室外地平线。

选择菜单栏中的"绘图"→"直线"命令，或者单击"绘图"工具栏中的"直线"按钮 ，根据平面图中的室内外标高确定室内外地平线的位置，绘制直线。

选择菜单栏中的"修改"→"偏移"命令，或者单击"修改"工具栏中的"偏移"按钮 ，偏移上步绘制的直线，室内外高差为 100。然后将直线设置为粗实线，结果如图 9-4 所示。

（4）绘制墙线。

选择菜单栏中的"绘图"→"直线"命令，或者单击"绘图"工具栏中的"直线"按钮 ，根据定位直线绘制墙线，并将墙线线宽设置为 0.3，结果如图 9-5 所示。

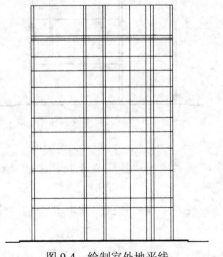

图 9-4   绘制室外地平线

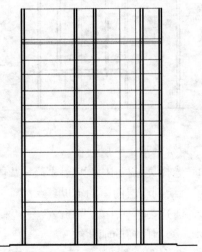

图 9-5   绘制墙线

9.3.2 绘制一二层

（1）绘制一层楼板。

① 选择菜单栏中的"修改"→"偏移"命令，或者单击"修改"工具栏中的"偏移"按钮 ，根据楼层层高，将室内地平线向上偏移 3600，得到一层楼板的顶面，然后将偏移后的直线依次向下偏移 100 和 600。

② 选择菜单栏中的"修改"→"修剪"命令，或者单击"修改"工具栏中的"修剪"按钮 ，将偏移后的直线进行修剪，得到一层楼板轮廓。

③ 选择菜单栏中的"绘图"→"图案填充"命令，或者单击"绘图"工具栏中的"图案填充"按钮 ，将楼板层填充为 SOLID 图案，结果如图 9-6 所示。

（2）绘制二层楼板和屋檐。

重复上述方法，绘制二层楼板，

① 选择菜单栏中的"绘图"→"直线"命令，或者单击"绘图"工具栏中的"直线"按钮 ，绘制屋檐。

② 选择菜单栏中的"修改"→"修剪"命令，或者单击"修改"工具栏中的"修剪"按钮 ，修剪屋檐。

③ 选择菜单栏中的"绘图"→"图案填充"命令，或者单击"绘图"工具栏中的"图案填充"按钮 ，填充屋檐，结果如图 9-7 所示。

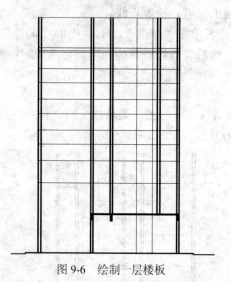

图 9-6 绘制一层楼板

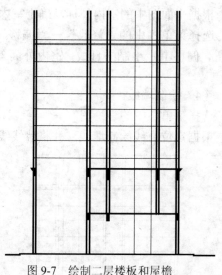

图 9-7 绘制二层楼板和屋檐

（3）绘制一、二层门窗。

① 选择菜单栏中的"绘图"→"直线"命令，或者单击"绘图"工具栏中的"直线"按钮 ，绘制一层门窗的辅助线。

② 选择菜单栏中的"修改"→"修剪"命令，或者单击"修改"工具栏中的"修剪"按钮 ，修剪门窗的辅助线。

③ 在命令行输入命令"MLSTYLE"，或者选择菜单栏中的"格式"→"多线样式"命令，根据门窗的辅助线绘制多线，结果如图 9-8 所示。

④ 选择菜单栏中的"修改"→"复制"命令，或者单击"修改"工具栏中的"复制"按钮^ᐟ，将一层门窗复制到二层相应的位置，选择菜单栏中的"修改"→"修剪"命令，或者单击"修改"工具栏中的"修剪"按钮^ᐟ，修剪墙线，结果如图 9-9 所示。

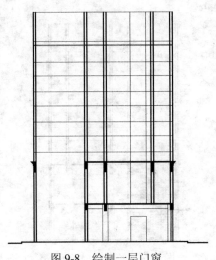

图 9-8　绘制一层门窗

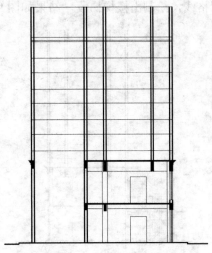

图 9-9　绘制二层门窗

（4）绘制一、二层楼梯。

一层层高 3.6m，二层层高 3.9m，将一二层楼梯分为五段，每段楼梯设 9 级台阶，踏步高度为 167mm，宽度为 260mm。

① 绘制定位直线。选择菜单栏中的"修改"→"偏移"命令，或者单击"修改"工具栏中的"偏移"按钮^ᐟ，将楼梯间左侧的内墙线向右分别偏移 1080 和 1280，将楼梯间右侧的内墙线向左分别偏移 1100 和 1300。将室内地平线在高度方向上连续偏移 5 次，距离为 1500，并将偏移后的直线设置为细线，结果如图 9-10 所示。

② 绘制定位网格线。选择菜单栏中的"绘图"→"直线"命令，或者单击"绘图"工具栏中的"直线"按钮^ᐟ，根据楼梯踏步高度和宽度将楼梯定位直线等分，绘制出踏步定位网格，结果如图 9-11 所示。

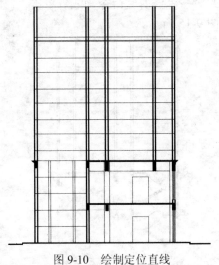

图 9-10　绘制定位直线

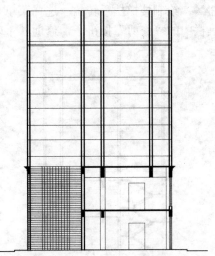

图 9-11　绘制楼梯定位网格线

③ 绘制平台板和平台梁。调用"直线"命令 ✎ 和"矩形"命令 □，根据定位网格线绘制出平台板及平台梁，平台板高 100mm，平台梁高 400mm 宽 200mm，结果如图 9-12 所示。

④ 绘制梯段。单击"绘图"工具栏中的"直线"按钮 ✎ 和"多段线"按钮 ⇌，根据定位网格线，绘制出楼梯梯段，结果如图 9-13 所示。

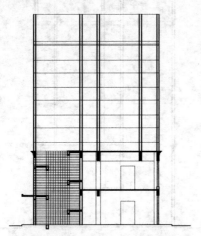

图 9-12　绘制平台板和平台梁

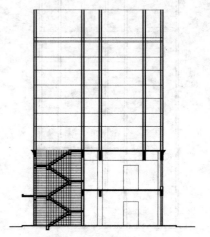

图 9-13　绘制楼梯梯段

⑤ 图案填充。选择菜单栏中的"修改"→"删除"命令，或者单击"修改"工具栏中的"删除"按钮 ✎，删除定位网格线，选择菜单栏中的"绘图"→"图案填充"命令，或者单击"绘图"工具栏中的"图案填充"按钮 ▦，将剖切到的梯段层填充为 SOLID 图案，结果如图 9-14 所示。

⑥ 绘制扶手。扶手高度为 1100mm，选择菜单栏中的"绘图"→"直线"命令，或者单击"绘图"工具栏中的"直线"按钮 ✎，从踏步中心绘制两条高度为 1100mm 的直线，确定栏杆的高度，然后调用"构造线"命令 ✎，绘制出栏杆扶手的上轮廓。选择菜单栏中的"修改"→"偏移"命令，或者单击"修改"工具栏中的"偏移"按钮 ⊜，将构造线向下偏移 50。

⑦ 选择菜单栏中的"绘图"→"直线"命令，或者单击"绘图"工具栏中的"直线"按钮 ✎，绘制楼梯扶手转角。选择菜单栏中的"修改"→"修剪"命令，或者单击"修改"工具栏中的"修剪"按钮 ⊬，修剪扶手转角，结果图 9-15 所示。

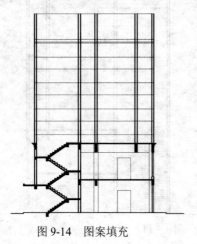

图 9-14　图案填充

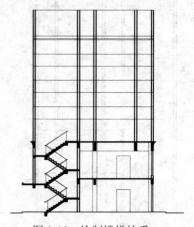

图 9-15　绘制楼梯扶手

⑧ 绘制栏杆。选择菜单栏中的"绘图"→"矩形"命令，或者单击"绘图"工具栏中的"矩形"按钮囗，绘制出栏杆下轮廓，选择菜单栏中的"绘图"→"直线"命令，或者单击"绘图"工具栏中的"直线"按钮，绘制栏杆的立杆，然后调用"复制"命令，复制绘制好的栏杆到合适位置，完成栏杆的绘制，结果如图 9-16 所示。

（5）绘制二层楼梯间窗户。

选择菜单栏中的"绘图"→"多线"命令，绘制二层楼梯间窗户。选择菜单栏中的"修改"→"修剪"命令，或者单击"修改"工具栏中的"修剪"按钮，修剪窗户图形，结果如图 9-17 所示。

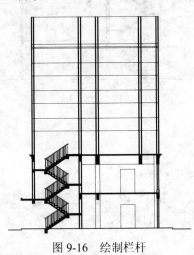

图 9-16　绘制栏杆

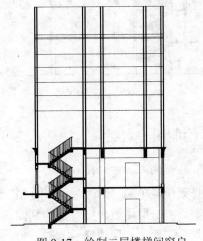

图 9-17　绘制二层楼梯间窗户

9.3.3　绘制三层

（1）绘制三层楼板。

① 选择菜单栏中的"修改"→"偏移"命令，或者单击"修改"工具栏中的"偏移"按钮，根据楼层层高，将二层楼板向上偏移 2800，得到三层楼板，然后将楼板底面线依次向下偏移 120 和 300。

② 选择菜单栏中的"修改"→"修剪"命令，或者单击"修改"工具栏中的"修剪"按钮，将偏移后的直线进行修剪，得到三层楼板轮廓。

③ 选择菜单栏中的"绘图"→"图案填充"命令，或者单击"绘图"工具栏中的"图案填充"按钮，将楼板层填充为 SOLID 图案，结果如图 9-18 所示。

（2）绘制三层门窗。

选择菜单栏中的"修改"→"修剪"命令，或者单击"修改"工具栏中的"修剪"按钮，绘制门窗洞口，然后在命令行输入命令"MLSTYLE"，或者选择菜单栏中的"格式"→"多线样式"命令，绘制门窗，绘制方法与平面图和立面图中绘制门窗的方法相同，结果如图 9-19 所示。

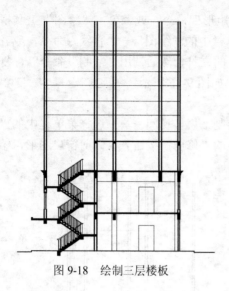

图 9-18 绘制三层楼板

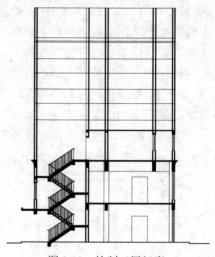

图 9-19 绘制三层门窗

9.3.4 绘制四~六层

（1）绘制四~六层楼板和门窗。

选择菜单栏中的"修改"→"复制"命令，或者单击"修改"工具栏中的"复制"按钮%，复制，将三层楼板和门窗复制到四~六层，并作相应的修改，结果如图 9-20 所示。

（2）绘制四~六层楼梯。

四~六层层高 2.8m，各层楼梯设为两段等跑，每段楼梯设 9 级台阶，踏步高度为 156mm，宽度为 260mm。

① 选择菜单栏中的"绘图"→"直线"命令，或者单击"绘图"工具栏中的"直线"按钮，绘制定位网格线。

② 选择菜单栏中的"修改"→"偏移"命令，或者单击"修改"工具栏中的"偏移"按钮，绘制出踏步定位网格，结果如图 9-21 所示。

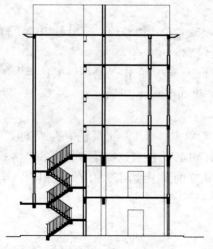

图 9-20 绘制四~六层楼板和门窗

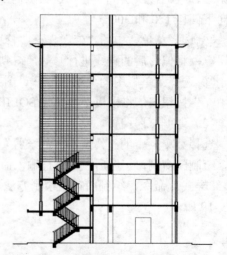

图 9-21 绘制楼梯定位网格

③ 绘制平台板和平台梁。单击"绘图"工具栏中的"直线"按钮╱和"矩形"按钮▢，根据定位网格线绘制出平台板及平台梁，结果如图9-22所示。

④ 绘制梯段。单击"绘图"工具栏中的"直线"按钮╱和"多段线"按钮⤴，根据定位网格线，绘制出楼梯梯段，结果如图9-23所示。

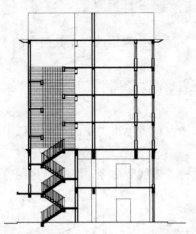
图9-22　绘制平台板和平台梁

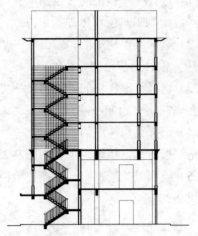
图9-23　绘制梯段

⑤ 图案填充。选择菜单栏中的"修改"→"删除"命令，或者单击"修改"工具栏中的"删除"按钮✐，删除定位网格线，选择菜单栏中的"绘图"→"图案填充"命令，或者单击"绘图"工具栏中的"图案填充"按钮▦，将剖切到的梯段层填充为SOLID图案，结果如图9-24所示。

⑥ 绘制扶手和栏杆。选择菜单栏中的"绘图"→"矩形"命令，或者单击"绘图"工具栏中的"矩形"按钮▢，在合适的位置绘制矩形。

⑦ 单击"修改"工具栏中的"偏移"按钮⬕，和"复制"按钮❀，绘制扶手和栏杆，结果图9-25所示。

（3）绘制四～六层楼梯间窗户。

选择菜单栏中的"修改"→"修剪"命令，或者单击"修改"工具栏中的"修剪"按钮⊹，绘制门窗洞口，在命令行输入命令"MLSTYLE"，或者选择菜单栏中的"格式"→"多线样式"，绘制楼梯间窗户，结果如图9-26所示。

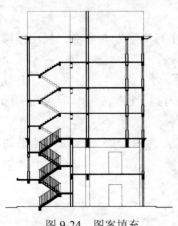
图9-24　图案填充

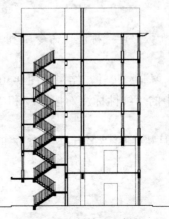
图9-25　绘制扶手和栏杆

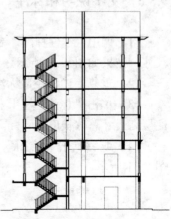
图9-26　绘制楼梯间窗户

9.3.5 绘制隔热层和屋顶

（1）选择菜单栏中的"绘图"→"直线"命令，或者单击"绘图"工具栏中的"直线"按钮，绘制隔热层和屋顶的定位线。

（2）选择菜单栏中的"修改"→"偏移"命令，或者单击"修改"工具栏中的"偏移"按钮，偏移上步绘制定位线。

（3）选择菜单栏中的"绘图"→"圆"命令，或者单击"绘图"工具栏中的"圆"按钮。在隔热层上绘制小圆。

（4）选择菜单栏中的"绘图"→"图案填充"命令，或者单击"绘图"工具栏中的"图案填充"按钮，填充圆形，如图 9-27 所示。

（5）绘制隔热层窗户。选择菜单栏中的"绘图"→"多线"命令，绘制隔热层窗户，结果如图 9-28 所示。

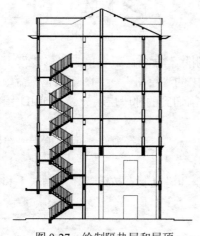

图 9-27　绘制隔热层和屋顶

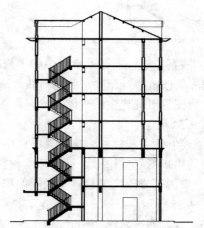

图 9-28　绘制隔热层窗户

9.3.6 文字说明和标注

（1）调用"线性标注"命令、"连续标注"命令和"多行文字"A命令，标注楼梯尺寸，结果如图 9-29 所示。

（2）重复上述命令，标注门窗洞口尺寸，结果如图 9-30 所示。

（3）单击"标注"工具栏中的"线性标注"按钮和"连续标注"按钮，为图形标注层高尺寸总体长度尺寸。

（4）或者单击"绘图"工具栏中的"多行文字"按钮A，为图形添加标高，结果如图 9-31 所示。

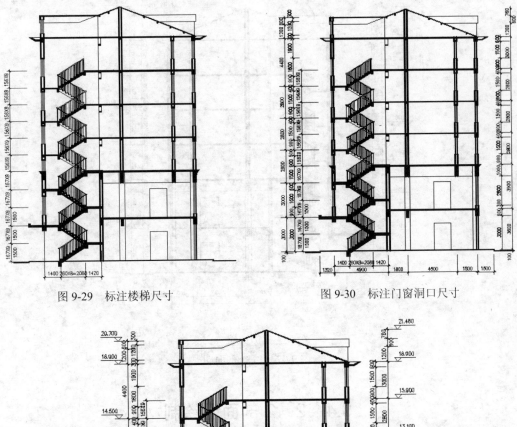

图 9-29　标注楼梯尺寸　　　　　图 9-30　标注门窗洞口尺寸

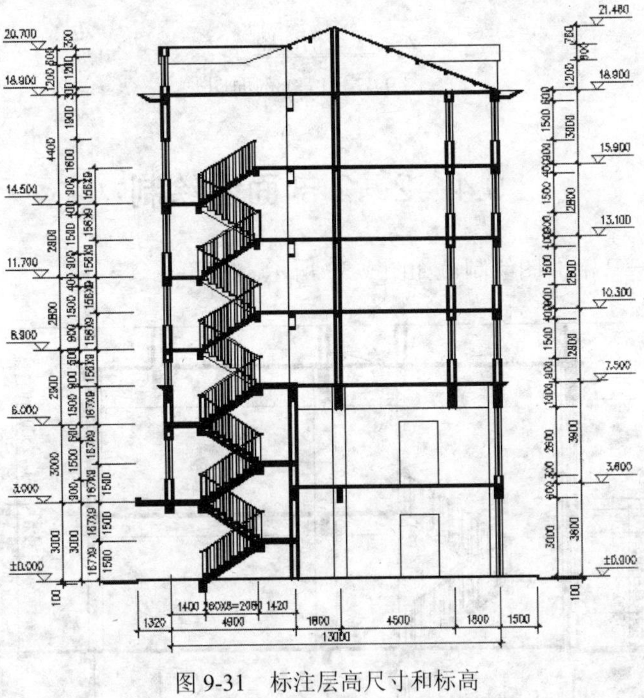

图 9-31　标注层高尺寸和标高

（5）单击"绘图"工具栏中的"圆"按钮⊘和"多行文字"按钮 A，标注轴线号和文字说明。

（6）选择菜单栏中的"修改"→"复制"命令，或者单击"修改"工具栏中的"复制"按钮%，复制轴线编号，最终完成 1—1 剖面图的绘制，如图 9-32 所示。

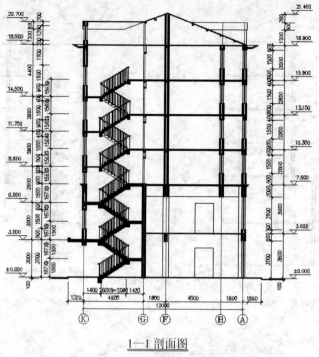

1—1 剖面图

图 9-32　1—1 剖面图

9.4　2—2 剖面图绘制

本例绘制的 2—2 剖面图绘制，如图 9-33 所示。

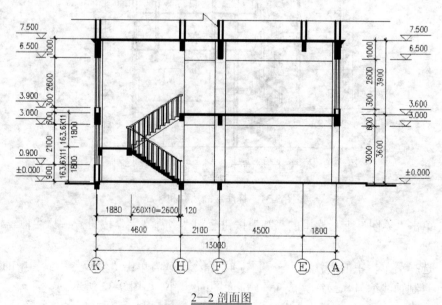

2—2 剖面图

图 9-33　2—2 剖面图

先根据立面图确定辅助线，运用直线、修剪、偏移等命令完成绘制。

 绘制步骤

9.4.1 绘制墙体

（1）设置绘图环境。

① 用 LIMITS 命令设置图幅：42000×29700。

② 调用 LAYER 命令创建"剖面"图层。

（2）绘制定位辅助线。

① 单击"图层"工具栏中的"图层特性管理器"图标 ，将当前图层设置为"剖面"图层。

② 复制一层平面图和南立面图，选择菜单栏中的"绘图"→"直线"命令，或者单击"绘图"工具栏中的"直线"按钮 ，在立面图左侧同一水平线上绘制室外地平线位置。然后采用绘制立面图定位辅助线的方法绘制出剖面图的定位辅助线，结果如图 9-34 所示。

（3）绘制室外地平线。

① 选择菜单栏中的"绘图"→"直线"命令，或者单击"绘图"工具栏中的"直线"按钮 ，根据平面图中的室内外标高确定室内外地平线的位置，

② 选择菜单栏中的"修改"→"偏移"命令，或者单击"修改"工具栏中的"偏移"按钮 ，偏移室内外地平线，室内外高差为100。然后将直线设置为粗实线，结果如图 9-35 所示。

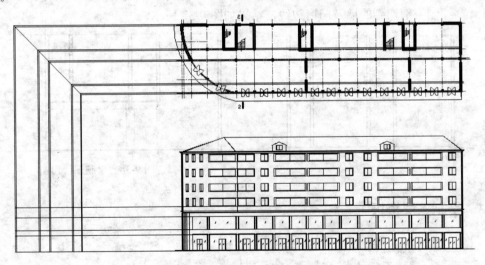

图 9-34 绘制定位辅助线

（4）绘制墙线。

选择菜单栏中的"绘图"→"直线"命令，或者单击"绘图"工具栏中的"直线"按钮 ，根据定位直线绘制墙线，并将墙线线宽设置为0.3，结果如图 9-36 所示。

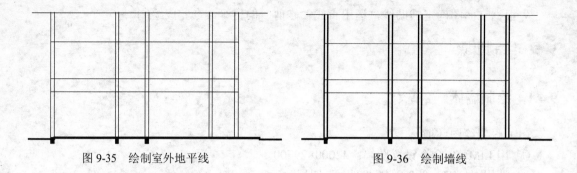

图 9-35 绘制室外地平线   图 9-36 绘制墙线

9.4.2 绘制一层

（1）绘制一层楼板。

选择菜单栏中的"修改"→"偏移"命令，或者单击"修改"工具栏中的"偏移"按钮 🔾，选择菜单栏中的"修改"→"修剪"命令，或者单击"修改"工具栏中的"修剪"按钮 ╱，向上偏移室内地平线，调用"修剪"命令 ╱，将偏移后的直线进行修剪，得到一层楼板轮廓。选择菜单栏中的"绘图"→"图案填充"命令，或者单击"绘图"工具栏中的"图案填充"按钮 ▨，将楼板层填充为 SOLID 图案，结果如图 9-37 所示。

（2）绘制一楼门窗。

① 选择菜单栏中的"修改"→"修剪"命令，或者单击"修改"工具栏中的"修剪"按钮 ╱，修剪墙线。

② 选择菜单栏中的"绘图"→"直线"命令，或者单击"绘图"工具栏中的"直线"按钮 ╱，绘制为剖切到的墙及门窗边线，结果如图 9-38 所示。

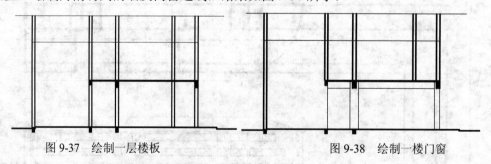

图 9-37 绘制一层楼板   图 9-38 绘制一楼门窗

9.4.3 绘制二层楼板

（1）绘制二层楼板和屋檐。

① 重复一层楼板的绘制方法，绘制二层楼板，选择菜单栏中的"绘图"→"直线"命令，或者单击"绘图"工具栏中的"直线"按钮 ╱，绘制屋檐。

② 选择菜单栏中的"修改"→"修剪"命令，或者单击"修改"工具栏中的"修剪"按钮 ╱，修剪屋檐线。

③ 选择菜单栏中的"绘图"→"图案填充"命令，或者单击"绘图"工具栏中的"图案填充"按钮 ▨，填充修剪后的屋檐，结果如图 9-39 所示。

（2）绘制二层门窗。

选择菜单栏中的"修改"→"修剪"命令，或者单击"修改"工具栏中的"修剪"按钮 ⊹，修剪墙线，选择菜单栏中的"绘图"→"直线"命令，或者单击"绘图"工具栏中的"直线"按钮 ∕，绘制为剖切到的墙及门窗边线，然后调用"多线"命令绘制窗户，结果如图 9-40 所示。

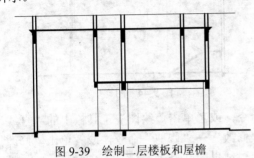

图 9-39　绘制二层楼板和屋檐

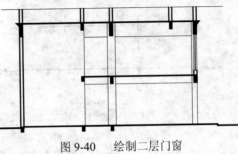

图 9-40　绘制二层门窗

9.4.4　绘制楼梯

一层层高 3.6m，将楼梯分为两段等跑，每段楼梯设 11 级台阶，踏步高度为 163.6mm，宽度为 260mm。

（1）绘制定位网格线。调用"偏移"命令，将楼梯间左侧的外墙线向右偏移 2000，调用"直线"命令，根据楼梯踏步高度和宽度将楼梯定位直线等分，绘制出踏步定位网格，结果如图 9-41 所示。

（2）绘制平台板和平台梁。单击"绘图"工具栏中的"直线"按钮 ∕ 和"矩形"按钮 ▢，根据定位网格线绘制出平台板及平台梁，平台板高 100mm，左侧平台梁高 400mm、宽 200mm，其余平台梁高 400mm、宽 240mm，结果如图 9-42 所示。

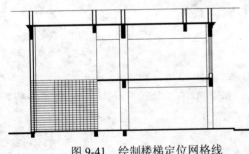

图 9-41　绘制楼梯定位网格线

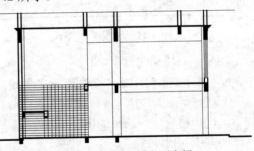

图 9-42　绘制平台板和平台梁

（3）绘制梯段。单击"绘图"工具栏中的"直线"按钮 ∕ 和"多段线"按钮 ⊃，根据定位网格线，绘制出楼梯梯段，结果如图 9-43 所示。

（4）图案填充。选择菜单栏中的"修改"→"删除"命令，或者单击"修改"工具栏中的"删除"按钮 ✐，删除定位网格线，选择菜单栏中的"绘图"→"图案填充"命令，或者单击"绘图"工具栏中的"图案填充"按钮 ▨，将剖切到的梯段层填充为 SOLID 图案，结果如图 9-44 所示。

（5）绘制扶手。扶手高度为 1000mm，选择菜单栏中的"绘图"→"直线"命令，或者单击"绘图"工具栏中的"直线"按钮 ∕，从踏步中心绘制两条高度为 1000mm 的直线，确定栏杆的高度，选择菜单栏中的"绘图"→"构造线"命令，或者单击"绘图"工具栏中的"构造线"按钮，绘制出栏杆扶手的上轮廓。选择菜单栏中的"修改"→"偏移"命令，或者单击"修改"工具栏中的"偏移"按钮，将构造线向下偏移50。

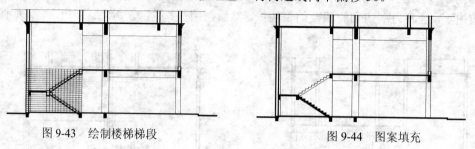

图 9-43　绘制楼梯梯段　　　　　　　　图 9-44　图案填充

（6）选择菜单栏中的"绘图"→"直线"命令，或者单击"绘图"工具栏中的"直线"按钮，绘制楼梯扶手转角，选择菜单栏中的"修改"→"修剪"命令，或者单击"修改"工具栏中的"修剪"按钮，修剪楼梯扶手转角，结果图 9-45 所示。

（7）绘制栏杆。选择菜单栏中的"绘图"→"矩形"命令，或者单击"绘图"工具栏中的"矩形"按钮，绘制出栏杆下轮廓，选择菜单栏中的"绘图"→"直线"命令，或者单击"绘图"工具栏中的"直线"按钮，绘制栏杆的立杆，选择菜单栏中的"修改"→"复制"命令，或者单击"修改"工具栏中的"复制"按钮，复制绘制好的栏杆到合适位置，完成栏杆的绘制，结果如图 9-46 所示。

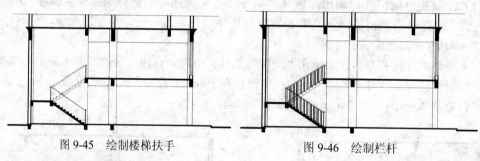

图 9-45　绘制楼梯扶手　　　　　　　　图 9-46　绘制栏杆

（8）绘制楼梯间窗户。

① 选择菜单栏中的"绘图"→"多线"命令，绘制楼梯间窗户，

② 选择菜单栏中的"修改"→"修剪"命令，或者单击"修改"工具栏中的"修剪"按钮，修剪窗户，结果如图 9-47 所示。

（9）绘制折断线。

选择菜单栏中的"绘图"→"直线"命令，或者单击"绘图"工具栏中的"直线"按钮，绘制楼层折断线，结果如图 9-48 所示。

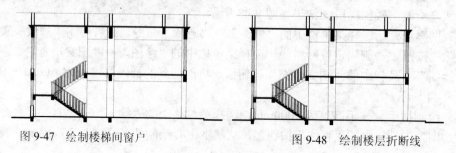

图 9-47　绘制楼梯间窗户　　　　　　　图 9-48　绘制楼层折断线

9.4.5 文字说明和标注

（1）单击"标注"工具栏中的"线性标注"按钮□和"连续标注"按钮□，标注楼梯尺寸，如图9-49所示。

（2）重复上述命令，标注细部尺寸，结果如图9-50所示。

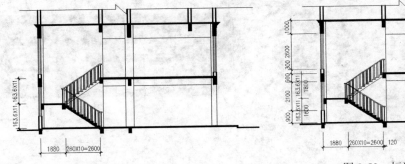

图9-49 标注楼梯尺寸   图9-50 标注细部尺寸

（3）单击"标注"工具栏中的"线性标注"按钮□和"连续标注"按钮□，标注标高尺寸及总体长度尺寸。

结果如图9-51所示。

（4）单击"绘图"工具栏中的"直线"按钮╱和"多行文字"按钮A，为图形添加标注标高。

（5）选择菜单栏中的"修改"→"复制"命令，或者单击"修改"工具栏中的"复制"按钮，复制标注标高，如图9-52所示。

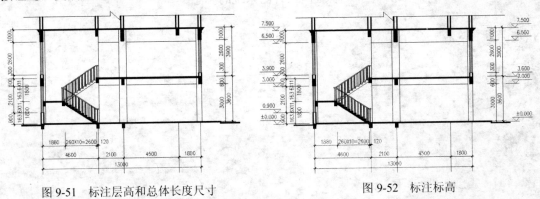

图9-51 标注层高和总体长度尺寸   图9-52 标注标高

（6）单击"绘图"工具栏中的"圆"按钮⊙和"多行文字"按钮A，标注轴线号和文字说明。

（7）选择菜单栏中的"修改"→"复制"命令，或者单击"修改"工具栏中的"复制"按钮，复制轴线号和文字说明。最终完成2—2剖面图的绘制，结果如图9-33所示。

第3篇

综合实例篇

本篇围绕办公楼的完整设计过程，介绍在具体建筑工程设计中施工图的设计方法。

本篇内容通过讲解办公楼施工图实例，加深读者对 AutoCAD 功能的理解和掌握，更主要的是向读者传授一种建筑设计的系统的思想。

第10章

办公大楼总平面图

如图 10-1 所示，本实例的制作思路：先绘制辅助线网，然后绘制总平面图的核心——新建筑物，阐释新建筑物与周围环境的关系，最后利用图案填充能对周围的地面情况进行填充，再配以必要的文字说明。

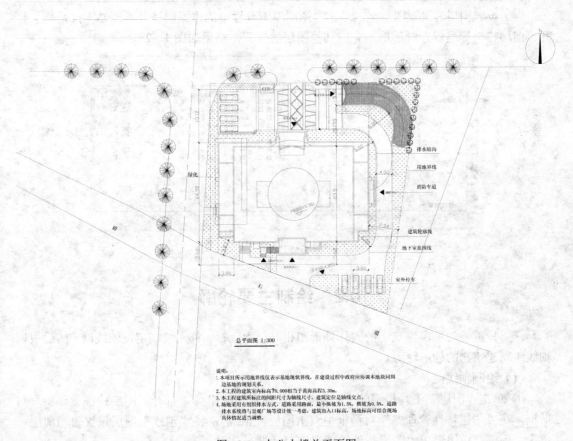

总平面图 1:300

说明：
1. 本项目所示用地界线仅表示基地现状界线，在建设过程中政府应协调本地块同周边基地的规划关系。
2. 本工程的建筑室内标高70.000相当于黄海高程3.30m。
3. 本工程所标注的面积尺寸为轴线尺寸，建筑定位是轴线交点。
4. 场地采用有组织排水方式，道路采用路面，最小纵坡为1.5%，横坡为0.5%，道路排水系统将与景观广场等设计统一考虑，建筑出入口标高、场地标高可结合现场具体情况适当调整。

图 10-1　办公大楼总平面图

10.1   设置绘图参数

绘制步骤

（1）新建文件。单击"标准"工具栏中的"新建"按钮，打开"选择样板"对话框，选择"acadiso"样板文件，单击"打开"按钮，新建文件，然后将文件保存，命名为"办公大楼总平面图"。

（2）设置单位。选择菜单栏中的"格式"→"单位"命令，打开"图形单位"对话框，设置"长度"选项组中的"类型"为"小数"，"精度"为 0；"角度"选项组中的"类型"为"十进制度数"，"精度"为 0；"插入时的缩放单位"为"毫米"，系统默认逆时针方向为正，单击"确定"按钮，完成单位的设置。

（3）设置图形边界。在命令行中输入"LIMITS"，命令行提示如下。

命令：LIMITS
重新设置模型空间界限：
指定左下角点或 [开(ON) / 关(OFF)] <0.0000, 0.0000>: ✓
指定右上角点 <12.0000, 9.0000>: 420000, 297000

（4）设置图层。设置图层名。单击"图层"工具栏中的"图层特性管理器"按钮，打开"图层特性管理器"对话框，完成其他图层的设置，结果如图 10-2 所示。

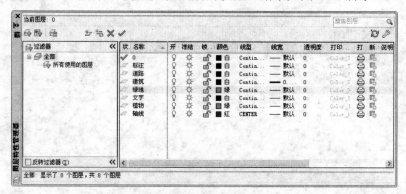

图 10-2   设置图层

10.2   绘制主要轮廓

这里只需要勾勒出建筑物的大体外形和相对位置就行。首先绘制定位轴线网，然后根据轴线绘制建筑物的外形轮廓。

（1）绘制轴线网。

① 单击"图层"工具栏中的"图层特性管理器"按钮，打开"图层特性管理器"对话框，在"图层特性管理器"对话框中双击图层"轴线"，将"轴线"图层设置为当前层。单击"确定"按钮退出"图层特性管理器"对话框。

② 单击"绘图"工具栏中的"构造线"按钮，按 F8 键打开正交模式，绘制竖直构造线和水平构造线，组成"十"字辅助线网，如图 10-3 所示。

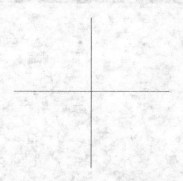

图 10-3　绘制"十"字辅助线网

③ 单击"修改"工具栏中的"偏移"按钮，将竖直构造线向右边连续偏移 3800mm、30400mm、1200mm 和 2600mm。将水平构造线连续往上偏移 1300mm、1300mm、4000mm、12900mm、4000mm 和 1000mm，创建主要轴线网，结果如图 10-4 所示。

（2）绘制建筑物轮廓。

① 单击"图层"工具栏中的"图层特性管理器"按钮，打开"图层特性管理器"对话框，在"图层特性管理器"对话框中双击图层"建筑"，将"建筑"图层设置为当前图层。单击"确定"按钮退出"图层特性管理器"对话框。

② 选择菜单栏中的"格式"→"多线样式"命令，打开"多线样式"对话框，如图 10-5 所示。单击"新建"按钮，设置新样式名为"240"，单击"继续"按钮，打开"新建多线样式：240"对话框，设置偏移量为 120 和-120，如图 10-6 所示。

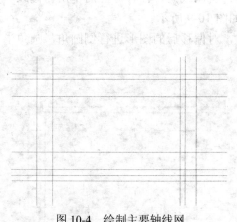

图 10-4　绘制主要轴线网

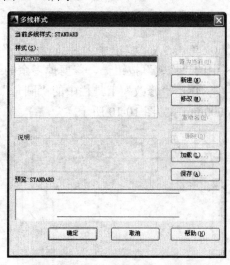

图 10-5　"多线样式"对话框

③ 选择菜单栏中的"绘图"→"多线"命令，根据轴线网绘制建筑轮廓线，如图 10-7 所示。

④ 单击"修改"工具栏中的"分解"按钮，将墙线分解。

⑤ 单击"修改"工具栏中的"修剪"按钮 ⊬，修剪掉多余的直线，结果如图 10-8 所示。

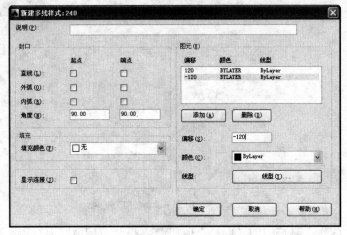

图 10-6 "新建多线样式：240"对话框

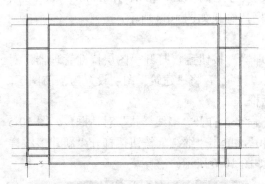

图 10-7 绘制建筑轮廓线

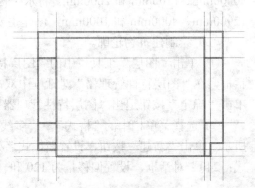

图 10-8 修剪直线

⑥ 单击"修改"工具栏中的"偏移"按钮 ⬦，将墙线向外偏移，然后单击"修改"工具栏中的"修剪"按钮 ⊬，修剪掉多余的线段，如图 10-9 所示。

⑦ 单击"修改"工具栏中的"圆角"按钮 ⬚，对偏移后的图形进行倒圆角，圆角半径为 6000mm，如图 10-10 所示。

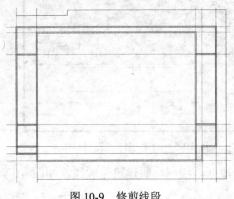

图 10-9 修剪线段

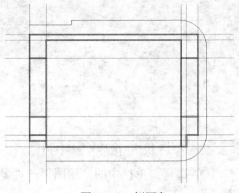

图 10-10 倒圆角

⑧ 单击"绘图"工具栏中的"直线"按钮 ∕，绘制地下室范围线，设置线型为"ACAD_ISOO2W100"，如图 10-11 所示。

⑨ 单击"绘图"工具栏中的"直线"按钮 ∕，绘制用地界线，设置线型为"CENTER"，宽度为 0.3，如图 10-12 所示。

⑩ 单击"绘图"工具栏中的"圆"按钮 ⊙，绘制一个圆，如图 10-13 所示。

⑪ 单击"绘图"工具栏中的"直线"按钮 ∕，在圆外侧绘制图形，完成机房的绘制，结果如图10-14所示。

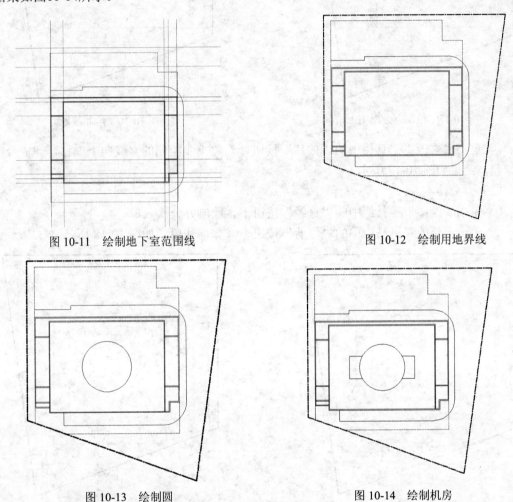

图 10-11　绘制地下室范围线　　　　　　　　图 10-12　绘制用地界线

图 10-13　绘制圆　　　　　　　　图 10-14　绘制机房

10.3　绘制入口

（1）办公楼入口。

① 单击"绘图"工具栏中的"直线"按钮 ∕ 和"圆弧"按钮 ⌒，绘制办公楼主入口。

② 单击"修改"工具栏中的"修剪"按钮 ⊁，修剪线段，如图 10-15 所示。

③ 单击"绘图"工具栏中的"直线"按钮 ∕，在办公楼入口处绘制线段，如图 10-16 所示。

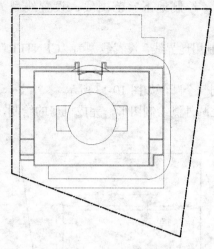

图 10-15　绘制办公楼主入口

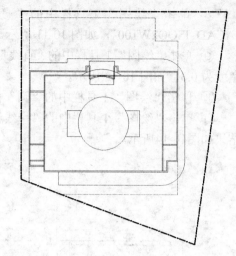

图 10-16　绘制线段

④ 单击"修改"工具栏中的"偏移"按钮，将上步绘制的直线向上偏移，完成台阶的绘制，结果如图 10-17 所示。

（2）办公楼次入口。

① 单击"绘图"工具栏中的"直线"按钮，绘制办公次入口。

② 单击"修改"工具栏中的"修剪"按钮，修剪线段，如图 10-18 所示。

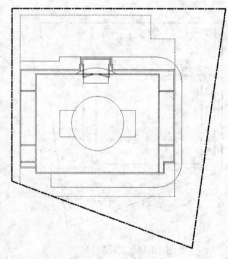

图 10-17　绘制台阶 1

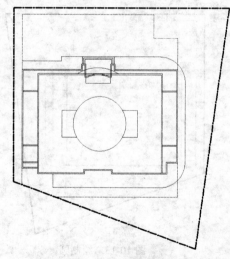

图 10-18　绘制办公楼次入口

③ 单击"绘图"工具栏中的"矩形"按钮，在次入口两侧绘制矩形，如图 10-19 所示。

④ 单击"绘图"工具栏中的"直线"按钮和"偏移"按钮，绘制台阶，如图 10-20 所示。

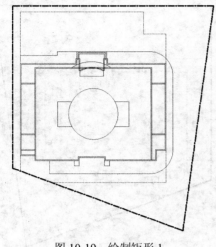

图 10-19　绘制矩形 1

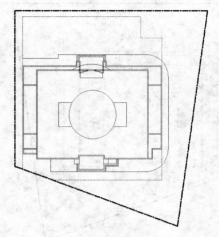

图 10-20　绘制台阶 2

（3）调节入口。

① 单击"绘图"工具栏中的"矩形"按钮口，在右侧绘制两个矩形，如图 10-21 所示。

② 单击"绘图"工具栏中的"直线"按钮／和"偏移"按钮，绘制台阶，如图 10-22 所示。

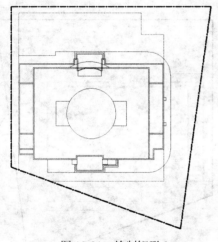

图 10-21　绘制矩形 2

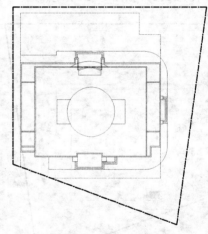

图 10-22　绘制台阶 3

10.4　绘制场地道路

（1）绘制无障碍坡道。

① 单击"绘图"工具栏中的"直线"按钮／，在办公楼次入口处绘制无障碍坡道。

② 单击"修改"工具栏中的"修剪"按钮，修剪线段，如图 10-23 所示。

③ 单击"修改"工具栏中的"矩形阵列"按钮，设置列数为 25，间距为-132，将无障碍坡道右侧竖直直线进行阵列，如图 10-24 所示。

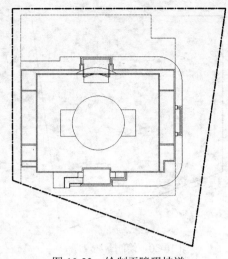

图 10-23　绘制无障碍坡道

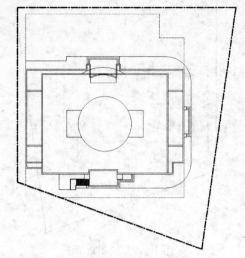

图 10-24　阵列竖向直线

④ 单击"修改"工具栏中的"矩形阵列"按钮⊞，设置行数为 8，间距为 125，将无障碍坡道下侧水平直线进行阵列，如图 10-25 所示。

⑤ 单击"修改"工具栏中的"圆角"按钮◻，将无障碍坡道拐角处进行圆角处理，圆角半径为 200，如图 10-26 所示。

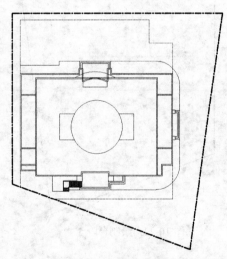

图 10-25　阵列水平直线

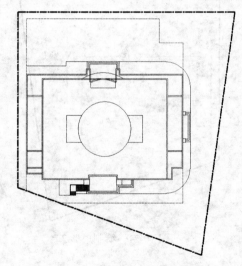

图 10-26　倒圆角

⑥ 单击"绘图"工具栏中的"直线"按钮✎，绘制左侧台阶，如图 10-27 所示。

⑦ 单击"绘图"工具栏中的"正多边形"按钮⬠，绘制一个三角形，如图 10-28 所示。

⑧ 单击"绘图"工具栏中的"图案填充"按钮▨，打开"图案填充和渐变色"对话框，如图 10-29 所示，单击"图案"选项后面的▢按钮，打开"填充图案选项板"对话框，单击"其他预定义"选项卡，选择 SOLID 图案，如图 10-30 所示，在视图中选择上步绘制的三角形为填充边角，单击"确定"按钮，结果如图 10-31 所示。

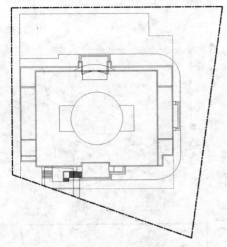

图 10-27　绘制台阶

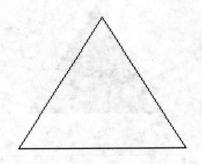

图 10-28　绘制三角形

图 10-29　"图案填充和渐变色"对话框

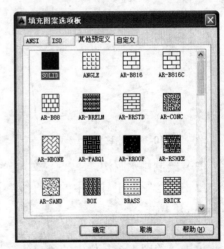

图 10-30　"填充图案选项板"对话框

⑨ 单击"修改"工具栏中的"复制"按钮，将三角形复制到图中各个入口处作为标志，如图 10-32 所示。

（2）绘制消防车道。

① 单击"图层"工具栏中的"图层特性管理器"按钮，打开"图层特性管理器"对话框，在"图层特性管理器"对话框中双击图层"道路"，将"道路"图层设置为当前图层。单击"确定"按钮退出"图层特性管理器"对话框。

② 单击"修改"工具栏中的"偏移"按钮，将右侧外轮廓线向右偏移 4000mm，如图 10-33 所示。

③ 单击"绘图"工具栏中的"直线"按钮和"圆弧"按钮，绘制消防车道，结果如图 10-34 所示。

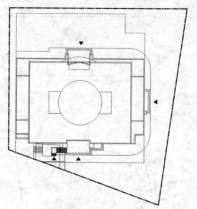

图 10-31　填充图案　　　　　　　　　　图 10-32　复制三角形

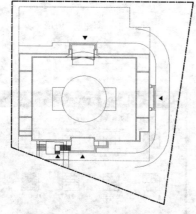

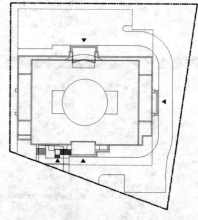

图 10-33　偏移外轮廓线　　　　　　　　图 10-34　绘制消防车道

（3）绘制排水暗沟。

单击"绘图"工具栏中的"直线"按钮，设置线型为"虚线"，绘制排水暗沟，结果如图 10-35 所示。

（4）绘制其他道路。

单击"绘图"工具栏中的"直线"按钮，绘制其他道路，结果如图 10-36 所示。

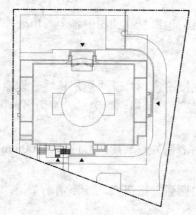

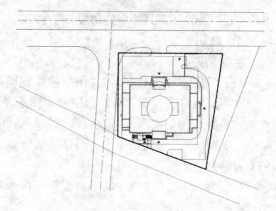

图 10-35　绘制排水暗沟　　　　　　　　图 10-36　绘制其他道路

10.5　布置办公大楼设施

（1）绘制地下车库入口。

① 单击"绘图"工具栏中的"直线"按钮 ✎ 和"修改"工具栏中的"圆角"按钮 ◻，绘制地下车库入口，如图 10-37 所示。

② 单击"绘图"工具栏中的"直线"按钮 ✎，细化图形，如图 10-38 所示。

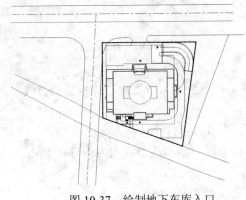

图 10-37　绘制地下车库入口

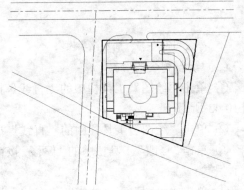

图 10-38　细化图形

③ 单击"绘图"工具栏中的"图案填充"按钮 ▨，打开"图案填充和渐变色"对话框，选择 ANSI31 图案，设置角度为 90，比例为 50，对地下车库入口进行图案填充，结果如图 10-39 所示。

（2）绘制室外停车。

① 单击"绘图"工具栏中的"直线"按钮 ✎，绘制停车场的分割线，如图 10-40 所示。

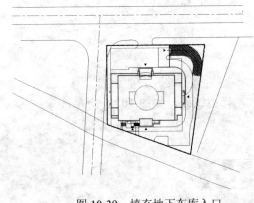

图 10-39　填充地下车库入口

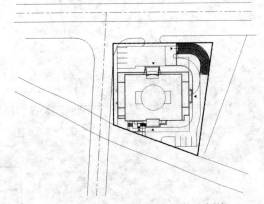

图 10-40　绘制停车场的分割线

② 打开源文件/图库/CAD 图库，选择汽车模型然后按 Ctrl+C 组合键复制，返回总平面图中，按 Ctrl+V 组合键粘贴，将汽车模块复制到图形中并放置到停车场中，如图 10-41 所示。

③ 单击"绘图"工具栏中的"直线"按钮 ✎，细化图形，如图 10-42 所示。

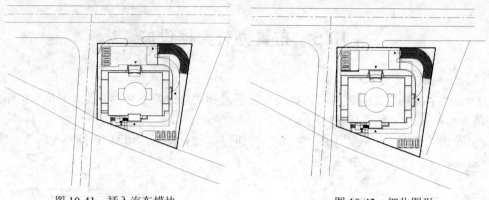

图 10-41　插入汽车模块　　　　　　　　　　图 10-42　细化图形

（3）绘制剩余图形。

① 单击"绘图"工具栏中的"直线"按钮 ，在办公主入口处绘制几条竖直直线，如图 10-43 所示。

② 单击"绘图"工具栏中的"直线"按钮 ，绘制斜向直线。

③ 单击"修改"工具栏中的"偏移"按钮 ，将上步中绘制的斜线向内偏移，如图 10-44 所示。

④ 单击"绘图"工具栏中的"多边形"按钮 ，绘制四边形。

⑤ 单击"修改"工具栏中的"偏移"按钮 ，将多边形向内偏移。

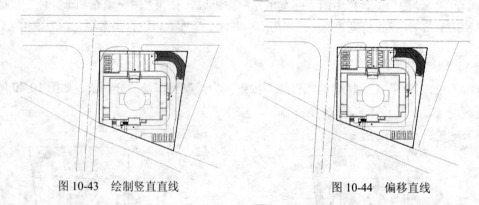

图 10-43　绘制竖直直线　　　　　　　　　　图 10-44　偏移直线

⑥ 单击"修改"工具栏中的"修剪"按钮 ，修剪线段，如图 10-45 所示。

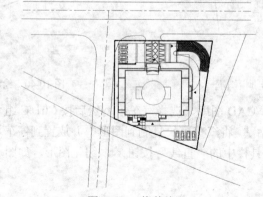

图 10-45　修剪线段

⑦ 单击"绘图"工具栏中的"矩形"按钮▢，在停车位右侧绘制门卫室，如图 10-46 所示。

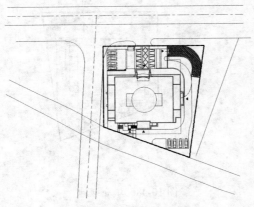

图 10-46　绘制门卫室

⑧ 单击"绘图"工具栏中的"直线"按钮╱和"矩形"按钮▢，绘制剩余图形，结果如图 10-47 所示。

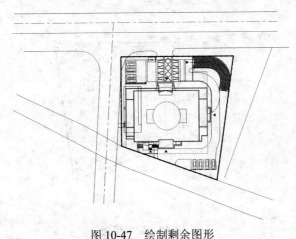

图 10-47　绘制剩余图形

10.6　布置绿地设施

（1）单击"图层"工具栏中的"图层特性管理器"按钮，打开"图层特性管理器"对话框，在"图层特性管理器"对话框中双击图层"绿地"，将"绿地"图层设置为当前图层。单击"确定"按钮退出"图层特性管理器"对话框。

（2）单击"绘图"工具栏中的"图案填充"按钮▨，打开"图案填充和渐变色"对话框，设置图案样例为"GRASS"，设置角度为 0，比例为 30，填充绿地，如图 10-48 所示。

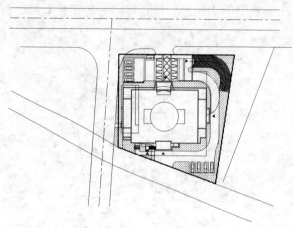

图 10-48 填充绿地

（3）将"植物"图层设置为当前层，打开源文件/图库/CAD 图库，将植物插入到图形中，结果如图 10-49 所示。

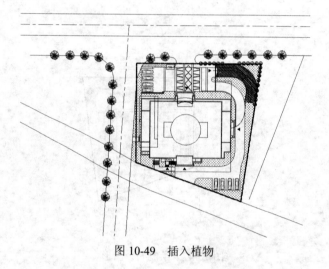

图 10-49 插入植物

10.7 各种标注

总平面图的标注内容包括尺寸、标高、文字标注、指北针、文字说明等内容，它们是总图中不可或缺的部分。完成总平面图的图线绘制后，最后的工作就是进行各种标注，对图形进行完善。

1. 尺寸标注

总平面图上的尺寸应标注新建建筑房屋的总长、总宽及与周围建筑物、构筑物、道路、红线之间的距离。

1）尺寸样式设置

（1）选择菜单栏中的"格式"→"标注样式"命令，则系统打开"标注样式管理器"对话框，如图10-50所示。

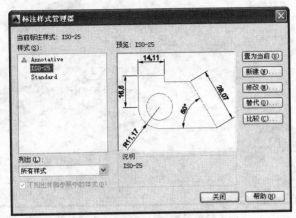

图10-50 "标注样式管理器"对话框

（2）选择"新建"按钮，打开"新建标注样式"对话框，在"新样式名"一栏中输入"总平面图"，如图10-51所示。

（3）单击"继续"按钮，进入"新建标注样式：总平面图"对话框，单击"线"选项卡，设定"尺寸界限"选项组中的"超出尺寸线"为100，"起点偏移量"为100，如图10-52所示。单击"符号和箭头"选项卡，单击"箭头"选项组中的"第一个"右边的按钮，在弹出的下拉列表中选择"建筑标记"，单击"第二个"右边的按钮，在弹出的下拉列表中选择"建筑标记"，并设定"箭头大小"为400，这样就完成了"直线和箭头"选项卡的设置，设置结果如图10-53所示。

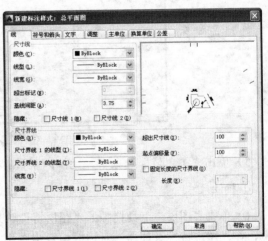

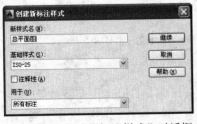

图10-51 "创建新标注样式"对话框

图10-52 设置"线"选项卡

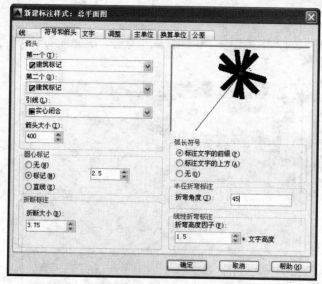

图 10-53　设置"符号和箭头"选项卡

（4）单击"文字"选项卡，文字高度为 700，从尺寸线偏移为 50，如图 10-54 所示。

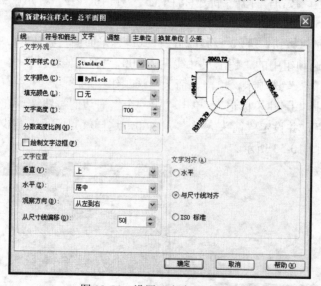

图 10-54　设置"文字"选项卡

（5）单击"主单位"选项卡，比例因子设置为 0.001，结果如图 10-55 所示。

2）标注尺寸

（1）单击"图层"工具栏中的"图层特性管理器"按钮，打开"图层特性管理器"对话框，在"图层特性管理器"对话框中双击图层"标注"，将"标注"图层设置为当前图层。单击"确定"按钮退出"图层特性管理器"对话框。

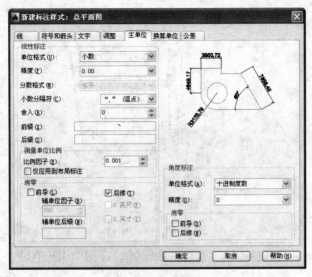

图 10-55 设置"主单位"选项卡

（2）单击"标注"工具栏中的"线性"按钮┠和"对齐"按钮╲，为图形标注尺寸，如图 10-56 所示。

（3）单击"标注"工具栏中的"半径"按钮◎，标注圆角尺寸，结果如图 10-57 所示。

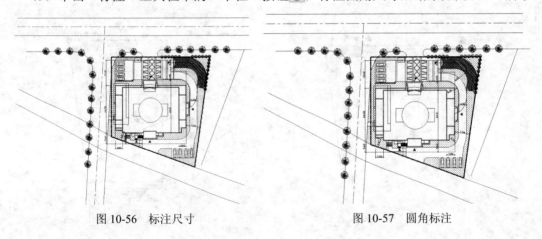

图 10-56 标注尺寸　　　　　　　　　　图 10-57 圆角标注

2．标高标注

（1）单击"绘图"工具栏中的"直线"按钮╱，绘制标高符号。

（2）单击"绘图"工具栏中的"多行文字"按钮A，输入相应的标高值，结果如图 10-58 所示。

3．文字标注

（1）单击"图层"工具栏中的"图层特性管理器"按钮▣，打开"图层特性管理器"对话框，在"图层特性管理器"对话框中双击图层"文字"，将"文字"图层设置为当前图层。单击"确定"按钮退出"图层特性管理器"对话框。

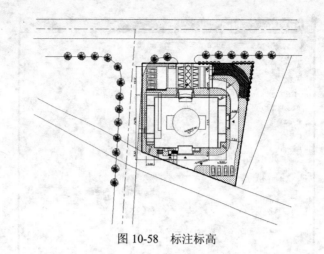

图 10-58 标注标高

（2）单击"绘图"工具栏中的"直线"按钮 ／，在图中引出直线。

（3）单击"绘图"工具栏中的"多行文字"按钮 A ，在直线上方标注文字，如图 10-59 所示。

（4）单击"绘图"工具栏中的 "多行文字"按钮 A ，在图形下方输入文字说明，结果如图 10-60 所示。

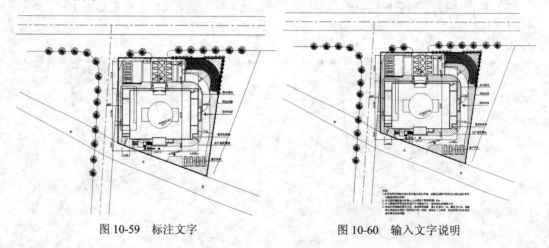

图 10-59 标注文字   图 10-60 输入文字说明

4．图名标注

单击"绘图"工具栏中的"多行文字"按钮 A 和"多段线"按钮 ⊃，标注图名，结果如图 10-61 所示。

总平面图 1：300

图 10-61 图名标注

5.绘制指北针

（1）单击"绘图"工具栏中的"圆"按钮⊙，绘制一个圆，如图10-62所示。

（2）单击"绘图"工具栏中的"直线"按钮/，绘制圆的竖直直径和另外两条弦，结果如图10-63所示。

图 10-62　绘制圆

图 10-63　绘制直线

（3）单击"绘图"工具栏中的"图案填充"按钮，打开"图案填充和渐变色"对话框，设置填充图案为"SOLID"，填充指北针，结果如图10-64所示。

（4）单击"绘图"工具栏中的"多行文字"按钮A，在指北针上部标上"N"字，设置字高为1000，字体为仿宋GB2312，如图10-65所示。最终完成总平面图的绘制，结果如图10-1所示。

图 10-64　图案填充

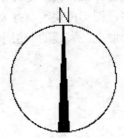

图 10-65　绘制指北针

第11章

办公大楼平面图

●●●●●●●●

本章以办公大楼平面图绘制过程为例继续讲解平面图的一般绘制方法与技巧。本办公大楼总建筑面积约为 13946.6m^2，其中地上建筑面积为 12285.0m^2，地下室面积为 1661.6m^2。拥有办证大厅、调解室、值班室、变配电间、门厅等各种不同功能的房间及空间。

11.1 一层平面图绘制

首先绘制这栋办公大楼的定位轴线，接着在已有轴线的基础上绘出办公大楼的墙线，然后借助已有图库或图形模块绘制办公大楼的门窗和设备，最后进行尺寸和文字标注。以下就按照这个思路绘制办公大楼的一层平面图（图 11-1）。

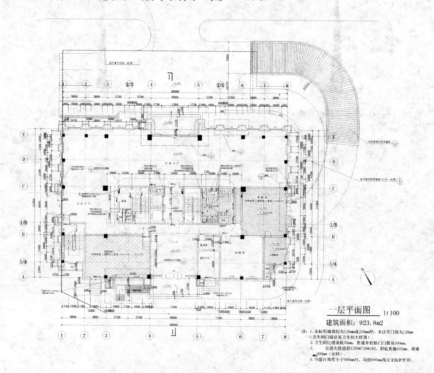

图 11-1 办公大楼的一层平面图

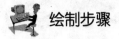 绘制步骤

11.1.1 设置绘图环境

（1）创建图形文件。

单击"标准"工具栏中的"新建"按钮 ，打开"选择样板"对话框，选择"acadiso"样板文件，单击"打开"按钮，新建文件。

（2）设置图形单位。

选择菜单栏中的"格式"→"单位"命令，打开"图形单位"对话框，设置"长度"选项组中的"类型"为"小数"，"精度"为0；"角度"选项组中的"类型"为"十进制度数"，"精度"为 0；"插入时的缩放单位"为"毫米"，系统默认逆时针方向为正，单击"确定"按钮，完成单位的设置。

（3）保存图形。

单击"标准"工具栏中的"保存"按钮 ，弹出"图形另存为"对话框。在"文件名"下拉列表框中输入图形名称"办公大楼一层平面图.dwg"。单击"保存"按钮，建立图形文件。

（4）设置图层。

单击"图层"工具栏中的"图层特性管理器"按钮 ，打开"图层特性管理器"对话框，依次创建平面图中的图层，如轴线、墙体、楼梯、门窗、设备、标注和文字等，如图11-2所示。

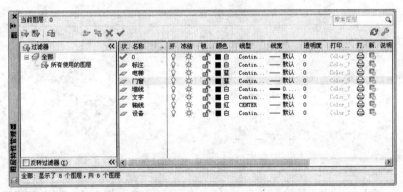

图 11-2　"图层特性管理器"对话框

11.1.2 绘制建筑轴线

建筑轴线是在绘制建筑平面图时布置墙体和门窗的依据，同样也是建筑施工定位的重要依据。在轴线的绘制过程中，主要使用的绘图命令是"直线"和"偏移"命令。

（1）设置"轴线"特性。

① 在"图层"下拉列表中选择"轴线"图层，将其设置为当前图层。

② 设置线型比例：选择菜单栏中的"格式"→"线型"命令，弹出"线型管理器"对话框；选择线型"CENTER"，单击"显示细节"按钮，将"全局比例因子"设置为100；然后，单击"确定"按钮，完成对轴线线型的设置，如图11-3所示。

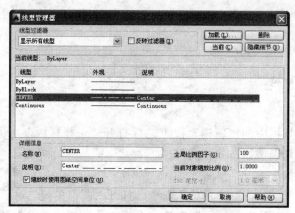

图 11-3　设置线型比例

（2）绘制轴线。

① 单击"绘图"工具栏中的"直线"按钮，按 F8 键打开正交模式，绘制一条水平基准轴线，长度为 54000mm，在水平线靠左边适当位置绘制一条竖直基准轴线，长度为 44000mm，如图 11-4 所示。

② 单击"修改"工具栏中的"偏移"按钮，将纵向基准轴线依次向右偏移，偏移量分别为 3800mm、3800mm、3700mm、3700mm、8000mm、3700mm、3700mm、3800mm、3800mm，将横向基准轴线依次向上偏移，偏移量分别为 2500mm、4500mm、2000mm、6000mm、4400mm、4100mm、1000mm，如图 11-5 所示依次完成横向轴线的绘制。

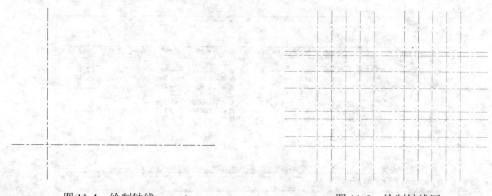

图 11-4　绘制轴线　　　　　　　　　　　　　图 11-5　绘制轴线网

（3）绘制轴号。

这些轴线称为定位轴线。在建筑施工图中，房间结构比较复杂，定位轴线很多且不易区分，为了方便在施工时进行定位放线和查阅图纸，需要为其注明编号。下面介绍创建轴线编号的操作步骤。

轴线编号的圆圈采用细实线，一般直径为 8mm，详图中为 10mm。在平面图中水平方向上的编号采用阿拉伯数字，从左至右依次编写。垂直方向上的编号采用大写拉丁字母按从下至上的顺序编写。在简单或者对称的图形中，轴线编号只标在平面图的下方和左侧即可。如果图形比较复杂或不对称，则需在图形的上方和右侧也进行标注。拉丁字母中的 I、O、Z 3 个字母不得作为轴线编号，以免和数字 1、0、2 混淆。

① 单击"绘图"工具栏中的"圆"按钮，绘制一个半径为 800mm 的圆，如图 11-6

所示。

② 选择菜单栏中的"绘图"→"块"→"定义属性"命令，弹出"属性定义"对话框，在对话框中的"标记"文本框中输入"X"，表示所设置的属性名称是"X"；在"提示"文本框中输入"轴线编号"，表示插入块时的"提示符"；将"对正"设置为"中间"，"文字样式"设置为"Standard"，"文字高度"设置为800，如图11-7所示。

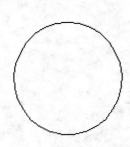

图11-6　绘制圆

图11-7　"属性定义"参数设置结果

③ 单击"确定"按钮，用鼠标拾取所绘制圆的圆心，按 Enter 键，结果如图11-8所示。

④ 在命令行中输入 WBLOCK 命令，按 Enter 键，打开"写块"对话框，在对话框中单击"基点"选项组的"拾取点"按钮，返回绘图区，拾取圆心作为块的基点；单击"对象"选项组的"选择对象"按钮，在绘图区选择圆形及圆内文字，右击，返回对话框，在"文件名和路径"下拉列表框中输入要保存到的路径，将"插入单位"设置为"毫米"；单击"确定"按钮，如图11-9所示。

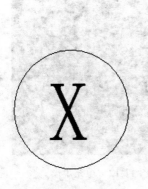

图11-8　"块"定义

图11-9　"写块"对话框

⑤ 单击"绘图"工具栏中的"插入块"按钮，将轴号插入到图中轴线端点处。

⑥ 用上述方法绘制其他轴号，如图11-10所示。

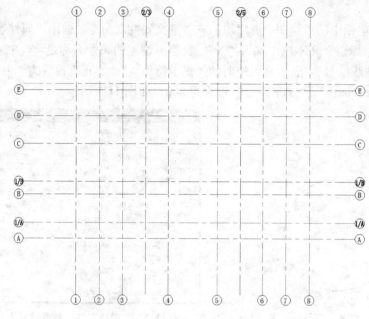

图 11-10　轴号绘制结果

11.1.3　绘制柱子

（1）单击"绘图"工具栏中的"矩形"按钮□，绘制一个 400mm×400mm 的矩形，如图 11-11 所示。

（2）单击"绘图"工具栏中的"图案填充"按钮☒，打开"图案填充和渐变色"对话框，选择 SOLID 图样选项填充矩形，完成混凝土柱的绘制，如图 11-12 所示。

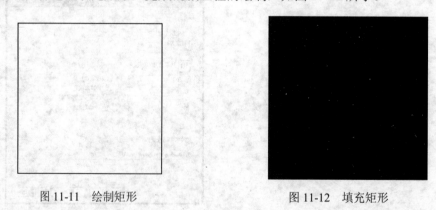

图 11-11　绘制矩形　　　　　　　　　图 11-12　填充矩形

（3）单击"绘图"工具栏中的"矩形"按钮□，绘制 480mm×480mm、500mm×500mm、600mm×600mm、800mm×800mm、700mm×900mm 等 5 个矩形，并对矩形进行图案填充。

（4）单击"修改"工具栏中的"移动"按钮✛和"复制"按钮⅏，将混凝土柱复制移动到图中合适的位置处，完成所有柱子的绘制，结果如图 11-13 所示。

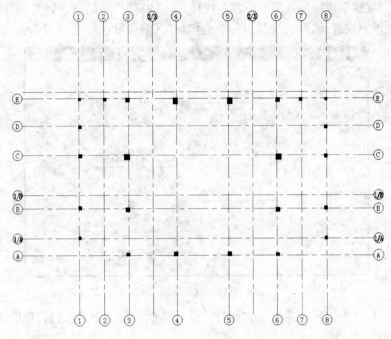

图 11-13　绘制柱子

11.1.4　绘制墙体

（1）定义多线样式。

在使用"多线"命令绘制墙线前，应首先对多线样式进行设置。

① 选择菜单栏中的"格式"→"多线样式"命令，弹出"多线样式"对话框，如图 11-14 所示。单击"新建"按钮，在弹出的"创建新的多线样式"对话框中，输入新样式名"240墙"，如图 11-15 所示。

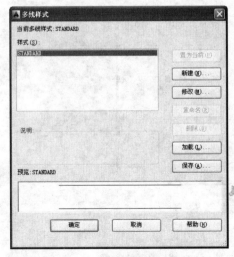

图 11-14　"多线样式"对话框

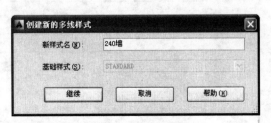

图 11-15　命名多线样式

② 单击"继续"按钮，弹出"新建多线样式：240 墙"对话框，如图 11-16 所示。在该对话框中进行以下设置：选择直线起点和端点均封口；偏移量首行设为 120，第二行设为-120。

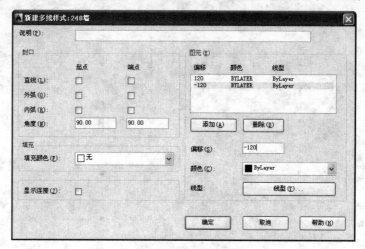

图 11-16　设置多线样式

③ 单击"确定"按钮，返回"多线样式"对话框，在"样式"列表栏中选择多线样式"240 墙"，将其置为当前。

（2）绘制墙线。

① 在"图层"下拉列表中选择"墙线"图层，将其设置为当前图层。

② 选择菜单栏中的"绘图"→"多线"命令（或者在命令行中输入"ml"，执行多线命令）绘制墙线，结果如图 11-17 所示。命令行提示与操作如下。

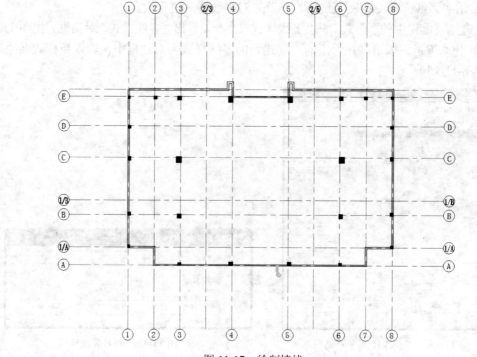

图 11-17　绘制墙线

```
命令: _mline
当前设置: 对正 = 上, 比例 = 20.00, 样式 = 240墙
指定起点或 [对正(J)/比例(S)/样式(ST)]:   J
输入对正类型 [上(T)/无(Z)/下(B)] <上>:   Z
当前设置: 对正 = 无, 比例 = 20.00, 样式 = 240墙
指定起点或 [对正(J)/比例(S)/样式(ST)]:   S
输入多线比例 <20.00>:   1
当前设置: 对正 = 无, 比例 = 1.00, 样式 = 240墙
指定起点或 [对正(J)/比例(S)/样式(ST)]:
指定下一点:
指定下一点或 [放弃(U)]: ✓
```

③ 单击"修改"工具栏中的"偏移"按钮 ⬚，将 1/A 水平轴线向上偏移 2100mm，如图 11-18 所示。

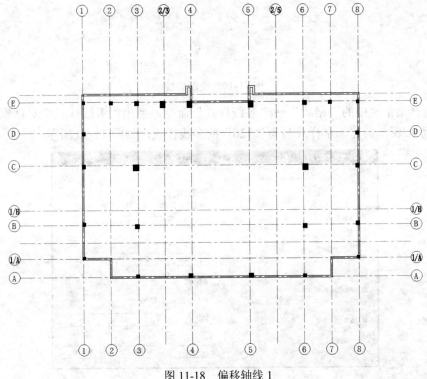

图 11-18　偏移轴线 1

④ 选择菜单栏中的"绘图"→"多线"命令，根据偏移的轴线继续绘制墙线，如图 11-19 所示。

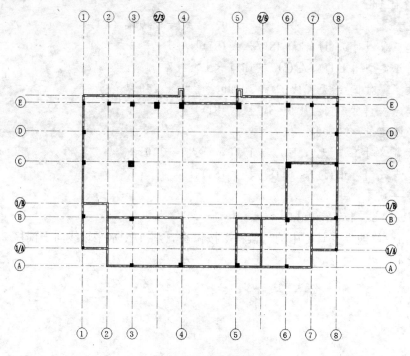

图 11-19 绘制墙线

⑤ 选择菜单栏中的"格式"→"多线样式"命令，弹出"多线样式"对话框，然后单击"新建"按钮，新建一个样式名为"120"的多线样式，如图 11-20 所示。

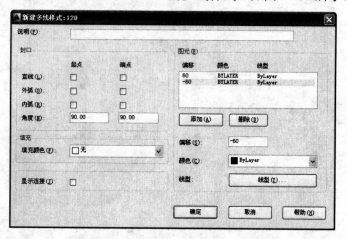

图 11-20 "新建多线样式：120"对话框

⑥ 单击"修改"工具栏中的"偏移"按钮，将 1/B 轴线向上偏移 2360mm 和 3640mm，将③轴线向右偏移 2000mm，2200mm 和 3000mm，如图 11-21 所示。

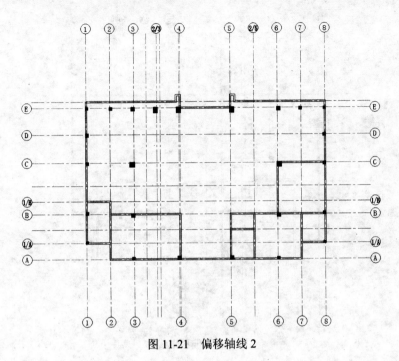

图11-21 偏移轴线2

⑦ 选择菜单栏中的"绘图"→"多线"命令，绘制楼梯处的墙体，其中内墙厚为120mm，如图11-22所示。

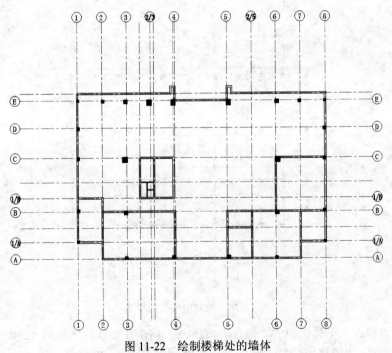

图11-22 绘制楼梯处的墙体

⑧ 单击"修改"工具栏中的"偏移"按钮 🔛，将1/B轴线向上偏移2450mm、2450mm和1100mm，将上步偏移后的最右侧竖直直线继续向右偏移2500mm和3300mm，如图11-23所示。

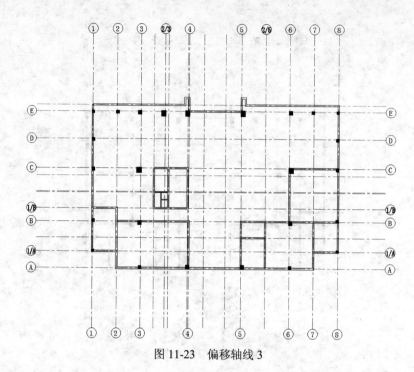

图 11-23　偏移轴线 3

⑨ 选择菜单栏中的"绘图"→"多线"命令，绘制电梯处的墙体，如图 11-24 所示。

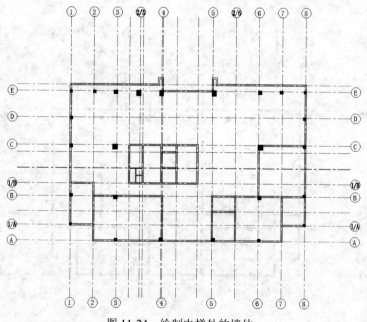

图 11-24　绘制电梯处的墙体

⑩ 单击"修改"工具栏中的"偏移"按钮 ，将 1/B 轴线向上偏移 1260mm、3240mm 和 1500mm，将上步偏移后的最右侧竖直直线继续向右偏移 3000mm、740mm、2080mm、1980mm 和 2000mm，如图 11-25 所示。

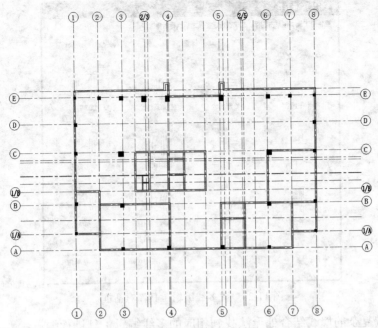

图 11-25　偏移轴线 4

⑪ 选择菜单栏中的"绘图"→"多线"命令，完成其他楼梯和卫生间处的墙体绘制，然后将偏移的轴线删除，结果如图 11-26 所示。

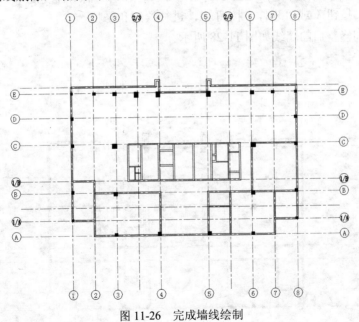

图 11-26　完成墙线绘制

（3）编辑和修整墙线。

① 选择菜单栏中的"修改"→"对象"→"多线"命令，弹出"多线编辑工具"对话框，如图 11-27 所示。该对话框中提供 12 种多线编辑工具，可根据不同的多线交叉方式选择相应的工具进行编辑。

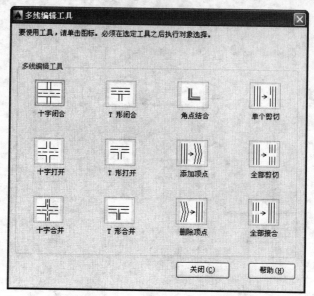

图 11-27 "多线编辑工具"对话框

② 少数较复杂的墙线结合处无法找到相应的多线编辑工具进行编辑，因此，可以单击"修改"工具栏中的"分解"按钮 🗐，将多线分解，然后单击"修改"工具栏中的"修剪"按钮 ⊢ 对该结合处的线条进行修整。

另外，一些内部墙体并不在主要轴线上，可以通过添加辅助轴线，并单击"修改"工具栏中的"修剪"按钮 ⊢ 或"延伸"按钮 ⊣，进行绘制和修整。

经过编辑和修整后的墙线如图 11-28 所示。

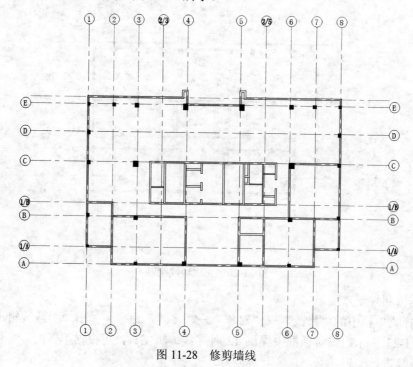

图 11-28 修剪墙线

11.1.5 绘制门窗

建筑平面图中门窗的绘制过程基本如下：首先在墙体相应位置绘制门窗洞口；接着使用直线、矩形和圆弧等工具绘制门窗基本图形，并根据所绘门窗的基本图形创建门窗图块；然后在相应门窗洞口处插入门窗图块，并根据需要进行适当调整，进而完成平面图中所有门和窗的绘制。

（1）绘制门窗洞口。

在平面图中，门洞口与窗洞口基本形状相同，因此，在绘制过程中可以将它们一并绘制。

① 在"图层"下拉列表中选择"门窗"图层，将其设置为当前图层。

② 单击"修改"工具栏中的"偏移"按钮 ，将①轴线向右偏移 900mm 和 2000mm。

③ 单击"修改"工具栏中的"修剪"按钮 ，修剪轴线，然后将修剪后的线段图层转换为墙线层，结果如图 11-29 所示。

图 11-29　修剪线段

④ 单击"修改"工具栏中的"偏移"按钮 ，按图 11-30 所示的标注尺寸绘制其他的门窗洞口，如图 11-30 所示。

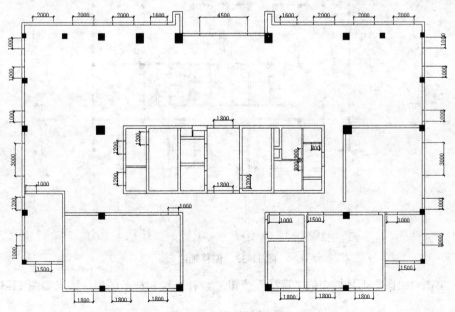

图 11-30　绘制门窗洞口

⑤ 单击"修改"工具栏中的"修剪"按钮 ，修剪门窗洞口，如图 11-31 所示。

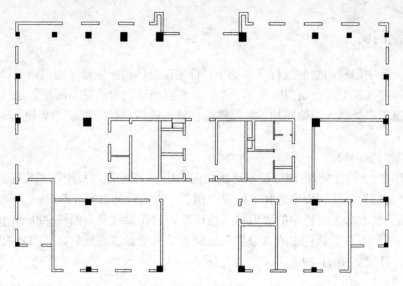

图 11-31　修剪门窗洞口

⑥ 单击"修改"工具栏中的"偏移"按钮 ⚒，将④轴线向右偏移 320mm，⑤轴线向左偏移 320mm，如图 11-32 所示。

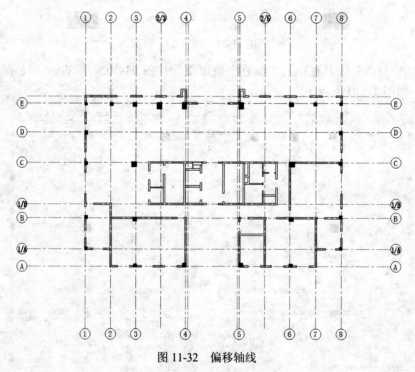

图 11-32　偏移轴线

⑦ 单击"绘图"工具栏中的"直线"按钮 ⁄，补充绘制柱子图形，结果如图 11-33 所示。

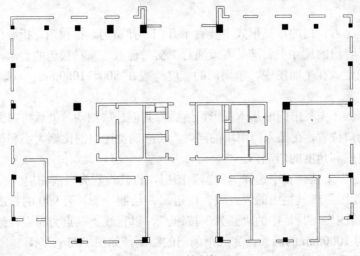

图 11-33 绘制柱子

（2）绘制保温墙。

① 单击"图层"工具栏中的"图层特性管理器"按钮，打开"图层特性管理器"对话框，单击"新建"按钮，新建一个名为"保温墙"的图层，并将其设置为当前层。

② 单击"修改"工具栏中的"偏移"按钮，将外侧墙线向外偏移 200mm、300mm，单击"绘图"工具栏中的"直线"按钮，绘制墙线。

③ 单击"修改"工具栏中的"修剪"按钮，修剪掉多余的直线。

④ 单击"修改"工具栏中的"偏移"按钮，将上面偏移后的直线继续向外偏移 120mm，单击"修改"工具栏中的"修剪"按钮，修剪掉多余的直线，完成保温墙的绘制，如图 11-34 所示。

⑤ 按同样的方法绘制出所有的保温墙，结果如图 11-35 所示。

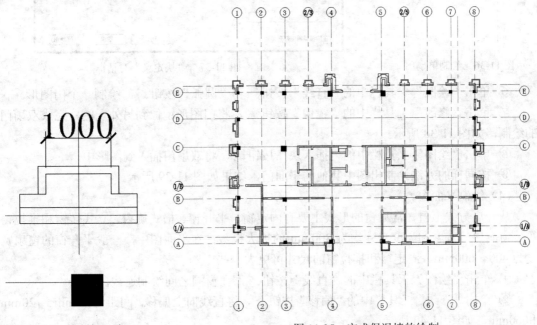

图 11-34 绘制保温墙

图 11-35 完成保温墙的绘制

（3）绘制平面门。

从开启方式上看，门的常见形式主要有平开门、弹簧门、推拉门、折叠门、旋转门、升降门和卷帘门等。门的尺寸主要满足人流通行、交通疏散、家具搬运的要求，而且应符合建筑模数的有关规定。在平面图中，单扇门的宽度一般在 800～1000mm，双扇门则为 1200～1800mm。

门的绘制步骤：先画出门的基本图形，然后将其创建成图块，最后将门图块插入到已绘制好的相应门洞口位置，在插入门图块的同时，还应调整图块的比例大小和旋转角度以适应平面图中不同宽度和角度的门洞口。

① 在"图层"下拉列表中选择"门窗"图层，将其设置为当前图层。

② 单击"绘图"工具栏中的"直线"按钮，绘制一条长为 900 的直线。

③ 单击"绘图"工具栏中的"圆弧"按钮，以直线上端点为起点，绘制一条圆心角为 90°，半径为 1000mm 的圆弧，完成单扇门的绘制，如图 11-36 所示。

④ 单击"绘图"工具栏中的"创建块"按钮，打开"块定义"对话框，在名称中输入"单扇门"，如图 11-37 所示，将单扇门创建为块。

⑤ 单击"绘图"工具栏中的"插入块"按钮，将单扇门插入到图形中。

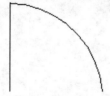
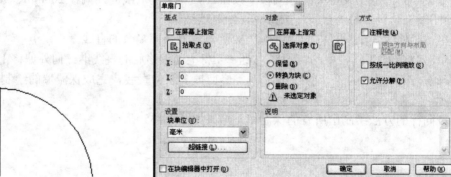

图 11-36　绘制单扇门　　　　　　图 11-37　"块定义"对话框

⑥ 单击"绘图"工具栏中的"直线"按钮和"圆弧"按钮，绘制一个门图形。

⑦ 单击"修改"工具栏中的"镜像"按钮，将门图形镜像到另外一侧，完成双扇门的绘制，如图 11-38 所示。

⑧ 单击"绘图"工具栏中的"插入块"按钮，将双扇门插入到图形中。

⑨ 按同样的方法绘制出图中其他的平面门，结果如图 11-39 所示。

（4）绘制平面窗。

从开启方式上看，常见窗的形式主要有固定窗、平开窗、横式旋窗、立式转窗和推拉窗等。窗洞口的宽度和高度尺寸均为 300mm 的扩大模数；在平面图中，一般平开窗的窗扇宽度为 400～600mm，固定窗和推拉窗的尺寸可更大一些。

① 单击"绘图"工具栏中的"直线"按钮，在窗洞之间绘制连线。

② 单击"修改"工具栏中的"偏移"按钮，将直线向上偏移，间距为 60mm、120mm 和 60mm，如图 11-40 所示。

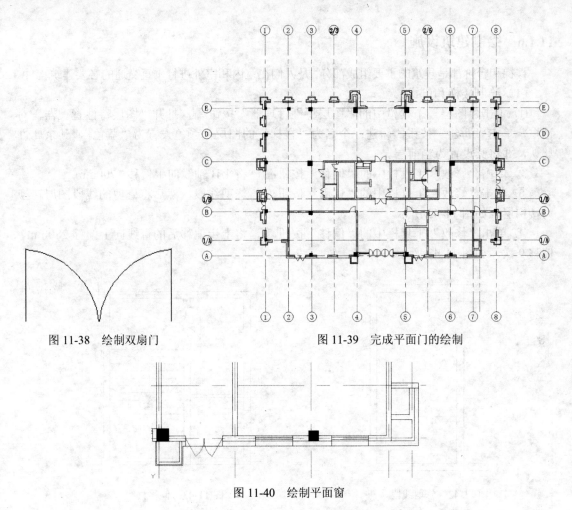

图 11-38　绘制双扇门　　　　　　　　　　图 11-39　完成平面门的绘制

图 11-40　绘制平面窗

③ 按同样的方法绘制出图中其他的平面窗，结果如图 11-41 所示。

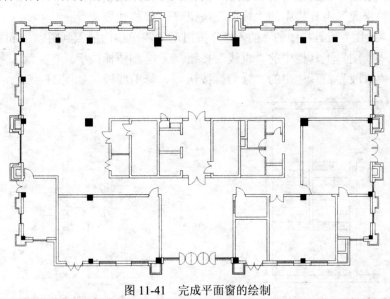

图 11-41　完成平面窗的绘制

11.1.6 绘制建筑设施

楼梯和台阶都是建筑的重要组成部分，是人们在室内和室外进行垂直交通的必要建筑构件。

（1）绘制楼梯和电梯。

① 单击"图层"工具栏中的"图层特性管理器"按钮 ，打开"图层特性管理器"对话框，单击"新建"按钮，新建一个名为"楼梯"的图层，颜色设置为"蓝色"，其余属性默认，并将其设置为当前层。

② 单击"修改"工具栏中的"偏移"按钮 ，将 1/B 轴线向上偏移 1700mm。

③ 单击"修改"工具栏中的"修剪"按钮 ，修剪线段，然后将修剪的线段图层转换为楼梯层，如图 11-42 所示。

④ 单击"修改"工具栏中的"偏移"按钮 ，将上步偏移后的直线向上偏移 280mm，偏移 9 次，如图 11-43 所示。

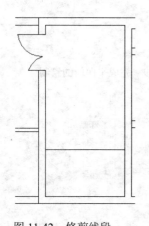

图 11-42　修剪线段

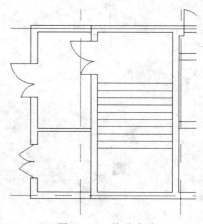

图 11-43　偏移直线

⑤ 单击"绘图"工具栏中的"矩形"按钮 ，补充绘制墙体。

⑥ 单击"修改"工具栏中的"修剪"按钮 ，修剪线段。

⑦ 单击"绘图"工具栏中的"插入块"按钮 ，将单扇门插入到图中，如图 11-44 所示。

⑧ 单击"绘图"工具栏中的"直线"按钮 ，绘制楼梯扶手。

⑨ 单击"修改"工具栏中的"修剪"按钮 ，修剪线段，如图 11-45 所示。

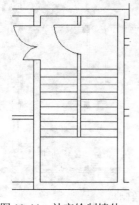

图 11-44　补充绘制墙体

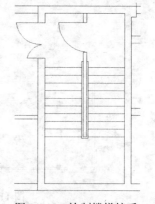

图 11-45　绘制楼梯扶手

⑩ 单击"绘图"工具栏中的"直线"按钮 ，绘制折断线。

⑪ 单击"修改"工具栏中的"修剪"按钮 ，修剪线段，如图 11-46 所示。

⑫ 单击"绘图"工具栏中的"多段线"按钮 ，绘制指示箭头，如图 11-47 所示。

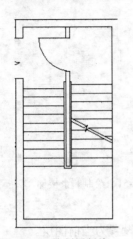

图 11-46　绘制折断线

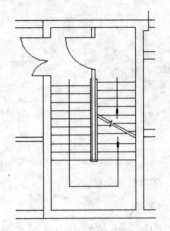

图 11-47　绘制指示箭头

⑬ 单击"绘图"工具栏中的"多行文字"按钮 A ，输入文字，完成楼梯的绘制，如图 11-48 所示。

⑭ 单击"绘图"工具栏中的"直线"按钮 、"多段线"按钮 和"修改"工具栏中的"修剪"按钮 ，绘制电梯，如图 11-49 所示。

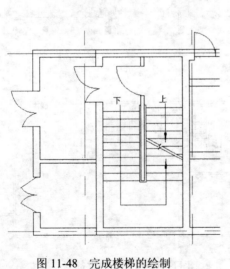

图 11-48　完成楼梯的绘制

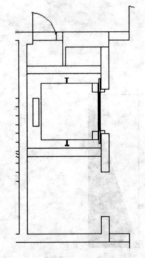

图 11-49　绘制电梯

⑮ 单击"修改"工具栏中的"复制"按钮 ，复制电梯，如图 11-50 所示。

⑯ 使用同样方法绘制剩余的楼梯，结果如图 11-51 所示。

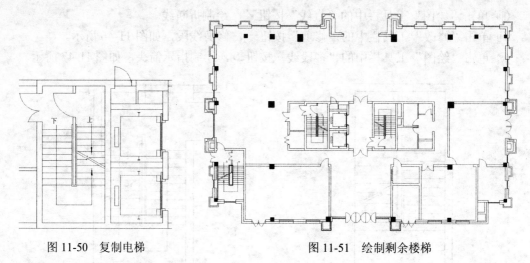

图 11-50 复制电梯   图 11-51 绘制剩余楼梯

（2）绘制消火栓。

① 在"图层"下拉列表中选择"设备"图层，将其设置为当前图层。

② 单击"绘图"工具栏中的"矩形"按钮□，绘制一个 700mm×240mm 的矩形。

③ 单击"绘图"工具栏中的"直线"按钮╱，在矩形内绘制斜线。

④ 单击"绘图"工具栏中的"图案填充"按钮▨，打开"图案填充和渐变色"对话框，选择 SOLID 图案，填充图形，完成消火栓的绘制，如图 11-52 所示。

⑤ 按同样的方法绘制其他设备，结果如图 11-53 所示。

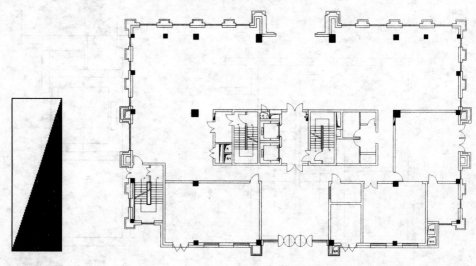

图 11-52 绘制消火栓   图 11-53 绘制其他设备

（3）绘制台阶。

① 单击"图层"工具栏中的"图层特性管理器"按钮▦，打开"图层特性管理器"对话框，单击"新建"按钮，新建一个名为"台阶"的图层，其属性默认，并将其设置为当前层。

② 单击"修改"工具栏中的"偏移"按钮▣，将 B 轴线向下偏移 1020mm 和 1300mm。

③ 单击"修改"工具栏中的"修剪"按钮╫，修剪偏移的轴线，然后将修剪的线段图层转换为台阶图层，如图 11-54 所示。

④ 单击"修改"工具栏中的"偏移"按钮 ⚐，将上步偏移后的最下面水平直线向上偏移 260mm，偏移 4 次，结果如图 11-55 所示。

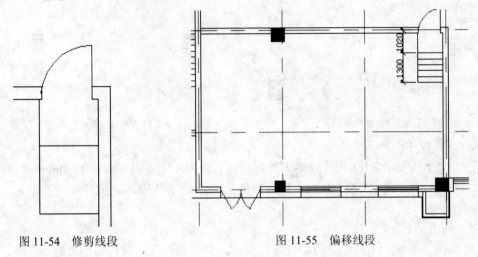

图 11-54　修剪线段　　　　　　　　　　　图 11-55　偏移线段

⑤ 单击"修改"工具栏中的"偏移"按钮 ⚐，将 A 轴线向下偏移 1000mm 和 1960mm。

⑥ 单击"修改"工具栏中的"修剪"按钮 ⊬，修剪偏移的轴线，然后将修剪的线段图层转换为台阶图层。

⑦ 单击"绘图"工具栏中的"直线"按钮 ⁄，在两侧绘制线段，如图 11-56 所示。

⑧ 单击"修改"工具栏中的"偏移"按钮 ⚐，将水平直线向上偏移 280mm，偏移 6 次，将外侧的两条直线向内偏移 100mm，完成台阶的绘制，结果如图 11-57 所示。

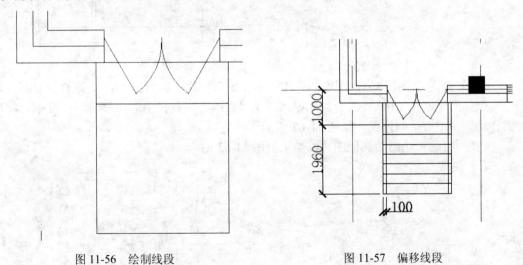

图 11-56　绘制线段　　　　　　　　　　　图 11-57　偏移线段

⑨ 单击"修改"工具栏中的"偏移"按钮 ⚐，将最上侧的轴线向上偏移 2120mm，单击"绘图"工具栏中的"直线"按钮 ⁄，绘制踏步，间距为 350mm，完成室外台阶的绘制，结果如图 11-58 所示。

⑩ 使用同样的方法绘制另外一侧的台阶，结果如图 11-59 所示。

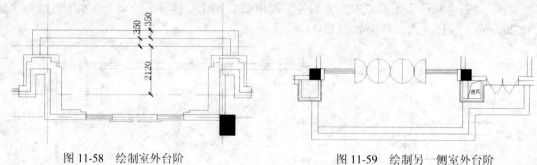

图 11-58　绘制室外台阶　　　　　　　　　图 11-59　绘制另一侧室外台阶

（4）绘制花坛。

① 单击"修改"工具栏中的"偏移"按钮 ⬚，将 1/A 轴线向下偏移 1400mm 和 200mm。

② 单击"修改"工具栏中的"修剪"按钮 ⊹，修剪线段，完成花坛的绘制，结果如图 11-60 所示。

（5）布置洁具。

① 单击"绘图"工具栏中的"直线"按钮 ⟋ 和"修改"工具栏中的"修剪"按钮 ⊹，补充绘制卫生间墙体。

② 单击"绘图"工具栏中的"插入块"按钮 ⬚，将单扇门插入到图中，如图 11-61 所示。

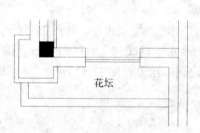

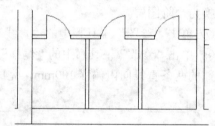

图 11-60　绘制花坛　　　　　　　　　　　图 11-61　补充绘制墙体

③ 打开源文件/图库/CAD 图库，选中"坐便器"模块，然后按 Ctrl+C 组合键复制，返回一层平面图中，按 Ctrl+V 组合键粘贴，单击"修改"工具栏中的"移动"按钮 ✛，将坐便器移动到图中合适的位置，如图 11-62 所示。

④ 使用上述方法添加其他图块，结果如图 11-63 所示。

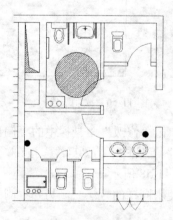

图 11-62　插入坐便器　　　　　　　　　　图 11-63　布置洁具

11.1.7　绘制坡道

（1）绘制无障碍坡道。

① 单击"修改"工具栏中的"偏移"按钮▣，将 A 轴线向下偏移 1300mm 和 2500mm，然后将偏移后的直线向内侧偏移 200mm。

② 单击"绘图"工具栏中的"直线"按钮✐，在两侧绘制竖向直线。

③ 单击"修改"工具栏中的"修剪"按钮✁，修剪线段，如图 11-64 所示。

④ 单击"修改"工具栏中的"倒角"按钮◻，对图形进行倒角处理，如图 11-65 所示。

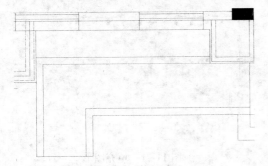
图 11-64　修剪线段

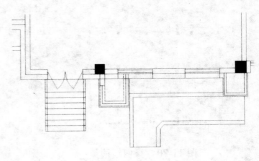
图 11-65　绘制倒角

⑤ 单击"修改"工具栏中的"矩形阵列"按钮▦，设置列数为 40，间距为 110mm，将上面绘制的右侧竖向直线进行阵列，如图 11-66 所示。

⑥ 单击"修改"工具栏中的"偏移"按钮▣，将下面的水平直线依次向上偏移，间距为 110mm，结果如图 11-67 所示。

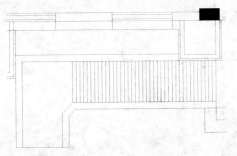
图 11-66　阵列竖向直线

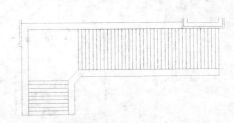
图 11-67　偏移水平直线

⑦ 单击"绘图"工具栏中的"多段线"按钮⤴，绘制指示箭头，如图 11-68 所示。

⑧ 单击"绘图"工具栏中的"多行文字"按钮 A，输入文字，结果如图 11-69 所示。

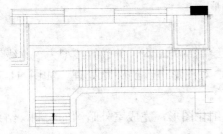
图 11-68　绘制指示箭头

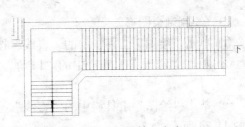
图 11-69　输入文字

（2）绘制汽车坡道。

① 单击"绘图"工具栏中的"直线"按钮 ✐ 和"样条曲线"按钮 ～，绘制汽车坡道轮廓线。

② 单击"修改"工具栏中的"修剪"按钮 ﹣，修剪线段，如图 11-70 所示。

③ 单击"绘图"工具栏中的"图案填充"按钮 ▨，填充图形，如图 11-71 所示。

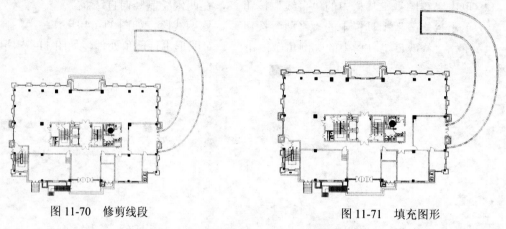

图 11-70　修剪线段　　　　　　　　　　　图 11-71　填充图形

④ 单击"绘图"工具栏中的"直线"按钮 ✐，细化图形。

⑤ 单击"修改"工具栏中的"修剪"按钮 ﹣，修剪多余的直线，完成汽车坡道的绘制，结果如图 11-72 所示。

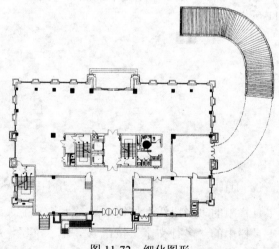

图 11-72　细化图形

（3）绘制剩余图形。

① 单击"绘图"工具栏中的"直线"按钮 ✐，绘制室外暗沟，并设置线型为"虚线"。

② 单击"修改"工具栏中的"圆角"按钮 ◜，对图形进行倒圆角处理，如图 11-73 所示。

③ 单击"绘图"工具栏中的"直线"按钮 ✐，细化图形，完成室外暗沟的绘制，结果如图 11-74 所示。

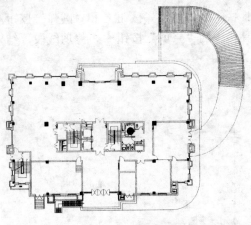

办公大楼平面图 第11章

图 11-73 倒圆角

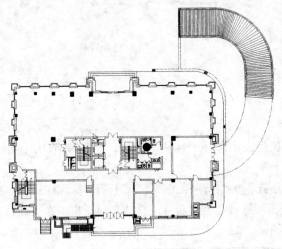

图 11-74 细化图形

④ 单击"绘图"工具栏中的"直线"按钮 ∕，绘制地下室外边线，并设置线型为"虚线"，如图 11-75 所示。

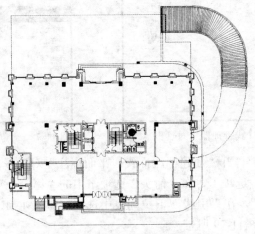

图 11-75 绘制地下室外边线

⑤ 单击"绘图"工具栏中的"直线"按钮 ╱ 和"圆弧"按钮 ╱，绘制剩余图形。

⑥ 单击"修改"工具栏中的"修剪"按钮 ╱-，修剪线段，结果如图 11-76 所示。

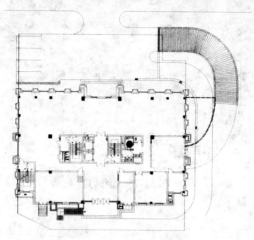

图 11-76　绘制剩余图形

11.1.8　平面标注

（1）尺寸标注。

① 在"图层"下拉列表中选择"标注"图层，将其设置为当前图层。

② 设置标注样式。

选择菜单栏中的"格式"→"标注样式"命令，打开"标注样式管理器"对话框，如图 11-77 所示；单击"新建"按钮，打开"创建新标注样式"对话框，在"新样式名"一栏中输入"平面标注"，如图 11-78 所示。

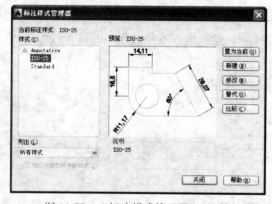

图 11-77　"标注样式管理器"对话框

图 11-78　"创建新标注样式"对话框

单击"继续"按钮，打开"新建标注样式：平面标注"对话框，进行以下设置：

单击"符号和箭头"选项卡，在"箭头"选项组中的"第一个"和"第二个"下拉列表中均选择" ▣建筑标记"，在"引线"下拉列表中选择" ▶实心闭合"，在"箭头大小"微调框中输入"250"，如图 11-79 所示。

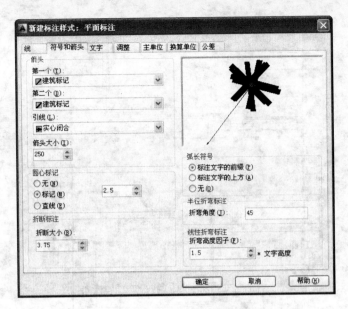

图 11-79 "符号与箭头"选项卡

单击"文字"选项卡，在"文字外观"选项组中的"文字高度"微调框中输入"300"，如图 11-80 所示。

单击"确定"按钮，回到"标注样式管理器"对话框。在"样式"列表中激活"平面标注"标注样式，单击"置为当前"按钮。单击"关闭"按钮，完成标注样式的设置。

③ 单击"标注"工具栏中的"线性"按钮⊢和"连续"按钮⊞标注相邻两轴线之间的距离。

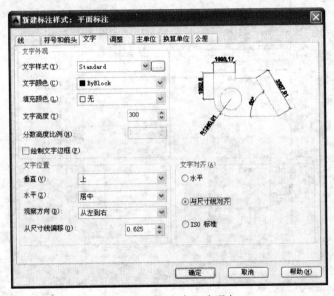

图 11-80 "文字"选项卡

④ 单击"标注"工具栏中的"线性"按钮⊢和"连续"按钮⊞，标注第一道尺寸，如图 11-81 所示。

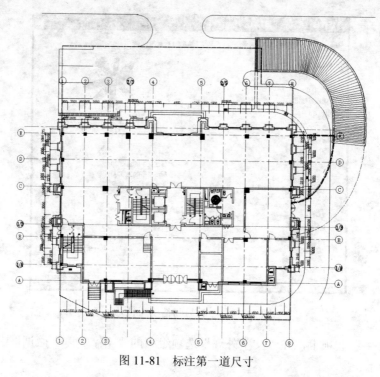

图 11-81　标注第一道尺寸

⑤ 单击"标注"工具栏中的"线性"按钮和"连续"按钮，标注第二道尺寸，如图 11-82 所示。

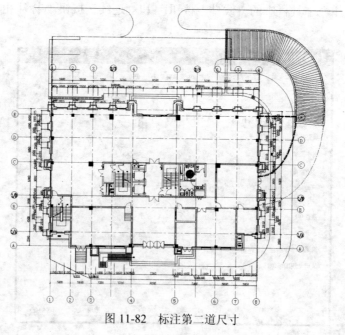

图 11-82　标注第二道尺寸

⑥ 单击"标注"工具栏中的"线性"按钮，标注总尺寸，结果如图 11-83 所示。

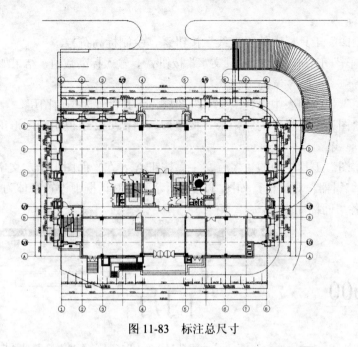

图11-83　标注总尺寸

⑦ 单击"标注"工具栏中的"线性"按钮⊢、"连续"按钮⊩和"半径"按钮◎，标注细节尺寸，结果如图11-84所示。

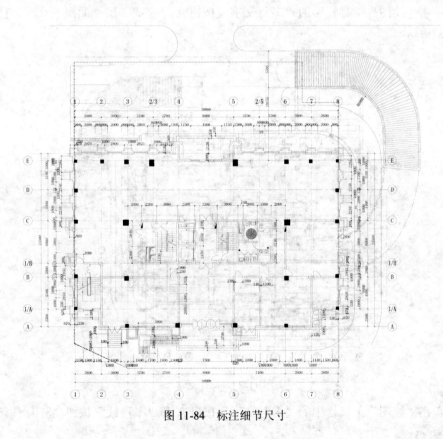

图11-84　标注细节尺寸

（2）标高标注。

① 单击"绘图"工具栏中的"直线"按钮 ∕，绘制标高符号。

② 单击"绘图"工具栏中的"多行文字"按钮 A，输入标高数值，结果如图 11-85 所示。

（3）文字标注。

① 在"图层"下拉列表中选择"文字"图层，将其设置为当前图层。

② 单击"绘图"工具栏中的"矩形"按钮 ▢，将需要文字说明的图形用矩形圈起来，并设置线型为"虚线"。

③ 单击"绘图"工具栏中的"多行文字"按钮 A，在平面图中指定文字插入位置后，弹出"多行文字编辑器"对话框，如图 11-86 所示，在对话框中设置字体为"宋体"、文字高度为 300，为各房间标注文字。

± 0.000

图 11-85 绘制标高   图 11-86 "多行文字编辑器"对话框

④ 单击"绘图"工具栏中的"直线"按钮 ∕，在需要标注文字处引出直线。

⑤ 单击"绘图"工具栏中的"多行文字"按钮 A，完成一层平面图的文字标注，结果如图 11-87 所示。

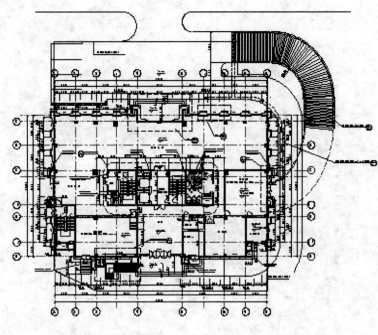

图 11-87 标注文字

⑥ 单击"绘图"工具栏中的"多行文字"按钮 A 和"多段线"按钮 ⤵，标注图名，如图 11-88 所示。

⑦ 单击"绘图"工具栏中的"多行文字"按钮 **A**，为一层平面图标注文字说明，如图 11-89 所示。

注：1. 未标明墙体均为120mm或240mm厚，未注明门垛为120mm
　　（卫生间门垛详见卫生间大样图）。
　　2. 卫生间比楼面低50mm，管道井检修门门槛高300mm。
　　3. ▆▆ 示消火栓留洞1250*730*240，洞底离地645mm，离墙
　　　　200mm（余同）。
　　4. 当窗台高度小于900mm时，均做900mm高安全防护栏杆。

一层平面图　　1:100
建筑面积：923.8m²

图 11-88　标注图名　　　　　　　　　　　图 11-89　标注文字说明

⑧ 单击"绘图"工具栏中的"图案填充"按钮 **▨**，补充填充一层平面图，结果如图 11-90 所示。

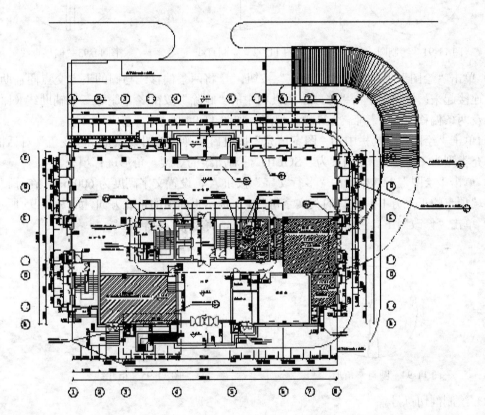

图 11-90　填充平面图

11.1.9　绘制指北针和剖切符号

在建筑一层平面图中应绘制指北针以标明建筑方位；如果需要绘制建筑的剖面图，则还应在一层平面图中画出剖切符号以标明剖面剖切位置。

（1）绘制指北针。

① 单击"图层"工具栏中的"图层特性管理器"按钮 **▤**，打开"图层特性管理器"对

话框，创建新图层，将新图层命名为"指北针与剖切符号"，并将其设置为当前图层。

② 单击"绘图"工具栏中的"圆"按钮⊙，绘制半径为 1200mm 的圆，如图 11-91 所示。

③ 单击"绘图"工具栏中的"直线"按钮╱，绘制圆的垂直方向直径作为辅助线，如图 11-92 所示。

④ 单击"修改"工具栏中的"偏移"按钮⊿，将辅助线分别向左右两侧偏移，偏移量均为 100mm，如图 11-93 所示。

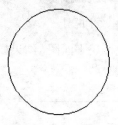
图 11-91　绘制圆

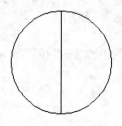
图 11-92　绘制直线

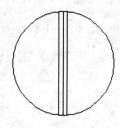
图 11-93　偏移直线

⑤ 单击"绘图"工具栏中的"直线"按钮╱，将两条偏移线与圆的下方交点同辅助线上端点连接起来；然后，单击"修改"工具栏中的"删除"按钮，删除三条辅助线（原有辅助线及两条偏移线），得到一个等腰三角形，如图 11-94 所示。

⑥ 单击"绘图"工具栏中的"图案填充"按钮，弹出"图案填充和渐变色"对话框，选择填充类型为"预定义"、图案为"SOLID"，对所绘的等腰三角形进行填充。

⑦ 单击"绘图"工具栏中的"多行文字"按钮 A，设置文字高度为 600mm，在等腰三角形上端顶点的正上方书写大写的英文字母"N"，标示平面图的正北方向，如图 11-95 所示。

⑧ 单击"修改"工具栏中的"旋转"按钮，将指北针旋转 30°。

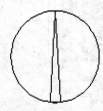
图 11-94　圆与三角形

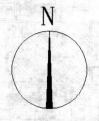
图 11-95　指北针

（2）绘制剖切符号。

单击"绘图"工具栏中的"多段线"按钮和"多行文字"按钮 A，绘制剖切符号，结果如图 11-1 所示。

 注意

剖面的剖切符号，应由剖切位置线及剖视方向线组成，均应以粗实线绘制。剖视方向线应垂直于剖切位置线，长度应短于剖切位置线，绘图时，剖面剖切符号不宜与图面上的图线相接触。

剖面剖切符号的编号，宜采用阿拉伯数字，按顺序由左至右，由下至上连续编排，并应注写在剖视方向线的端部。

11.2 标准层平面图的绘制

在本例办公大楼中，标准层平面图与一层平面图在设计中有很多相同之处，两层平面的基本轴线关系是一致的，只有部分墙体形状和内部建筑设施存在着一些差别。因此，可以在一层平面图的基础上对已有图形元素进行修改和添加，进而完成办公大楼标准层平面图的绘制，如图 11-96 所示。

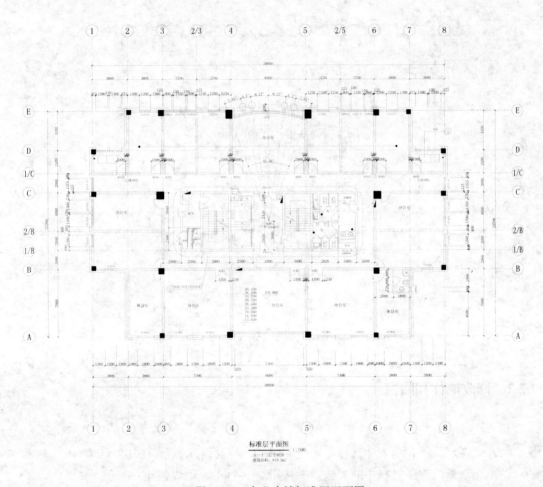

图 11-96 办公大楼标准层平面图

绘制步骤

11.2.1 设置绘图环境

（1）建立图形文件。

打开已绘制的"办公大楼一层平面图.dwg"文件，在"文件"菜单中选择"另存为"命令，打开"图形另存为"对话框。在"文件名"下拉列表框中输入新的图形文件的名称为"办公大楼标准层平面图.dwg"，然后单击"保存"按钮，建立图形文件。

（2）清理图形元素。

单击"修改"工具栏中的"删除"按钮 ✎，删除一层平面图中部分建筑设施、标注和文字等图形元素，如图 11-97 所示。

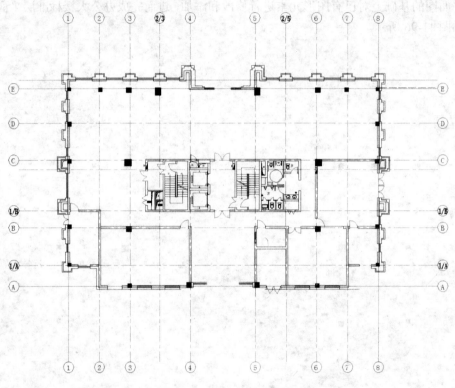

图 11-97　修改一层平面图

11.2.2　修改墙体和门窗

（1）修改墙体。

① 在"图层"下拉列表中选择"墙线"图层，将其设置为当前图层。

② 单击"修改"工具栏中的"删除"按钮 ✎，将 1/A 轴线删除。

③ 单击"修改"工具栏中的"偏移"按钮 ⬠，将 1/B 轴线向上偏移 2000，C 轴线向上偏移 2000，分别添加 2/B 轴线和 1/C 轴线，如图 11-98 所示。

④ 单击"修改"工具栏中的"删除"按钮 ✎，删除多余的墙体和门窗，如图 11-99 所示。

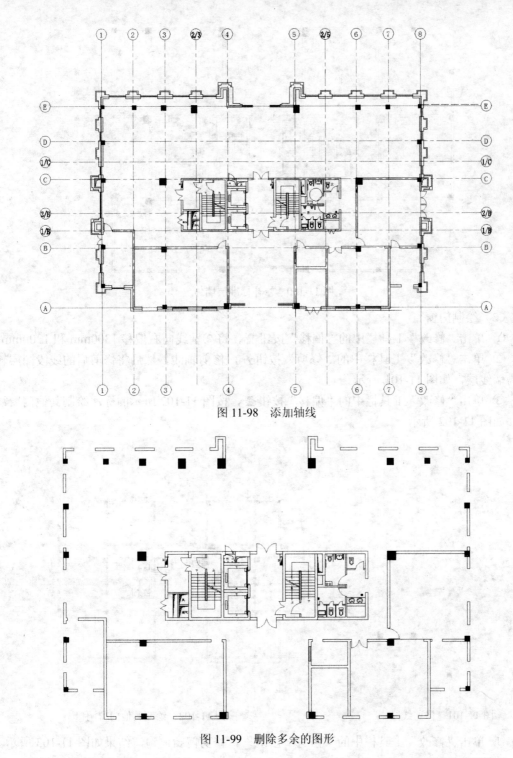

图 11-98　添加轴线

图 11-99　删除多余的图形

⑤ 选择菜单栏中的"绘图"→"多线"命令，根据轴线补充绘制标准层平面墙体，绘制结果如图 11-100 所示。

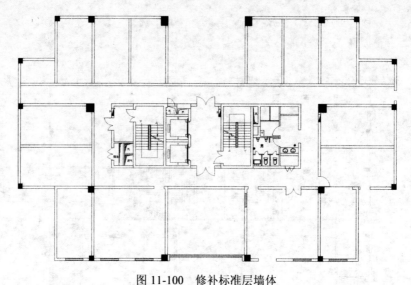

图 11-100　修补标准层墙体

（2）绘制门窗。

① 单击"修改"工具栏中的"偏移"按钮 ▣，将②轴线向右偏移 1300mm 和 1200mm。

② 单击"修改"工具栏中的"修剪"按钮 ⊬，修剪轴线，然后将修剪后的线段图层转换为墙线层，如图 11-101 所示。

③ 单击"修改"工具栏中的"偏移"按钮 ▣，按图 11-102 所示的标注绘制其他门窗洞口，如图 11-102 所示。

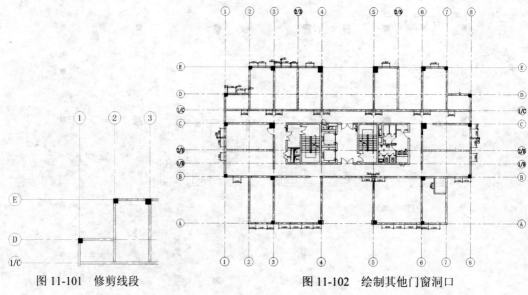

图 11-101　修剪线段　　　　　　　图 11-102　绘制其他门窗洞口

④ 单击"修改"工具栏中的"修剪"按钮 ⊬，修剪门窗洞口，结果如图 11-103 所示。

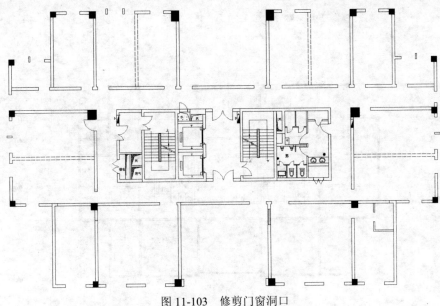

图 11-103 　修剪门窗洞口

⑤ 单击"绘图"工具栏中的"直线"按钮／，在门窗洞口处绘制一条直线。

⑥ 单击"修改"工具栏中的"偏移"按钮⚪，将上步绘制的水平线向下偏移 60mm、120mm 和 60mm，如图 11-104 所示。

⑦ 单击"绘图"工具栏中的"插入块"按钮⊡，在标准层平面相应的位置插入门图块，并对该图块作适当的比例或角度调整，如图 11-105 所示。

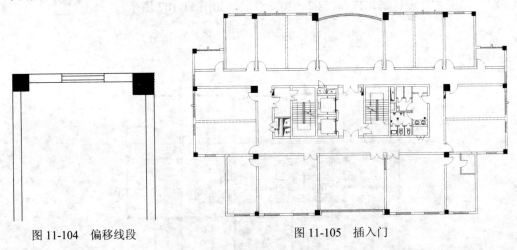

图 11-104 　偏移线段　　　　　　　　　　图 11-105 　插入门

⑧ 单击"修改"工具栏中的"偏移"按钮⚪，将 1/B 轴线向上偏移 3000mm。

⑨ 单击"绘图"工具栏中的"直线"按钮／，在④与⑤轴线间的中点处，绘制一条竖直直线，如图 11-106 所示。

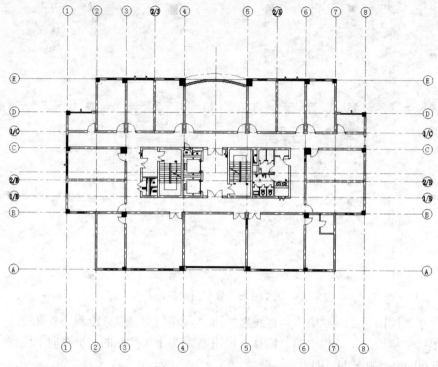

图 11-106　绘制竖向直线

　　⑩　单击"修改"工具栏中的"旋转"按钮 ○ ，将竖直直线向左旋转复制 8.27°、4.7°和 7.81°，向右旋转复制 8.27°、4.7°和 7.81°，如图 11-107 所示。

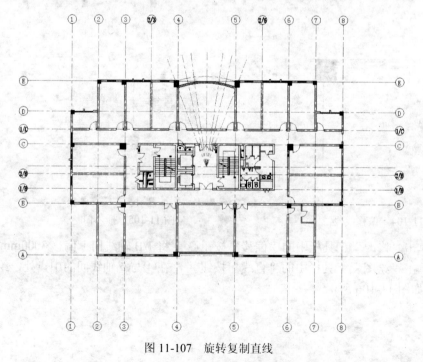

图 11-107　旋转复制直线

⑪ 单击"绘图"工具栏中的"圆"按钮⊙，以上步绘制的圆弧和旋转复制的直线交点处为圆心，绘制圆，如图11-108所示。

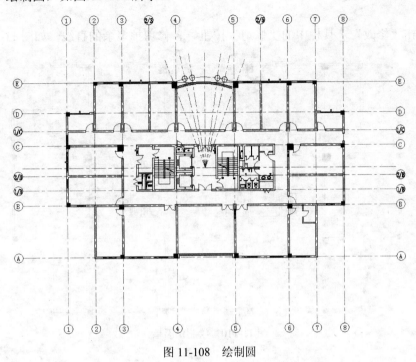

图 11-108　绘制圆

⑫ 单击"绘图"工具栏中的"直线"按钮✎，在圆和窗线间绘制连线，如图11-109所示。

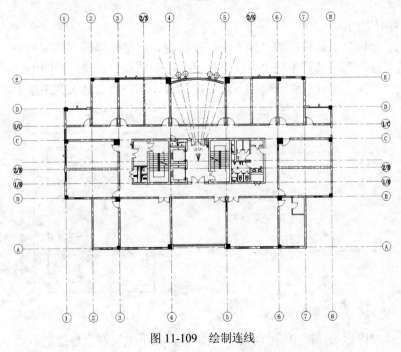

图 11-109　绘制连线

（3）绘制保温墙。

① 单击"修改"工具栏中的"偏移"按钮 ⚒，将外墙向外偏移 200mm，完成保温墙的绘制。

② 单击"修改"工具栏中的"修剪"按钮 ⊬，修剪掉多余的直线，如图 11-110 所示。

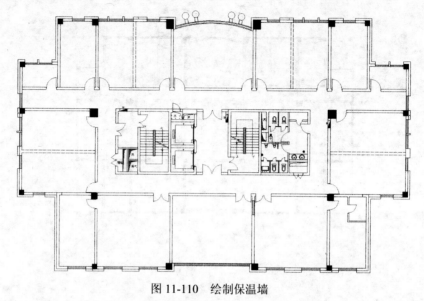

图 11-110　绘制保温墙

11.2.3　绘制建筑设施

（1）布置卫生间。

① 单击"绘图"工具栏中的"插入块"按钮 🔖，将坐便器插入到图形中。

② 单击"绘图"工具栏中的"直线"按钮 ╱，绘制水平直线，如图 11-111 所示。

③ 单击"绘图"工具栏中的"插入块"按钮 🔖，将洗脸盆插入到图形中，如图 11-112 所示。

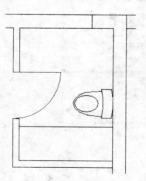

图 11-111　绘制水平直线

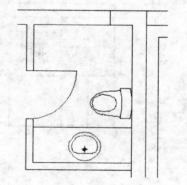

图 11-112　插入洗脸盆

④ 单击"绘图"工具栏中的"矩形"按钮 ▢，在卫生间右上角绘制矩形。

⑤ 单击"修改"工具栏中的"偏移"按钮 ⚒，将矩形向内偏移。

⑥ 单击"修改"工具栏中的"倒角"按钮 ◳，对图形进行倒角处理，如图 11-113 所示。

⑦ 单击"绘图"工具栏中的"圆"按钮⊙，在矩形内绘制一个圆。

⑧ 单击"绘图"工具栏中的"直线"按钮／，细化图形，完成淋浴的绘制，如图 11-114 所示。

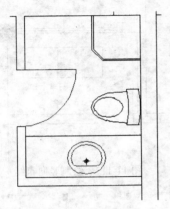

图 11-113　绘制倒角

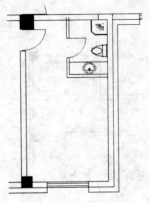

图 11-114　绘制淋浴

（2）绘制消火栓。

① 在"图层"下拉列表中选择"设备"图层，将其设置为当前图层。

② 单击"修改"工具栏中的"复制"按钮%，将楼梯处的消火栓复制到图中其他位置，如图 11-115 所示。

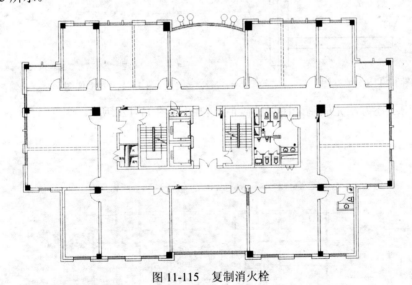

图 11-115　复制消火栓

（3）绘制剩余图形。

① 单击"绘图"工具栏中的"矩形"按钮□，绘制一个矩形，如图 11-116 所示。

② 单击"绘图"工具栏中的"直线"按钮／，在矩形内绘制竖向直线，如图 11-117 所示。

③ 单击"绘图"工具栏中的"圆"按钮⊙，绘制一个圆。

④ 单击"修改"工具栏中的"复制"按钮%，复制圆。

⑤ 单击"绘图"工具栏中的"图案填充"按钮▨，填充圆，如图 11-118 所示。

⑥ 单击"修改"工具栏中的"镜像"按钮⚏，将上步绘制的图形镜像到另外一侧，如

图 11-119 所示。

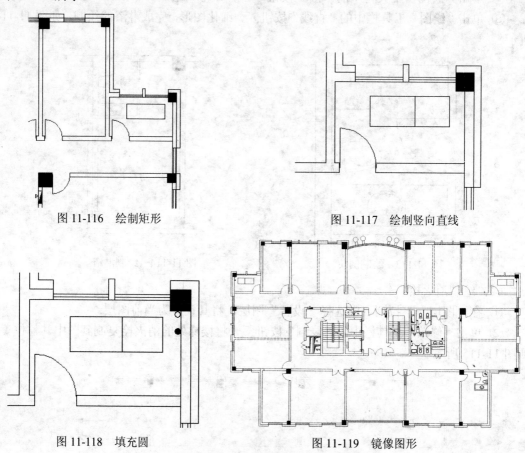

图 11-116　绘制矩形

图 11-117　绘制竖向直线

图 11-118　填充圆

图 11-119　镜像图形

⑦ 使用上述方法完成剩余图形的绘制，结果如图 11-120 所示。

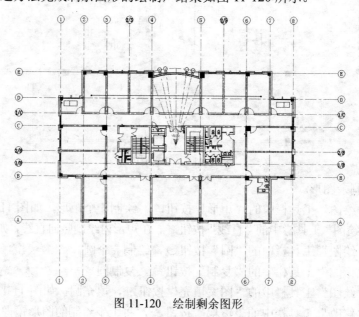

图 11-120　绘制剩余图形

11.2.4 平面标注

（1）尺寸标注。

① 单击"标注"工具栏中的"线性"按钮和"连续"按钮，标注第一道尺寸，如图 11-121 所示。

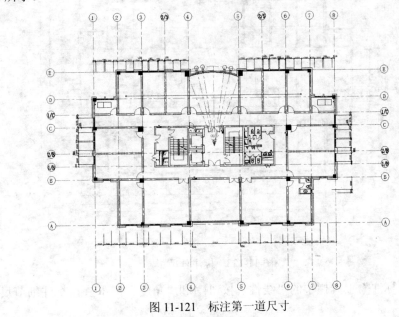

图 11-121 标注第一道尺寸

② 单击"标注"工具栏中的"线性"按钮和"连续"按钮，标注第二道尺寸，如图 11-122 所示。

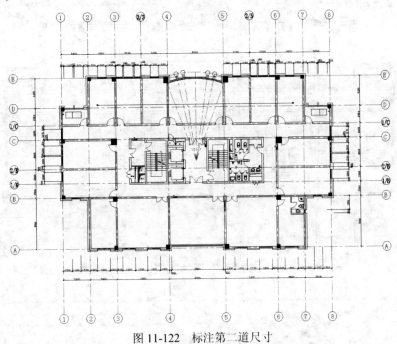

图 11-122 标注第二道尺寸

③ 单击"标注"工具栏中的"线性"按钮━，标注总尺寸，结果如图 11-123 所示。

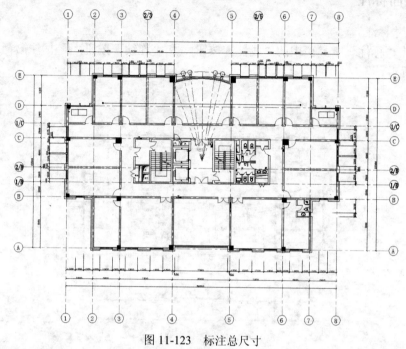

图 11-123　标注总尺寸

④ 单击"标注"工具栏中的"线性"按钮━和"角度"按钮△，标注细节尺寸，结果
如图 11-124 所示。

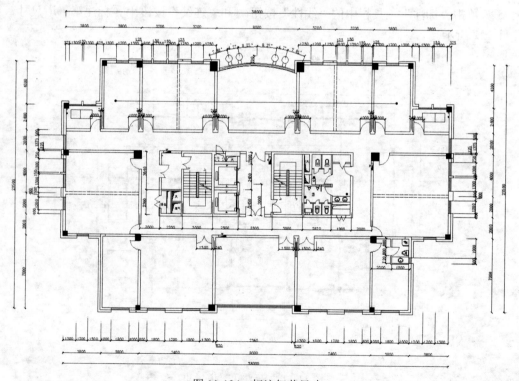

图 11-124　标注细节尺寸

（2）平面标高。

① 单击"绘图"工具栏中的"插入块"按钮，将已创建的
图块插入到平面图中需要标高的位置。

② 单击"绘图"工具栏中的"多行文字"按钮 **A**，设置字体
为"宋体"、文字高度为300，在标高符号的长直线上方添加具体的
标注数值，如图11-125所示。

（3）文字标注。

① 在"图层"下拉列表中选择"文字"图层，将其设置为当前
图层。

② 单击"绘图"工具栏中的"多行文字"按钮 **A**，字体为"宋
体"、文字高度为300，标注标准层平面中的文字说明，如图11-126所示。

```
39.450
36.200
32.950
29.700
26.450
23.200
19.950
16.700
13.450
```

图 11-125 标注标高

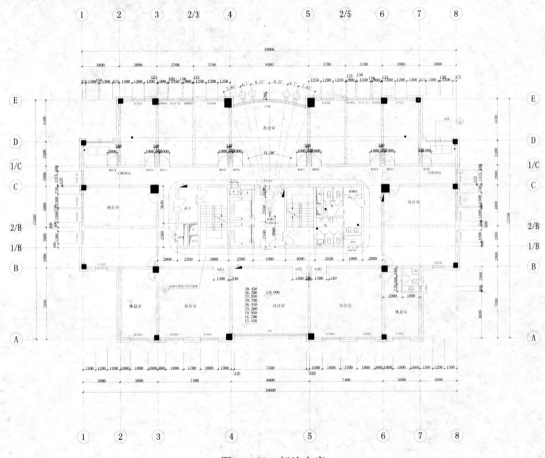

图 11-126 标注文字

（4）图名标注。

① 单击"绘图"工具栏中的"多行文字"按钮 **A**，标注图名。

② 单击"绘图"工具栏中的"多段线"按钮 ，在图名下方绘制多段线，如图 11-127 所示。

标准层平面图
1∶100
五～十三层平面图
建筑面积：818.2㎡

图 11-127　标注图名

第12章

办公大楼立面图

········

本章仍结合前一章中所引用的建筑实例——办公大楼平面图，对建筑立面图的绘制方法进行介绍。通过学习本章内容，读者应该掌握绘制建筑立面图的基本方法，并能够独立完成一栋建筑的立面图的绘制。

12.1 ⑧～①轴立面图的绘制

首先，根据已有平面图中提供的信息绘制该立面中各主要构件的定位辅助线，确定各主要构件的位置关系；接着，在已有辅助线的基础上，结合具体的标高数值绘制办公大楼的外墙及屋顶轮廓线；然后依次绘制台阶、门窗等建筑构件的立面轮廓及其他建筑细部；最后添加立面标注，并对建筑表面的装饰材料和做法进行必要的文字说明。下面就按照这个思路绘制办公大楼的⑧～①轴立面图（图 12-1）。

立面图主要是反映房屋的外貌和立面装修的做法，这是因为建筑物给人的外表美感主要来自其立面的造型和装修。建筑立面图是用来进行研究建筑立面的造型和装修的。主要反映主要入口或者比较显著地反映建筑物外貌特征的一面的立面图称为正立面图，其余的面的立面图相应地称为背立面图和侧立面图。如果按照房屋的朝向来分，可以称为南立面图、东立面图、西立面图和北立面图。如果按照轴线编号来分，也可以有①～⑧立面图、Ⓐ～Ⓔ立面图等。建筑立面图使用大量图例来表示很多细部，这些细部的构造和做法，一般都另有详图。如果建筑物有一部分立面不平行于投影面，可以将这一部分展开到和投影面平行，再画出其立面图，然后在其图名后注写"展开"字样。

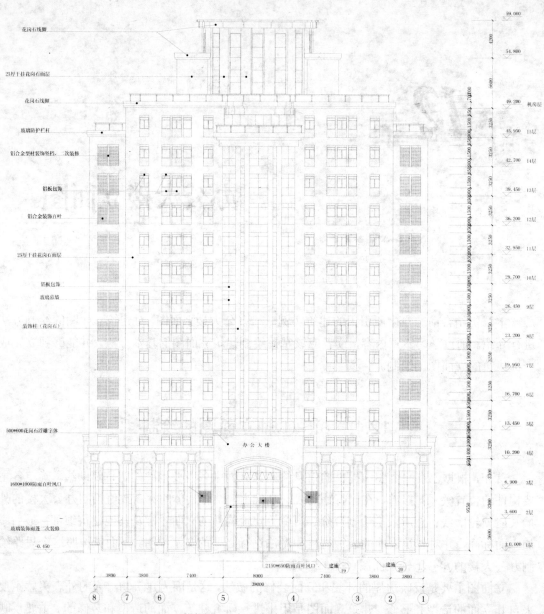

图 12-1　办公大楼⑧～①立面图

12.1.1　设置绘图环境

（1）创建图形文件。

打开已绘制的"办公大楼一层平面图.dwg"文件，在"文件"菜单中选择"另存为"命令，打开"图形另存为"对话框。在"文件名"下拉列表框中输入新的图形文件名称为"办公大楼⑧～①轴立面图.dwg"，然后单击"保存"按钮，建立图形文件。

（2）清理图形元素。

在平面图中，可作为立面图生成基础的图形元素只有外墙、台阶、立柱和外墙上的门窗等，而平面图中的其他元素对于立面图的绘制帮助很小，因此，有必要对平面图形进行选择性地清理。具体做法如下。

① 单击"修改"工具栏中的"删除"按钮 ✐，删除平面图中的部分建筑设施。

② 选择菜单栏中的"文件"→"图形实用工具"→"清理"命令，弹出"清理"对话框，如图 12-2 所示，清理图形文件中多余的图形元素。

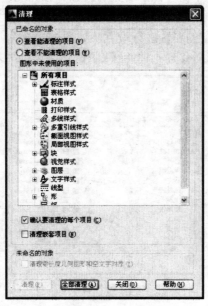

图 12-2 "清理"对话框

③ 单击"修改"工具栏中的"旋转"按钮 ↻，将平面图旋转 180°，如图 12-3 所示。

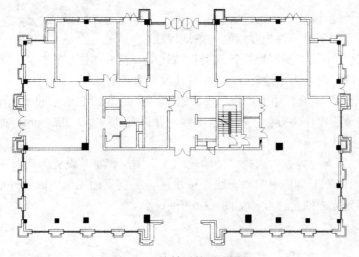

图 12-3 旋转后的平面图形

注意

使用清理命令对图形和数据内容进行清理时，要确认该元素在当前图纸中确实毫无作用，避免丢失一些有用的数据和图形元素。

对于一些暂时无法确定是否该清理的图层，可以先将其保留，仅删去该图层中无用的图形元素；或者将该图层关闭，使其保持不可见状态，待整个图形文件绘制完成后再进行选择性地清理。

（3）添加新图层。

① 单击"图层"工具栏中的"图层特性管理器"按钮🖢，打开"图层特性管理器"对话框，创建 5 个新图层，图层名称分别为"百叶"、"辅助线"、"外墙轮廓线""地坪"、层顶轮廓线，并分别对每个新图层的属性进行设置，如图 12-4 所示。

② 将清理后的平面图形转移到"辅助线"图层。

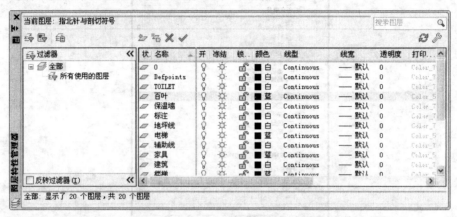

图 12-4 "图层特性管理器"对话框

12.1.2 绘制地坪线与定位线

（1）绘制室外地坪线。

绘制建筑的立面图时，首先要绘制一条地坪线。

① 单击工具栏中的"图层特性管理器"按钮🖢，打开"图层特性管理器"对话框，创建新图层，将新图层命名为"地坪线"，并将其设置为当前图层。

② 单击"绘图"工具栏中的"直线"按钮 ✏，在如图 12-3 所示的平面图形下方绘制一条水平线段，将该线段作为办公大楼的地坪线，并设置其线宽为 0.30mm，如图 12-5 所示。

（2）绘制定位线。

① 在"图层"下拉列表中选择"外墙轮廓线"图层，将其设置为当前图层。

② 单击"绘图"工具栏中的"直线"按钮 ✏，捕捉平面图形中的各外墙交点，垂直向下引出直线，得到立面的定位线，如图 12-6 所示。

⚠ 注意

在立面图的绘制中，利用已有图形信息绘制建筑定位线是很重要的。有了水平方向和垂直方向上的双重定位，建筑外部形态就呼之欲出了。在这里，主要介绍如何利用平面图的信息来添加定位纵线，这种定位纵线所确定的是构件的水平位置；而该构件的垂直位置，则可结合其标高，用偏移基线的方法确定。

下面介绍如何绘制建筑立面的定位纵线。

（1）在"图层"下拉列表中，选择定位对象所属图层，将其设置为当前图层（例如，当定位门窗位置时，应先将"门窗"图层设为当前图层，然后在该图层中绘制具体的门窗定位线）。

（2）选择"直线"命令，捕捉平面基础图形中的各定位点，向下绘制延长线，得到与水平方向垂直的立面定位线，如图12-7所示。

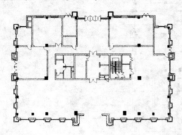

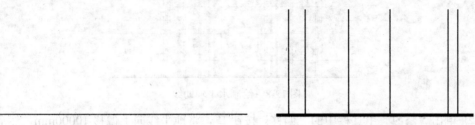

图12-5　绘制地坪线　　　　　　　　图12-6　绘制定位线

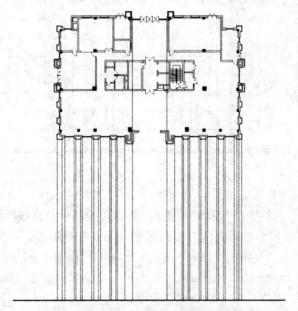

图12-7　由平面图生成立面定位线

12.1.3　绘制立柱

（1）绘制立柱。

① 单击"修改"工具栏中的"偏移"按钮，将地平线向上偏移 450mm、3600mm、3300mm、3300mm、3250mm、3250mm、3250mm、3250mm、3250mm、3250mm、3250mm、

3250mm、3250mm、3250mm、3250mm、3250mm、5600mm 和 4200mm，完成水平辅助线的绘制，如图 12-8 所示。

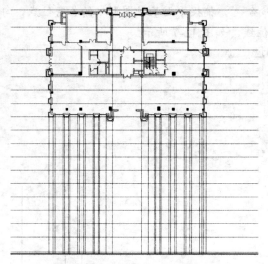

图 12-8　绘制水平辅助线

② 单击"修改"工具栏中的"偏移"按钮，将地平线向上偏移 10000mm，然后单击"绘图"工具栏中的"直线"按钮，绘制柱身，如图 12-9 所示。

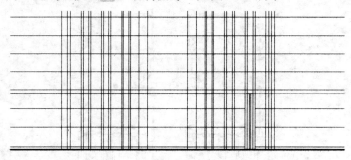

图 12-9　绘制柱身

③ 单击"修改"工具栏中的"偏移"按钮，将上步偏移后的直线继续向上偏移 1350mm，然后单击"绘图"工具栏中的"直线"按钮和"矩形"按钮，绘制柱子顶部。

④ 单击"修改"工具栏中的"修剪"按钮，修剪掉图中多余的线段，如图 12-10 所示。

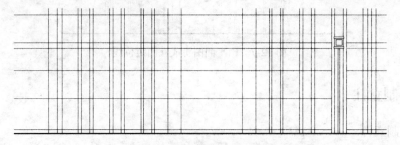

图 12-10　绘制柱子顶部

⑤ 单击"绘图"工具栏中的"直线"按钮 ✎ 和"矩形"按钮 ▭，绘制柱子底部。

⑥ 单击"修改"工具栏中的"修剪"按钮 ⊬，修剪掉图中多余的线段，如图 12-11 所示。

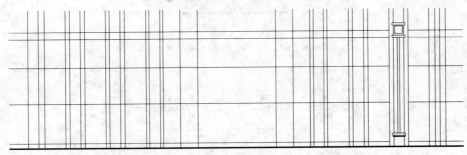

图 12-11　绘制柱子底部

⑦ 单击"修改"工具栏中的"复制"按钮 ❀，将柱子复制到图中其他位置。

⑧ 单击"修改"工具栏中的"修剪"按钮 ⊬，修剪掉图中多余的线段，如图 12-12 所示。

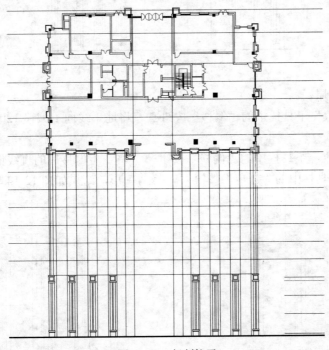

图 12-12　复制柱子

⑨ 单击"绘图"工具栏中的"直线"按钮 ✎，补充绘制定位线。

⑩ 单击"绘图"工具栏中的"直线"按钮 ✎，绘制两侧的柱子，然后单击"修改"工具栏中的"修剪"按钮 ⊬，修剪掉图中多余的线段，结果如图 12-13 所示。

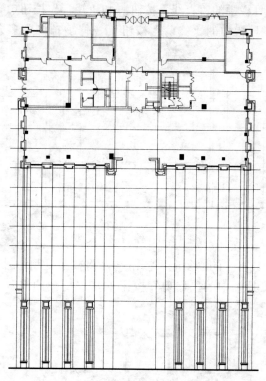

图 12-13　完成柱子绘制

（2）绘制底层屋檐。

① 单击"修改"工具栏中的"偏移"按钮🔘，将地平线向上偏移 12050mm，作为屋檐的顶部。

② 单击"修改"工具栏中的"偏移"按钮🔘，将上步偏移后的直线依次向下偏移，然后单击"修改"工具栏中的"修剪"按钮┼，修剪图形，结果如图 12-14 所示。

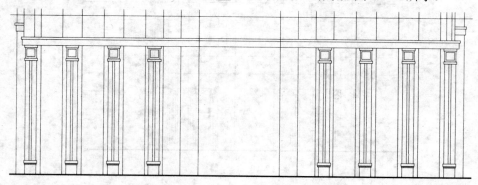

图 12-14　绘制屋檐

③ 单击"修改"工具栏中的"偏移"按钮🔘，将上步绘制的屋檐线向上偏移 1850mm，然后单击"绘图"工具栏中的"直线"按钮╱，绘制门处的屋檐轮廓线。

④ 单击"修改"工具栏中的"修剪"按钮┼，修剪图形，结果如图 12-15 所示。

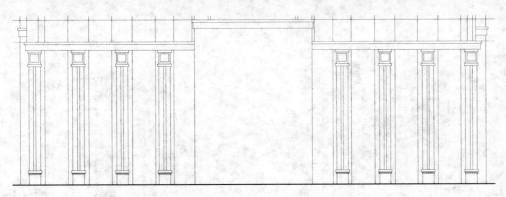

图 12-15　绘制门处屋檐

12.1.4　绘制立面门窗

（1）绘制底层玻璃窗。

① 单击"绘图"工具栏中的"直线"按钮 ，绘制窗户轮廓线。

② 单击"修改"工具栏中的"倒角"按钮 ，对窗户轮廓线进行倒角处理，如图 12-16 所示。

③ 单击"修改"工具栏中的"偏移"按钮 ，向内偏移直线。

④ 单击"绘图"工具栏中的"直线"按钮 ，细化玻璃窗，如图 12-17 所示。

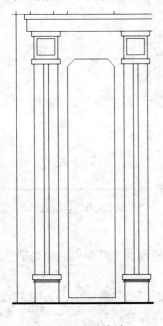

图 12-16　绘制倒角

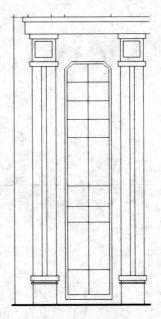

图 12-17　绘制玻璃窗

⑤ 单击"修改"工具栏中的"复制"按钮 ，将玻璃窗复制到图中其他位置，如图 12-18 所示。

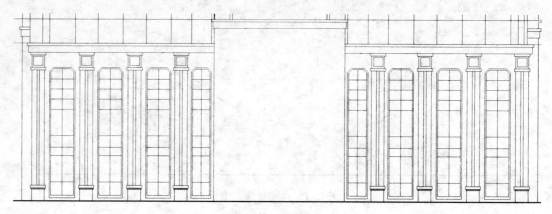

图 12-18　复制玻璃窗

（2）绘制防雨百叶风口。

① 单击"图层"工具栏中的"图层特性管理器"按钮，打开"图层特性管理器"对话框，新建"百叶"图层，其属性默认，并将其设置为当前层。

② 单击"修改"工具栏中的"偏移"按钮，偏移直线，如图 12-19 所示。

③ 单击"修改"工具栏中的"复制"按钮，将左侧绘制的百叶复制到右侧，如图 12-20 所示。

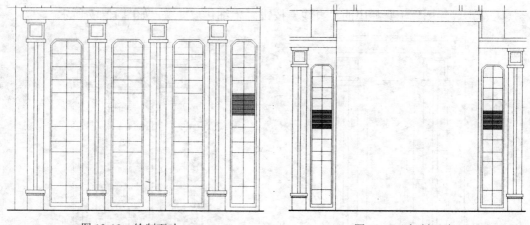

图 12-19　绘制百叶　　　　　　　　　　　　　　图 12-20　复制百叶

（3）绘制门。

① 单击"绘图"工具栏中的"直线"按钮和"修改"工具栏中的"修剪"按钮，绘制门两侧的柱子。

② 单击"绘图"工具栏中的"圆弧"按钮，绘制门的外部轮廓，如图 12-21 所示。

③ 单击"修改"工具栏中的"偏移"按钮，偏移外轮廓线。

④ 单击"绘图"工具栏中的"直线"按钮和"修改"工具栏中的"修剪"按钮，细化门内图形，如图 12-22 所示。

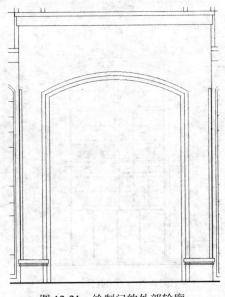

图 12-21　绘制门的外部轮廓

图 12-22　细化图形

⑤ 单击"绘图"工具栏中的"直线"按钮和"矩形"按钮，绘制门内装饰图形，如图 12-23 所示。

⑥ 单击"修改"工具栏中的"偏移"按钮，绘制防雨百叶风口，如图 12-24 所示。

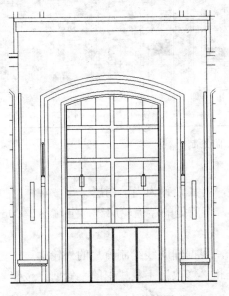

图 12-23　绘制门内装饰图形

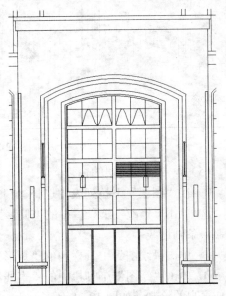

图 12-24　绘制百叶风口

⑦ 单击"绘图"工具栏中的"直线"按钮，绘制玻璃装饰雨篷，如图 12-25 所示。

（4）绘制台阶。

① 单击"图层"工具栏中的"图层特性管理器"按钮，打开"图层特性管理器"对话框，新建"台阶"图层，其属性默认，并将设置为当前层。

② 单击"绘图"工具栏中的"直线"按钮，绘制台阶，如图 12-26 所示。

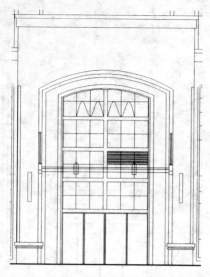

图 12-25 绘制玻璃装饰雨篷

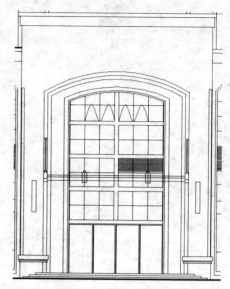

图 12-26 绘制台阶

③ 使用上述方法绘制其他位置处的台阶，如图 12-27 所示。

图 12-27 完成台阶绘制

（5）绘制其他楼层的窗户。

① 在"图层"下拉列表中选择"门窗"图层，将其设置为当前图层。

② 单击"修改"工具栏中的"偏移"按钮 ，将门处的屋檐轮廓线向上偏移 2400mm，绘制一条辅助线。

③ 单击"绘图"工具栏中的"矩形"按钮 ，根据辅助线绘制窗户的外轮廓。

④ 单击"绘图"工具栏中的"直线"按钮 和"修改"工具栏中的"修剪"按钮 ，完成窗户的绘制，如图 12-28 所示。

⑤ 单击"绘图"工具栏中的"图案填充"按钮 ，打开"图案填充和渐变色"对话框，选择 DOTS 图案，设置角度为 45°，比例为 50，填充窗户，如图 12-29 所示。

⑥ 单击"绘图"工具栏中的"创建块"按钮 ，将绘制的窗户创建为块。

⑦ 单击"绘图"工具栏中的"插入块"按钮 ，将窗户插入到图中，如图 12-30 所示。

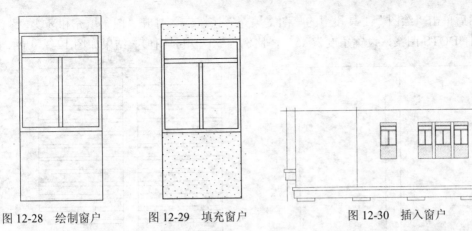

图 12-28　绘制窗户　　　图 12-29　填充窗户　　　　图 12-30　插入窗户

⑧ 单击"修改"工具栏中的"复制"按钮 ，将窗户复制到其他楼层中。

⑨ 单击"修改"工具栏中的"修剪"按钮 ，修剪掉多余的线段。

⑩ 单击"修改"工具栏中的"镜像"按钮 ，将左侧绘制的窗户镜像到另外一侧，结果如图 12-31 所示。

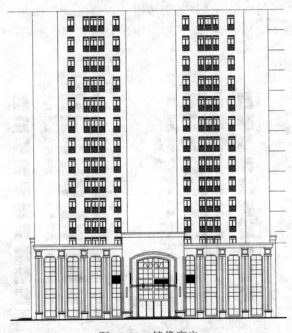

图 12-31　镜像窗户

（6）绘制铝合金装饰百叶窗。

① 在"图层"下拉列表中选择"百叶"图层，将其设置为当前图层。

② 单击"修改"工具栏中的"复制"按钮 ，复制窗户，复制两次，然后单击"绘图"工具栏中的"直线"按钮 ，将两个窗户连接起来。

③ 单击"修改"工具栏中的"删除"按钮 和"修剪"按钮 ，修整窗户，如图 12-32 所示。

④ 单击"修改"工具栏中的"偏移"按钮 ，依次向下偏移，完成百叶的绘制。

⑤ 然后单击"绘图"工具栏中的"图案填充"按钮 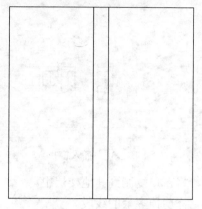，打开"图案填充和渐变色"对话框，选择 DOTS 图案，设置角度为 45°，比例为 50，填充图形，结果如图 12-33 所示。

图 12-32　修剪窗户

图 12-33　绘制百叶窗

⑥ 单击"修改"工具栏中的"复制"按钮 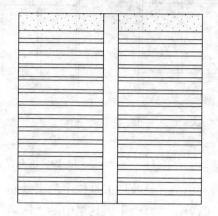，将百叶窗复制到其他楼层中。

⑦ 单击"修改"工具栏中的"修剪"按钮 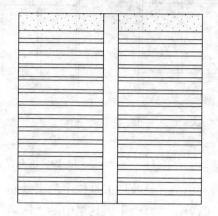，修剪掉多余的线段。

⑧ 单击"修改"工具栏中的"镜像"按钮 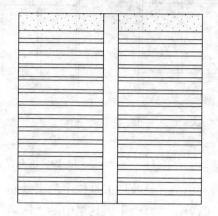，将左侧绘制的百叶窗镜像到另外一侧，结果如图 12-34 所示。

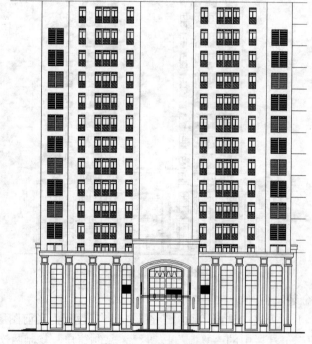

图 12-34　镜像百叶窗

（7）绘制玻璃幕墙。

① 单击"绘图"工具栏中的"直线"按钮和"修改"工具栏中的"修剪"按钮，绘制玻璃幕墙，如图 12-35 所示。

② 单击"绘图"工具栏中的"图案填充"按钮，打开"图案填充和渐变色"对话框，

选择 DOTS 图案，设置角度为 45°，比例为 50，填充幕墙，如图 12-36 所示。

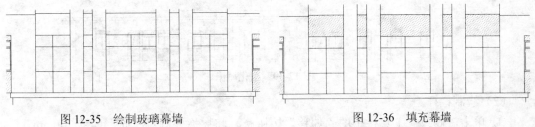

图 12-35　绘制玻璃幕墙　　　　　　　　　图 12-36　填充幕墙

③ 单击"修改"工具栏中的"复制"按钮，将玻璃幕墙复制到图中其他楼层中，结果如图 12-37 所示。

图 12-37　复制玻璃幕墙

12.1.5　绘制防护栏杆

（1）绘制顶层屋檐。

① 单击"修改"工具栏中的"偏移"按钮，将地坪线向上偏移 50300mm。

② 单击"绘图"工具栏中的"直线"按钮 和"修改"工具栏中的"修剪"按钮 ，绘制屋檐，如图 12-38 所示。

图 12-38　绘制屋檐

③ 单击"绘图"工具栏中的"直线"按钮 ╱，细化图形，如图 12-39 所示。

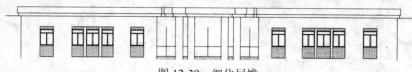

图 12-39　细化屋檐

（2）绘制栏杆。

① 单击"修改"工具栏中的"偏移"按钮 ⊜，将屋檐外侧直线向上偏移 700mm。

② 单击"绘图"工具栏中的"直线"按钮 ╱ 和"修改"工具栏中的"修剪"按钮 ╬，绘制防护栏杆。

③ 单击"绘图"工具栏中的"圆"按钮 ⊙，细化图形，结果如图 12-40 所示。

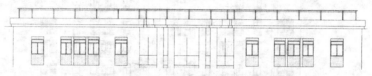

图 12-40　绘制防护栏杆

④ 使用上述方法，绘制图中其他位置处的屋檐和防护栏杆，结果如图 12-41 所示。

图 12-41　绘制屋檐和防护栏杆

12.1.6　绘制顶层

（1）绘制屋檐。

① 单击"绘图"工具栏中的"直线"按钮 ，和"修改"工具栏中的"修剪"按钮 ，绘制屋檐，如图12-42所示。

② 单击"绘图"工具栏中的"直线"按钮 ，细化屋檐，如图12-43所示。

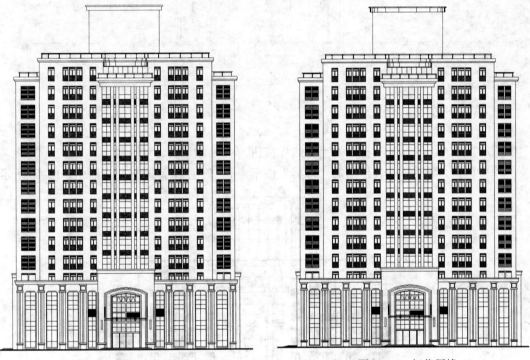

图12-42　绘制顶层屋檐　　　　　　　图12-43　细化屋檐

（2）绘制窗户。

① 单击"绘图"工具栏中的"直线"按钮 ，引出竖向直线，如图12-44所示。

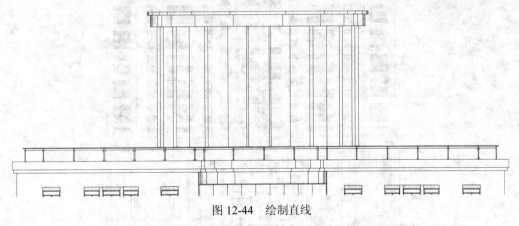

图12-44　绘制直线

② 单击"修改"工具栏中的"偏移"按钮 ，将直线向内偏移。

③ 单击"绘图"工具栏中的"直线"按钮 ，细化图形。

④ 单击"修改"工具栏中的"修剪"按钮 ，修剪掉多余的直线，如图 12-45 所示。

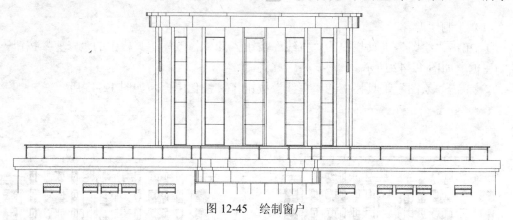

图 12-45　绘制窗户

（3）绘制墙体。

① 单击"绘图"工具栏中的"直线"按钮 ，绘制墙体。

② 单击"修改"工具栏中的"修剪"按钮 ，修剪多余直线，结果如图 12-46 所示。

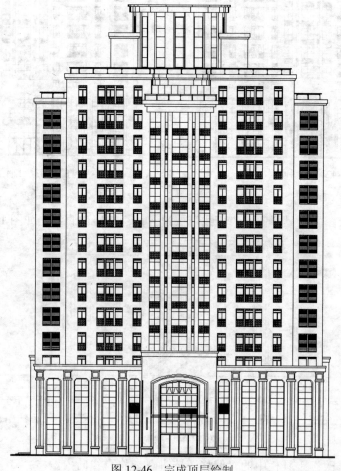

图 12-46　完成顶层绘制

12.1.7　立面标注

在绘制办公大楼的立面图时，通常要将建筑外表面基本构件的材料和做法用文字表示出来，在建筑立面的一些重要位置应绘制立面标高。

（1）尺寸标注。

① 单击"图层"工具栏中的"图层特性管理器"按钮，打开"图层特性管理器"对话框，新建"标注"图层，其属性默认，并将其设置为当前层。

② 单击"修改"工具栏中的"复制"按钮，将一层平面图中的轴线和轴号复制到立面图中，如图12-47所示。

图12-47　复制轴线和轴号

③ 单击"标注"工具栏中的"线性"按钮和"连续"按钮，标注立面图，如图12-48所示。

（2）标高标注。

① 单击"绘图"工具栏中的"直线"按钮，绘制标高。

② 单击"绘图"工具栏中的"多行文字"按钮A，输入标高数值，结果如图12-49所示。

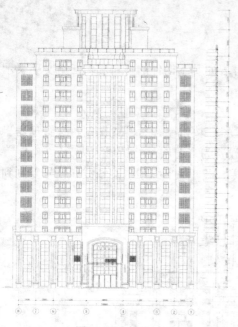

图 12-48　标注尺寸

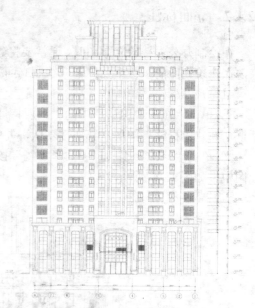

图 12-49　标注标高

（3）文字标注。

① 在命令行内输入"QLEADER"，输入"S"，打开"引线设置"对话框，如图 12-50 所示。设置箭头形式为"点"，引出水平直线标注文字说明。

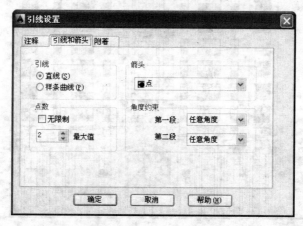

图 12-50　添加引线和文字

② 单击"绘图"工具栏中的"多行文字"按钮 **A**，标注楼层，结果如图 12-51 所示。

（4）图名标注。

① 单击"绘图"工具栏中的"多行文字"按钮 **A**，标注图名。

② 单击"绘图"工具栏中的"多段线"按钮，在文字下方绘制多段线，结果如图 12-52 所示。

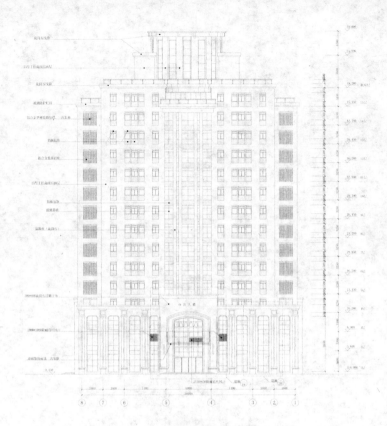

图 12-51　标注楼层

⑧～①轴立面图　1:100

图 12-52　标注图名

12.1.8　清理多余图形元素

（1）单击"修改"工具栏中的"删除"按钮，将图中作为参考的平面图和其他辅助线删除。

（2）选择菜单栏中的"文件"→"图形实用工具"→"清理"命令，弹出"清理"对话框。在对话框中选择无用的数据内容，单击"清理"按钮进行清理。

（3）在"标准"工具栏中单击"保存"按钮，保存图形文件，完成办公大楼立面图的绘制。

12.2　E～A轴立面图的绘制

首先，根据已有的办公大楼一层平面图绘制出立面图的定位线，然后根据定位线绘制出立柱和门窗，接着绘制防护栏杆和其他建筑细部，最后在绘制的立面图形中添加标注和文字。下面就按照这个思路绘制办公大楼的E～A轴立面图（图12-53）。

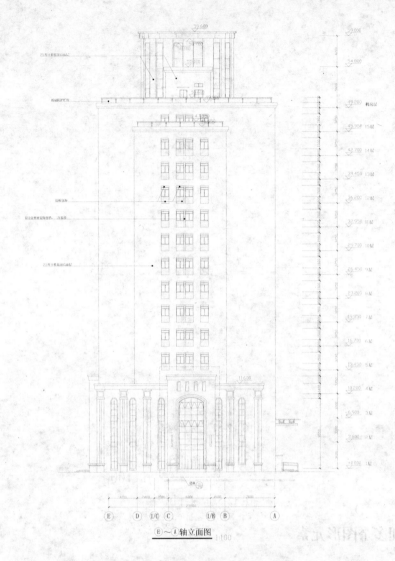

图 12-53　办公大楼E～A轴立面图

12.2.1　设置绘图环境

（1）打开已绘制的"办公大楼一层平面图.dwg"文件，在"文件"菜单中选择"另存为"命令，打开"图形另存为"对话框。在"文件名"下拉列表框中输入新的图形文件名称为"办公大楼Ⓔ～Ⓐ轴立面图.dwg"，然后单击"保存"按钮，建立图形文件。

（2）单击"修改"工具栏中的"删除"按钮✍，删除平面图中的部分建筑设施。

（3）单击"修改"工具栏中的"旋转"按钮〇，将删除后的建筑设施旋转 90°，如图 12-54 所示。

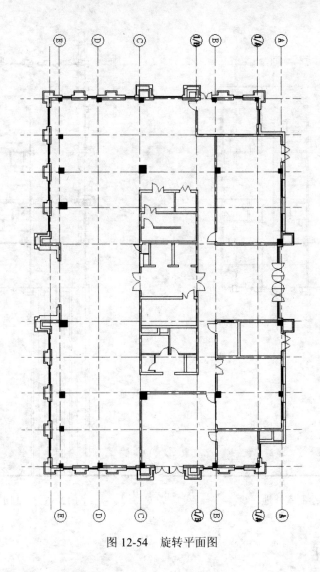

图 12-54　旋转平面图

12.2.2　绘制地坪线与定位线

（1）绘制室外地坪线。

① 单击工具栏中的"图层特性管理器"按钮，打开"图层特性管理器"对话框，创建新图层，将新图层命名为"地坪线"，并将其设置为当前图层。

② 单击"绘图"工具栏中的"直线"按钮，在如图 12-55 所示的平面图形下方绘制一条水平线段，将该线段作为办公大楼的地坪线，并设置其线宽为 0.30mm，如图 12-55 所示。

（2）绘制定位线。

① 在"图层"下拉列表中选择"外墙轮廓线"图层，将其设置为当前图层。

② 单击"绘图"工具栏中的"直线"按钮，捕捉平面图形中的各外墙交点，垂直向下引出直线，得到立面的定位线，如图 12-56 所示。

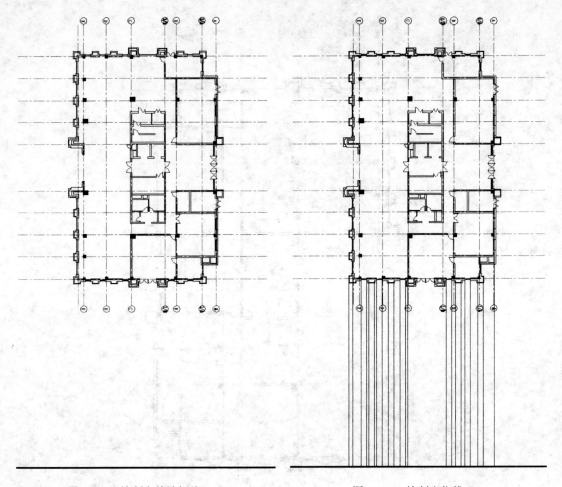

图 12-55　绘制室外地坪线　　　　　　　　　　图 12-56　绘制定位线

12.2.3　绘制立柱

（1）单击"修改"工具栏中的"偏移"按钮，将地平线向上偏移 450mm、3600mm、3300mm、3300mm、3250mm、3250mm、3250mm、3250mm、3250mm、3250mm、3250mm、3250mm、3250mm、3250mm、3250mm、3250mm、5600mm 和 4200mm，完成水平辅助线的绘制，如图 12-57 所示。

（2）单击"修改"工具栏中的"复制"按钮，将⑧～①立面图中的柱子复制到 E～A 平面图中，如图 12-58 所示。

（3）单击"修改"工具栏中的"修剪"按钮，修剪掉多余的直线，如图 12-59 所示。

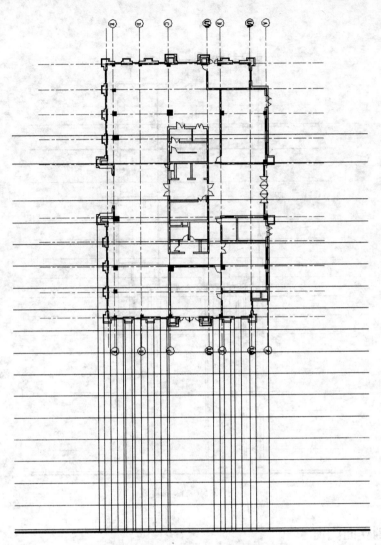

图 12-57　绘制水平辅助线

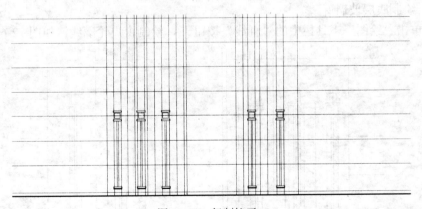

图 12-58　复制柱子

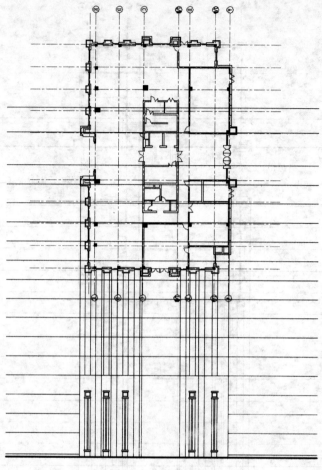

图 12-59　修剪直线

12.2.4　绘制立面门窗

（1）绘制底层玻璃窗。

① 单击"绘图"工具栏中的"直线"按钮 ，绘制窗户轮廓线，如图 12-60 所示。

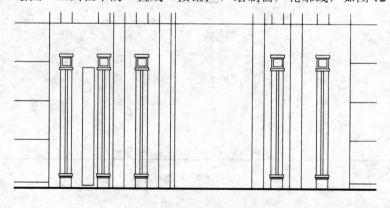

图 12-60　绘制窗户轮廓线

② 单击"修改"工具栏中的"倒角"按钮 ▢ ，对窗户轮廓线进行倒角处理，如图 12-61 所示。

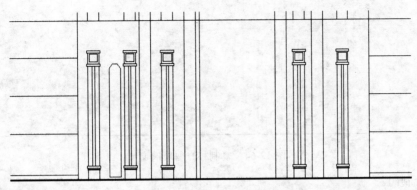

图 12-61　对窗户轮廓线倒角

③ 单击"修改"工具栏中的"偏移"按钮 ▣ ，向内偏移直线，如图 12-62 所示。

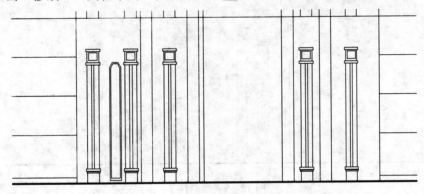

图 12-62　偏移直线 1

④ 单击"绘图"工具栏中的"直线"按钮 ✎ ，细化玻璃窗，如图 12-63 所示。

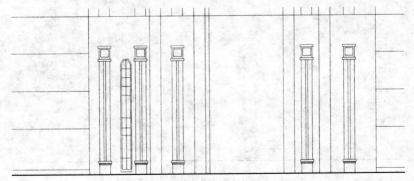

图 12-63　细化玻璃窗

⑤ 单击"修改"工具栏中的"复制"按钮 ⬚ ，将绘制的玻璃窗复制到其他位置。

⑥ 单击"修改"工具栏中的"修剪"按钮 ✂ ，修剪掉多余的直线，如图 12-64 所示。

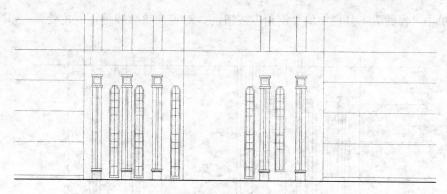

图 12-64　复制并修剪玻璃窗

（2）绘制门。

① 单击"绘图"工具栏中的"直线"按钮 ，和"修改"工具栏中的"修剪"按钮 ，绘制门两侧的柱子，如图 12-65 所示。

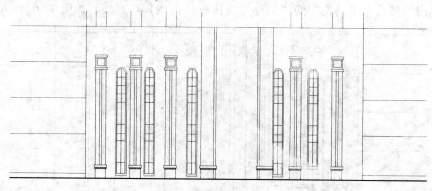

图 12-65　绘制柱子

② 单击"绘图"工具栏中的"圆弧"按钮 ，绘制门的外部轮廓，如图 12-66 所示。

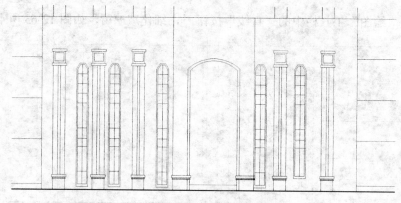

图 12-66　绘制门的外部轮廓

③ 单击"修改"工具栏中的"偏移"按钮 ，偏移外轮廓线，如图 12-67 所示。

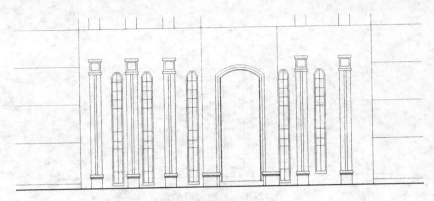

图 12-67　偏移直线 2

④ 单击"绘图"工具栏中的"直线"按钮 ✏ 和"样条曲线"按钮 ∿，细化门内图形，如图 12-68 所示。

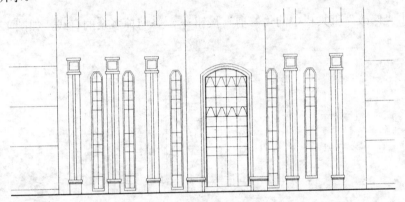

图 12-68　细化门内图形

⑤ 单击"绘图"工具栏中的"矩形"按钮 □，绘制柱子装饰，如图 12-69 所示。

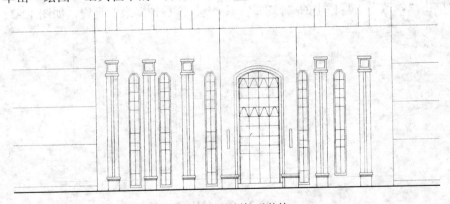

图 12-69　绘制柱子装饰

⑥ 单击"绘图"工具栏中的"直线"按钮 ✏ 和"矩形"按钮 □，绘制大门装饰，如图 12-70 所示。

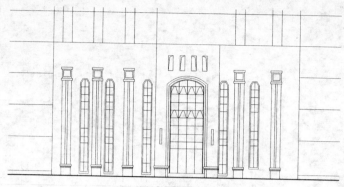

图 12-70　绘制大门装饰

（3）绘制屋檐。

① 单击"修改"工具栏中的"复制"按钮，将⑧～①轴立面图中的屋檐复制到 E～A 轴立面图中。

② 单击"修改"工具栏中的"修剪"按钮，修剪掉多余的直线，如图 12-71 所示。

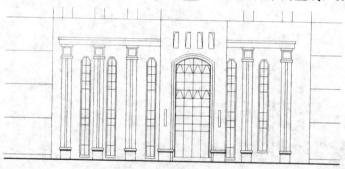

图 12-71　复制屋檐

③ 单击"绘图"工具栏中的"直线"按钮，绘制门屋檐。

④ 单击"修改"工具栏中的"修剪"按钮，修剪掉多余的直线，如图 12-72 所示。

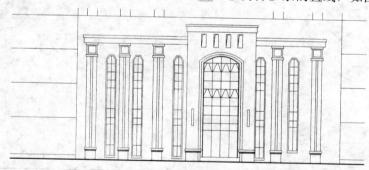

图 12-72　绘制门屋檐

（4）绘制其他楼层的窗户。

① 单击"绘图"工具栏中的"插入块"按钮，将前面绘制的窗户插入到图中，如图 12-73 所示。

图 12-73 插入窗户

② 单击"修改"工具栏中的"矩形阵列"按钮 ，将窗户向上阵列，设置行数为 11，行间距为 3250mm。

③ 单击"修改"工具栏中的"修剪"按钮 ，修剪掉多余的直线，结果如图 12-74 所示。

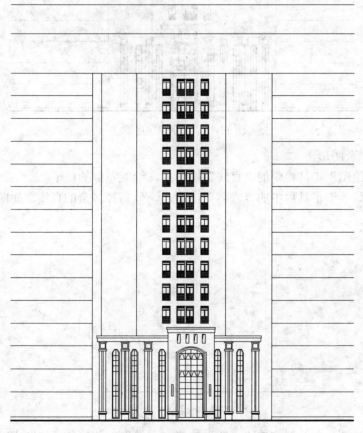

图 12-74 阵列窗户

④ 单击"绘图"工具栏中的"直线"按钮 ，绘制顶层屋檐。

⑤ 单击"修改"工具栏中的"修剪"按钮 ，修剪掉多余的直线，结果如图 12-75 所示。

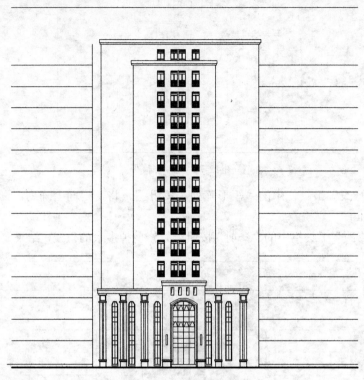

图 12-75 绘制顶层屋檐

（5）绘制剩余图形。

① 单击"绘图"工具栏中的"直线"按钮✐，绘制左侧的柱子。

② 单击"修改"工具栏中的"修剪"按钮✄，修剪掉多余的直线，如图 12-76 所示。

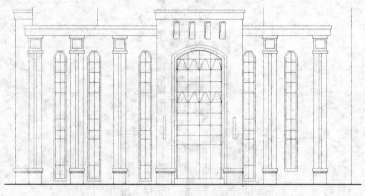

图 12-76 绘制左侧的柱子

③ 单击"绘图"工具栏中的"直线"按钮✐，绘制右侧墙体，如图 12-77 所示。

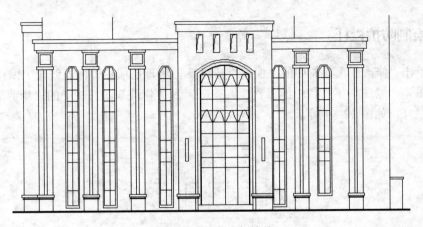

图 12-77　绘制右侧墙体

④ 单击"绘图"工具栏中的"直线"按钮，绘制台阶，如图 12-78 所示。

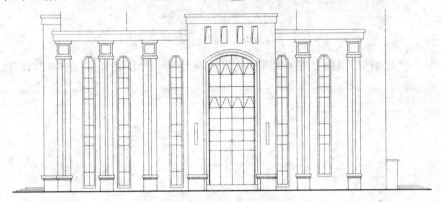

图 12-78　绘制台阶

⑤ 单击"绘图"工具栏中的"直线"按钮和"修改"工具栏中的"修剪"按钮，完成底层剩余图形的绘制，如图 12-79 所示。

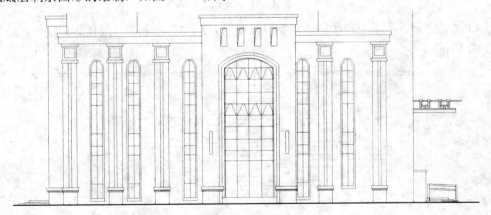

图 12-79　绘制底层剩余图形

12.2.5　绘制防护栏杆

（1）单击"修改"工具栏中的"偏移"按钮 ，将顶层屋檐外侧直线向上偏移 700mm。

（2）单击"绘图"工具栏中的"直线"按钮 和"修改"工具栏中的"修剪"按钮 ，绘制防护栏杆，如图 12-80 所示。

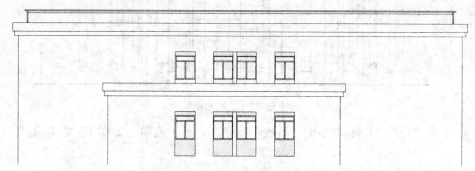

图 12-80　绘制防护栏杆

（3）单击"绘图"工具栏中的"圆"按钮 ，绘制一个圆，结果如图 12-81 所示。

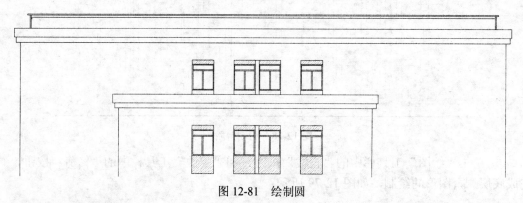

图 12-81　绘制圆

（4）单击"修改"工具栏中的"复制"按钮 ，绘制直线和圆，细化防护栏杆，结果如图 12-82 所示。

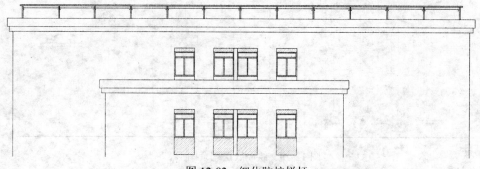

图 12-82　细化防护栏杆

（5）使用上述方法绘制其他位置处的防护栏杆，如图 12-83 所示。

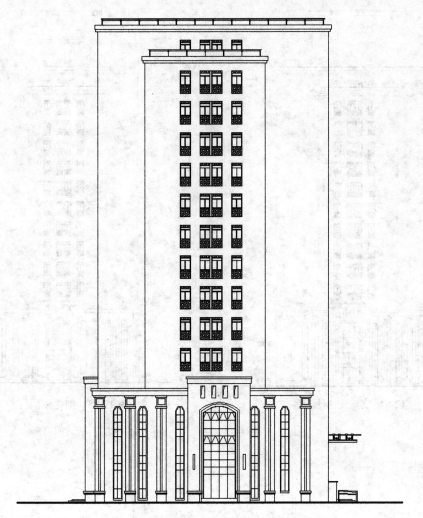

图 12-83　完成防护栏杆的绘制

12.2.6　绘制顶层

（1）单击"修改"工具栏中的"偏移"按钮 ，将地坪线向上偏移 60050mm。

（2）单击"绘图"工具栏中的"直线"按钮 ，绘制顶层屋檐，如图 12-84 所示。

（3）单击"绘图"工具栏中的"直线"按钮 ，细化屋顶，如图 12-85 所示。

（4）单击"绘图"工具栏中的"直线"按钮 和"修改"工具栏中的"偏移"按钮 ，绘制顶层窗户，如图 12-86 所示。

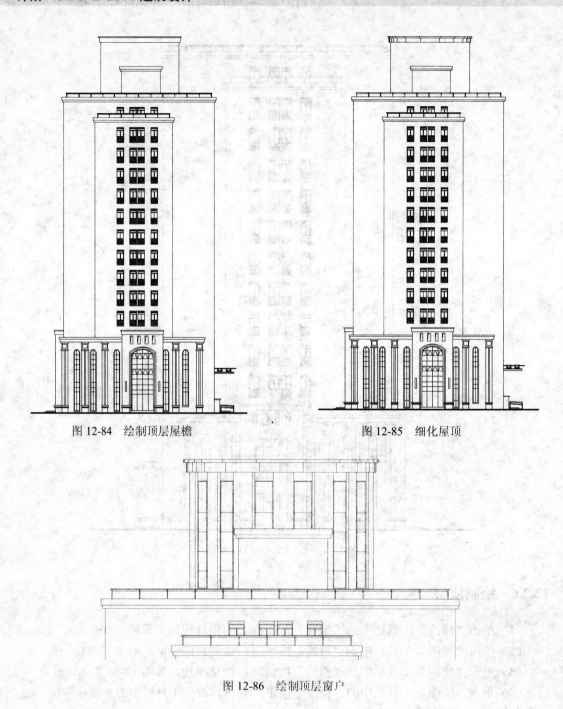

图 12-84　绘制顶层屋檐　　　　　　　　图 12-85　细化屋顶

图 12-86　绘制顶层窗户

（5）单击"绘图"工具栏中的"直线"按钮／和"矩形"按钮▢，继续绘制窗户，如图 12-87 所示。

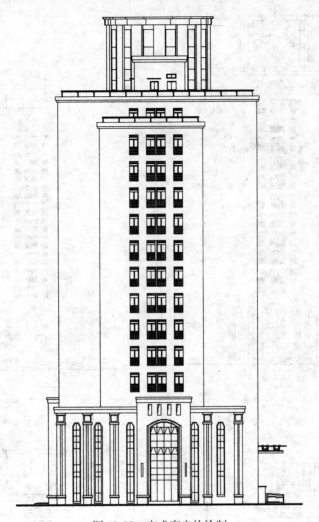

图 12-87　完成窗户的绘制

12.2.7　立面标注

（1）尺寸标注。

① 单击"图层"工具栏中的"图层特性管理器"按钮 ，打开"图层特性管理器"对话框，新建"标注"图层，其属性默认，并将其设置为当前层。

② 单击"修改"工具栏中的"复制"按钮 ，将一层平面图中的轴线和轴号复制到立面图中，如图 12-88 所示。

③ 单击"修改"工具栏中的"偏移"按钮 ，将 D 轴线向右偏移 2400mm，然后将前面绘制的轴号复制到轴线端点，双击轴号，添加 1/C 轴号，如图 12-89 所示。

④ 单击"标注"工具栏中的"线性"按钮 和"连续"按钮 ，标注第一道尺寸，如图 12-90 所示。

⑤ 单击"标注"工具栏中的"线性"按钮 和"连续"按钮 ，标注第二道尺寸，如图 12-91 所示。

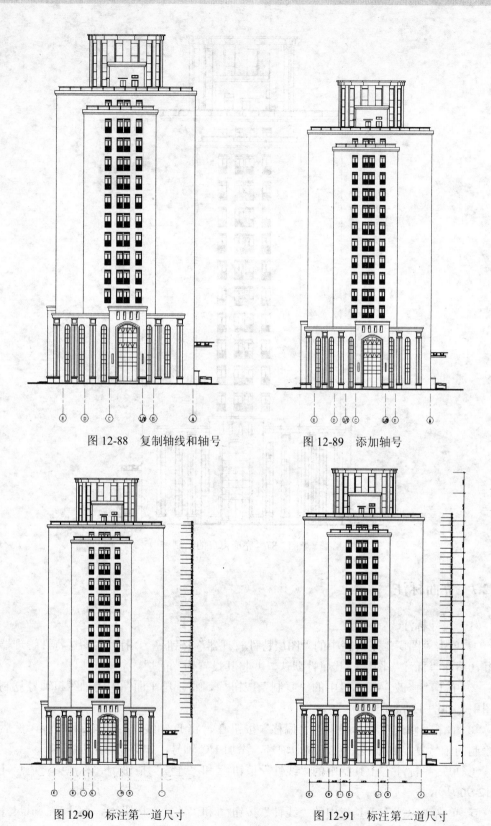

图 12-88 复制轴线和轴号

图 12-89 添加轴号

图 12-90 标注第一道尺寸

图 12-91 标注第二道尺寸

⑥ 单击"标注"工具栏中的"线性"按钮 ⊢，标注总尺寸，如图 12-92 所示。

（2）标高标注。

① 单击"绘图"工具栏中的"直线"按钮 ╱，绘制标高。

② 单击"绘图"工具栏中的"多行文字"按钮 **A**，输入标高数值，结果如图 12-93 所示。

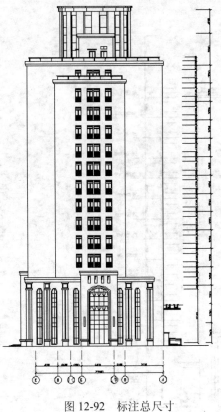
图 12-92　标注总尺寸

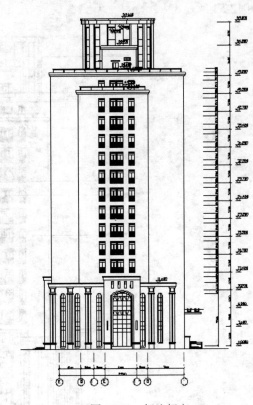
图 12-93　标注标高

（3）文字标注。

① 在命令行内输入"QLEADER"，输入"S"，打开"引线设置"对话框，如图 12-94 所示。设置箭头形式为"点"，引出水平直线标注文字说明。

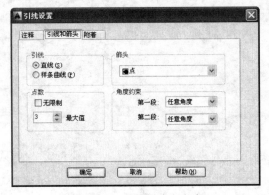
图 12-94　添加引线和文字

② 单击"绘图"工具栏中的"多行文字"按钮 **A**，标注文字说明，结果如图 12-95 所示。

（4）图名标注。

① 单击"绘图"工具栏中的"多行文字"按钮 **A**，在立面图下方输入文字。

② 单击"绘图"工具栏中的"多段线"按钮 ⤴，在文字下方绘制一条多段线，结果如图 12-53 所示。

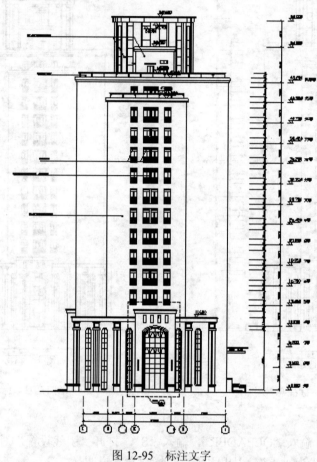

图 12-95　标注文字

第**13**章

办公大楼剖面图和详图

● ● ● ● ● ● ● ●

本章以办公大楼剖面图为例，介绍了如何利用 AutoCAD 2014 绘制一个完整的建筑剖面图和详图。通过本章学习，帮助读者掌握建筑剖面图和详图的绘制方法和技巧。

13.1 办公大楼剖面图 1-1 的绘制

办公大楼剖面图的主要绘制思路：首先根据已有的建筑平面图引出定位线并结合偏移命令绘制建筑剖面外轮廓线；接着绘制建筑物的各层楼板、墙体和屋顶等被剖切的主要构件；然后绘制剖面门窗和建筑中未被剖切的可见部分；最后在所绘的剖面图中添加尺寸标注和文字说明。下面就按照这个思路绘制办公大楼的剖面图 1-1（图 13-1）。

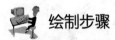 绘制步骤

13.1.1 设置绘图环境

（1）创建图形文件。

打开源文件中的"办公大楼一层平面图.dwg"文件，在"文件"菜单中选择"另存为"命令，打开"图形另存为"对话框。在"文件名"下拉列表框中输入新的图形文件名称为"办公大楼剖面图 1-1.dwg"。单击"保存"按钮，建立图形文件。

（2）整理图形元素。

① 单击工具栏中的"图层特性管理器"按钮，打开"图层特性管理器"对话框，关闭不需要的图层。

② 选择菜单栏中的"文件"→"图形实用工具"→"清理"命令，在弹出的"清理"对话框中，清理图形文件中多余的图形元素。

③ 单击"修改"工具栏中的"旋转"按钮 ，将整理后的一层平面图旋转 90°，如图 13-2 所示。

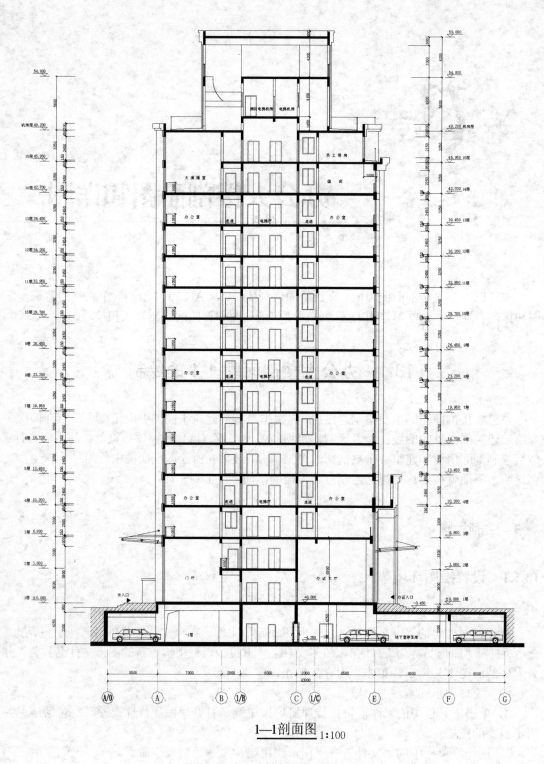

1—1剖面图 1:100

图 13-1　办公大楼剖面图 1-1

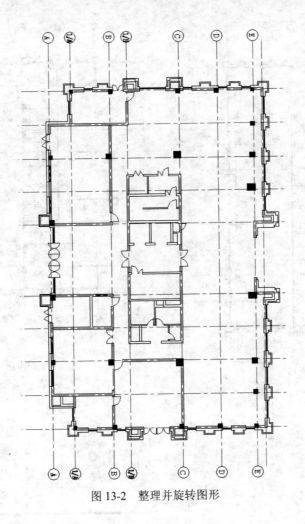

图 13-2　整理并旋转图形

13.1.2　绘制辅助线

（1）绘制地坪线。

① 单击"图层"工具栏中的"图层特性管理器"按钮，打开"图层特性管理器"对话框，创建新图层，将新图层命名为"地坪线"，并将其设置为当前图层。

② 单击"绘图"工具栏中的"多段线"按钮，在旋转后的一层平面图下方绘制室外地坪线，如图 13-3 所示。

（2）绘制定位线。

① 在"图层"下拉列表中选择"轴线"图层，将其设置为当前图层。

② 单击"绘图"工具栏中的"直线"按钮，根据一层平面图中的轴线引出辅助线延伸到上步绘制的地坪线上。

③ 单击"修改"工具栏中的"偏移"按钮，将 A 轴线向左偏移 5500mm，C 轴线向右偏移 2000mm，E 轴线向右偏移 8000mm 和 6000mm，完成辅助线的绘制。

④ 单击"修改"工具栏中的"复制"按钮，将轴号复制到轴线的各端点，然后双击轴号，修改内容，完成轴号的绘制，如图 13-4 所示。

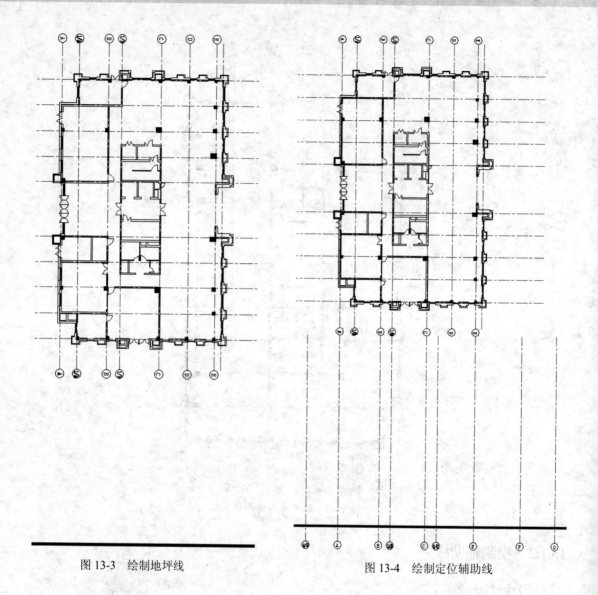

图 13-3　绘制地坪线　　　　　　　　图 13-4　绘制定位辅助线

13.1.3　绘制墙体

（1）在"图层"下拉列表中选择"墙线"图层，将其设置为当前图层。

（2）单击"修改"工具栏中的"偏移"按钮 ⚑，将 A 轴线向右偏移 500mm、240mm、6020mm、240mm、1880mm、240mm、5760mm、240mm、1880mm、240mm、6020mm 和 240mm，并将偏移后的轴线切换到墙线层，如图 13-5 所示。

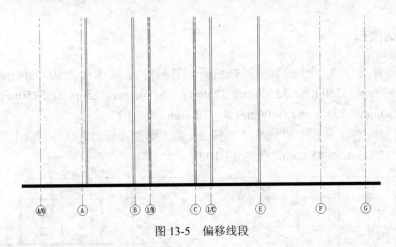

图 13-5　偏移线段

（3）单击"修改"工具栏中的"偏移"按钮 ⚑，将地坪线向上偏移 3300mm 和 950mm。
如图 13-6 所示。

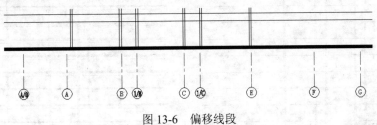

图 13-6　偏移线段

（4）单击"绘图"工具栏中的"多段线"按钮 ⟲，根据辅助线绘制地下室墙体外轮廓线。

（5）单击"绘图"工具栏中的"直线"按钮 ✎ 和"图案填充"按钮 ⊠，绘制内墙，如
图 13-7 所示。

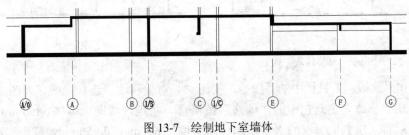

图 13-7　绘制地下室墙体

（6）单击"绘图"工具栏中的"插入块"按钮 ⬚，将车图块插入图中，如图 13-8 所示。

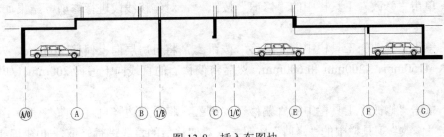

图 13-8　插入车图块

13.1.4 绘制楼板

（1）单击"修改"工具栏中的"偏移"按钮，将地坪线向上偏移 7850、3300mm、3300mm、3250mm、3250mm、3250mm、3250mm、3250mm、3250mm、3250mm、3250mm、3250mm、3250mm、3250mm、5600mm 和 4200mm，如图 13-9 所示。

（2）单击"修改"工具栏中的"偏移"按钮，将上面偏移后的直线分别向上偏移 150mm、向下依次偏移 200mm 和 450mm，如图 13-10 所示。

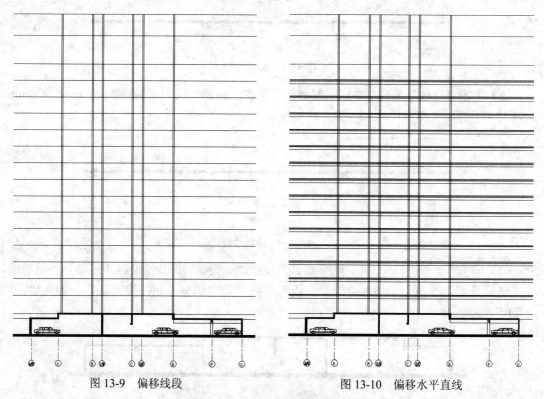

图 13-9　偏移线段　　　　　　　　图 13-10　偏移水平直线

（3）单击"修改"工具栏中的"修剪"按钮，对偏移线段进行修剪，如图 13-11 所示。

（4）单击"修改"工具栏中的"偏移"按钮，将地坪线向上偏移 6450mm、750mm、800mm，然后将三层到机房层的水平辅助线向下偏移 650mm 和 950mm，最后将最右侧竖直直线向左偏移 320mm 和 240mm。

（5）单击"修改"工具栏中的"修剪"按钮，对偏移线段进行修剪，结果如图 13-12 所示。

（6）单击"修改"工具栏中的"偏移"按钮，将机房层向上偏移 700mm、750mm、1450mm、4150mm、4200mm 和 600mm，然后将偏移后的直线向下偏移 200mm，如图 13-13 所示。

（7）单击"修改"工具栏中的"偏移"按钮，将最右边竖直直线向左偏移 1400mm，然后单击"修改"工具栏中的"修剪"按钮，对偏移后的直线进行修剪，如图 13-14 所示。

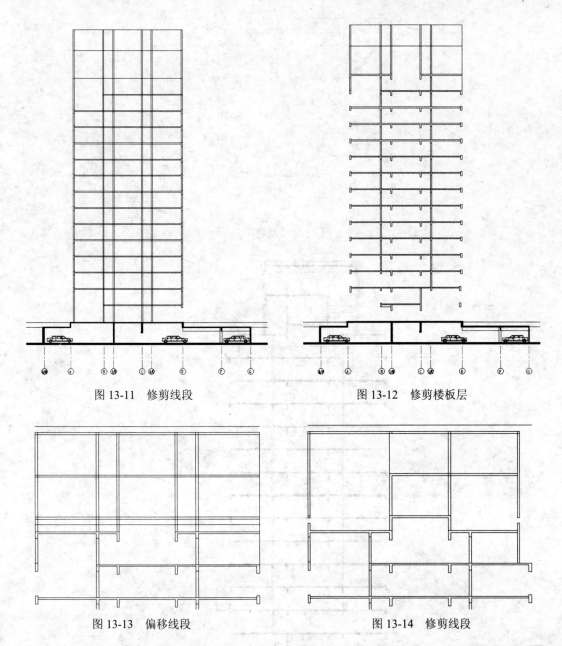

图 13-11　修剪线段　　　　　　　　　图 13-12　修剪楼板层

图 13-13　偏移线段　　　　　　　　　图 13-14　修剪线段

（8）单击"绘图"工具栏中的"直线"按钮 和"修改"工具栏中的"修剪"按钮 ，完成顶层的绘制，结果如图 13-15 所示。

（9）单击"绘图"工具栏中的"图案填充"按钮 ，打开"图案填充和渐变色"对话框，选择 SOLID 图案，填充楼板层，结果如图 13-16 所示。

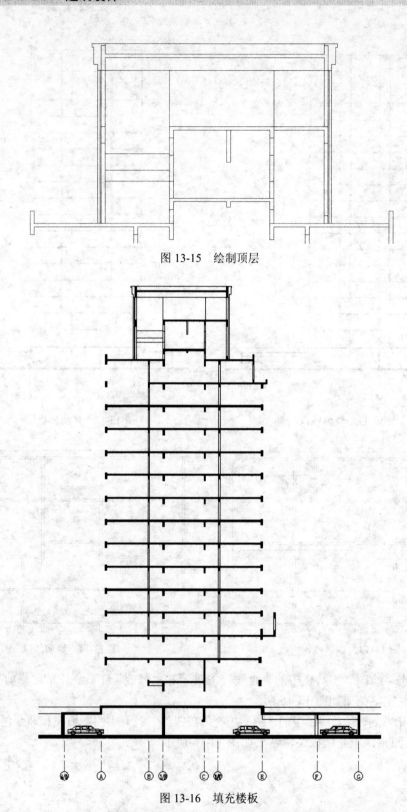

图 13-15　绘制顶层

图 13-16　填充楼板

13.1.5 绘制门窗和电梯

（1）绘制门窗。

按照门窗与剖切面的相对位置关系，可以将剖面图中的门窗分为以下两种类型：

第一类为被剖切的门窗。这类门窗的绘制方法近似于平面图中的门窗画法，只是在方向、尺度及其他一些细节上略有不同；

第二类为未被剖切但仍可见的门窗。此类门窗的绘制方法与立面图中的门窗画法基本相同。下面分别通过剖面图中的门窗实例介绍这两类门窗的绘制。

① 在"图层"下拉列表中选择"门窗"图层，将其设置为当前图层。

② 单击"绘图"工具栏中的"矩形"按钮▢，绘制一个矩形。

③ 单击"修改"工具栏中的"偏移"按钮⬚，将矩形向内偏移。

④ 单击"绘图"工具栏中的"直线"按钮╱和"修改"工具栏中的"修剪"按钮┼，完成窗户的绘制，如图 13-17 所示。

⑤ 单击"修改"工具栏中的"矩形阵列"按钮▦，将绘制的窗户进行阵列，设置行数为 12，行间距为 3250mm，如图 13-18 所示。

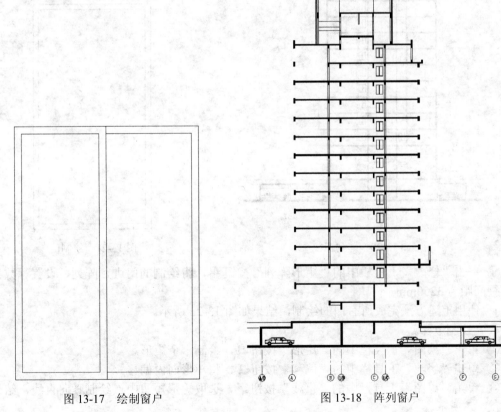

图 13-17　绘制窗户　　　　　图 13-18　阵列窗户

⑥ 单击"绘图"工具栏中的"直线"按钮╱，在墙之间绘制连线。

⑦ 单击"修改"工具栏中的"偏移"按钮⬚，将上述绘制的直线偏移 80mm，偏移 3 次，完成窗线的绘制，如图 13-19 所示。

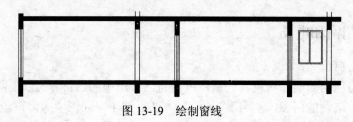

图 13-19　绘制窗线

⑧ 单击"修改"工具栏中的"矩形阵列"按钮 ▦，将绘制的窗线进行阵列，设置行数为 12，行间距为 3250mm。

⑨ 使用上述方法绘制其他位置处的窗线，结果如图 13-20 所示。

⑩ 单击"绘图"工具栏中的"矩形"按钮 ▭，绘制一个矩形。

⑪ 单击"修改"工具栏中的"偏移"按钮 ▣，将矩形向内偏移，如图 13-21 所示。

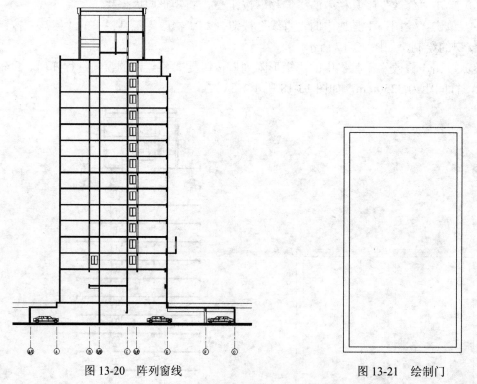

图 13-20　阵列窗线　　　　　　　　　　　　　　图 13-21　绘制门

⑫ 单击"修改"工具栏中的"矩形阵列"按钮 ▦，将绘制的门进行阵列，设置行数为 12，行间距为 3250mm。

⑬ 使用上述方法完成所有门的绘制，结果如图 13-22 所示。

（2）绘制电梯。

① 单击"绘图"工具栏中的"矩形"按钮 ▭，绘制一个矩形。

② 单击"修改"工具栏中的"偏移"按钮 ▣，将矩形向内偏移。

③ 单击"绘图"工具栏中的"直线"按钮 ╱，选取矩形短边中点绘制竖向直线，结果如图 13-23 所示。

④ 单击"修改"工具栏中的"矩形阵列"按钮 ▦，将绘制的电梯进行阵列，设置行数为 12，行偏移为 3250mm。

⑤ 使用上述方法完成所有电梯的绘制，结果如图 13-24 所示。

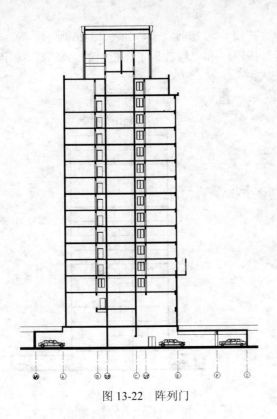

图 13-22 阵列门

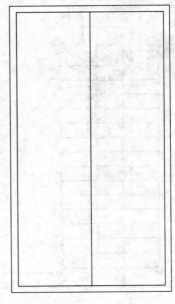

图 13-23 绘制电梯

13.1.6 绘制剩余图形

（1）单击"绘图"工具栏中的"直线"按钮 ，绘制保温墙，如图 13-25 所示。

（2）单击"绘图"工具栏中的"直线"按钮 ，绘制柱子。

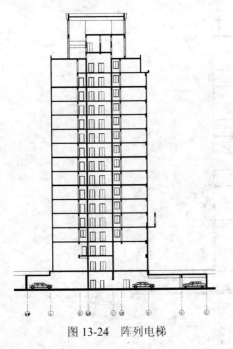

图 13-24 阵列电梯

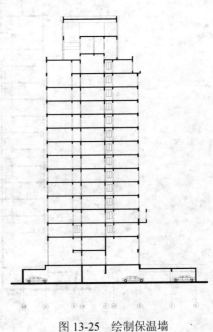

图 13-25 绘制保温墙

（3）单击"修改"工具栏中的"修剪"按钮┴，修剪柱子，如图 13-26 所示。

（4）单击"绘图"工具栏中的"直线"按钮∕和"修改"工具栏中的"修剪"按钮┴，完成左侧图形的绘制，如图 13-27 所示。

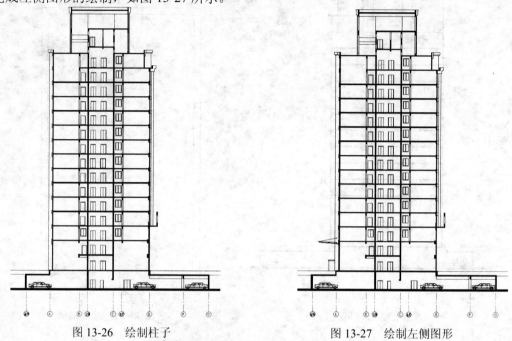

图 13-26　绘制柱子　　　　　　　　　　　图 13-27　绘制左侧图形

（5）利用上述方法绘制右侧图形，如图 13-28 所示。

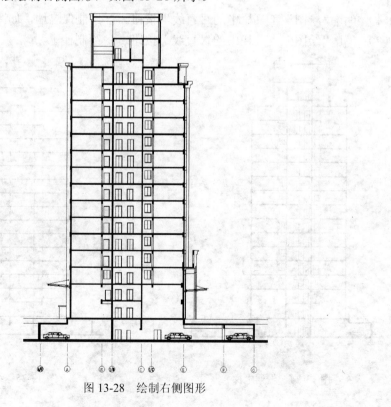

图 13-28　绘制右侧图形

（6）单击"绘图"工具栏中的"直线"按钮✎和"图案填充"按钮▨，细化顶层。

（7）单击"修改"工具栏中的"修剪"按钮⊹，修剪掉多余的直线，如图 13-29 所示。

图 13-29　细化顶层

（8）单击"绘图"工具栏中的"直线"按钮✎和"图案填充"按钮▨，打开"图案填充和渐变色"对话框，选择 ANSI31 图案，设置比例为 100；选择 DOTS 图案，设置角度为45°，填充地下室。

（9）单击"修改"工具栏中的"修剪"按钮⊹，修剪掉多余的直线，如图 13-30 所示。

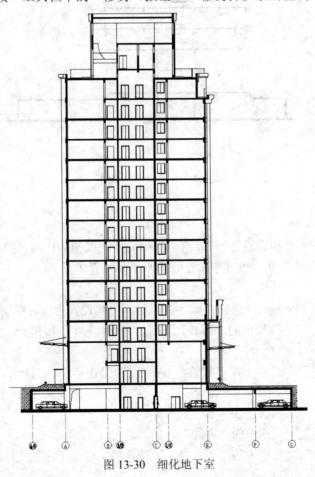

图 13-30　细化地下室

（10）使用上述方法完成剩余图形的绘制，结果如图 13-31 所示。

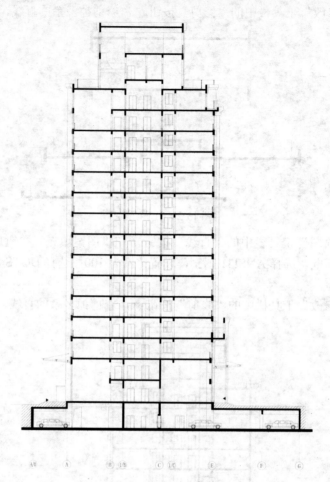

图 13-31　绘制剩余图形

13.1.7　剖面标注

一般情况下，在方案初步设计阶段，剖面图中的标注以剖面标高和门窗等构件尺寸为主，用来表明建筑内、外部空间，以及各构件间的水平和垂直关系。

（1）尺寸标注。

① 在"图层"下拉列表中选择"标注"图层，将其设置为当前图层。

② 单击"标注"工具栏中的"线性"按钮┝┥和"连续"按钮┝┼┤，标注细部尺寸，如图 13-32 所示。

③ 单击"标注"工具栏中的"线性"按钮┝┥和"连续"按钮┝┼┤，标注剩余尺寸，如图 13-33 所示。

（2）标高标注。

① 单击"绘图"工具栏中的"直线"按钮✎，绘制标高符号。

② 单击"绘图"工具栏中的"多行文字"按钮 **A**，在标高符号的长直线上方，添加相应的标高数值，如图 13-34 所示。

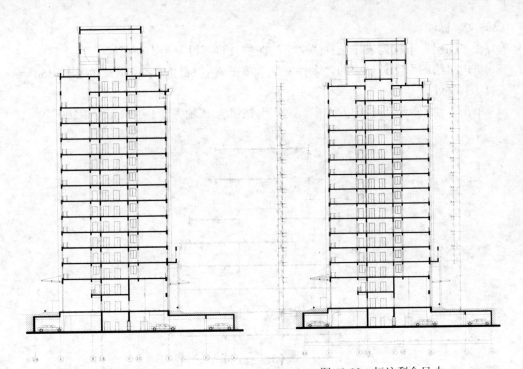

图 13-32　标注细部尺寸　　　　　　　图 13-33　标注剩余尺寸

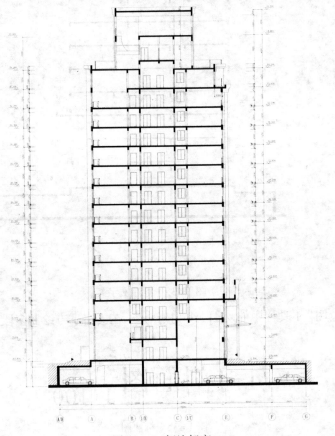

图 13-34　标注标高

（3）文字标注。

① 在"图层"下拉列表中选择"文字"图层，将其设置为当前图层。

② 单击"绘图"工具栏中的"多行文字"按钮 **A**，标注文字说明，如图 13-35 所示。

（4）图名标注。

① 单击"绘图"工具栏中的"多行文字"按钮 **A**，输入"1-1 剖面图 1:100"。

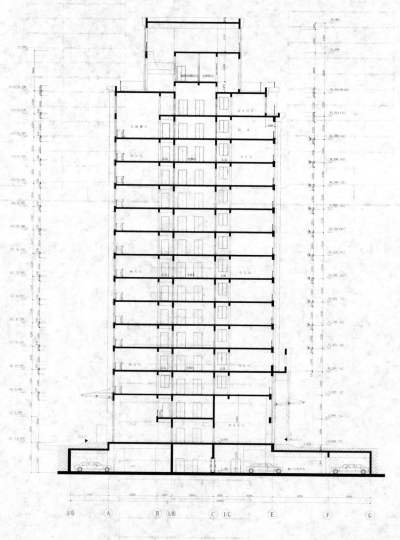

图 13-35　标注文字

② 单击"绘图"工具栏中的"多段线"按钮，在文字下方绘制多段线，结果如图 13-36 所示。

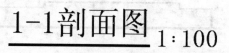

图 13-36　标注图名

13.2 办公大楼部分建筑详图的绘制

13.2.1 墙身大样图

本节以办公大楼剖面图 1-1 墙体放大图制作为例讲述墙身放大图的绘制过程。为了绘图简单准确，可以直接从办公大楼剖面图 1-1 中直接复制出墙体图样，再加以修改即可得到墙身大样图，如图 13-37 所示。

绘制步骤

（1）单击"标准"工具栏中的"打开"按钮，打开"源文件/办公大楼剖面图 1-1"文件。

（2）单击"修改"工具栏中的"复制"按钮，选择右侧部分墙体复制到办公大楼建筑详图中。

（3）单击"修改"工具栏中的"镜像"按钮，镜像墙体，删除源对象。

（4）单击"绘图"工具栏中的"直线"按钮和"修改"工具栏中的"修剪"按钮，绘制折断线，整理图形，结果如图 13-38 所示。

（5）单击"标注"工具栏中的"线性"按钮和"连续"按钮，标注尺寸，结果如图 13-39 所示。

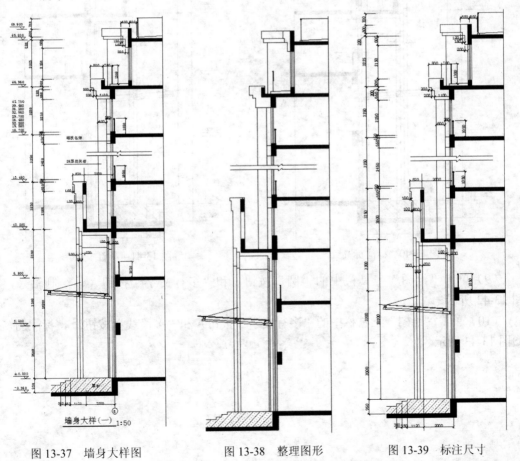

图 13-37　墙身大样图　　　　　图 13-38　整理图形　　　　　图 13-39　标注尺寸

（6）单击"绘图"工具栏中的"直线"按钮 ∕ ，绘制标高符号。

（7）单击"绘图"工具栏中的"多行文字"按钮 A，在标高符号的长直线上方，添加相应的标高数值，如图 13-40 所示。

（8）单击"绘图"工具栏中的"多行文字"按钮 A，标注文字说明，如图 13-41 所示。

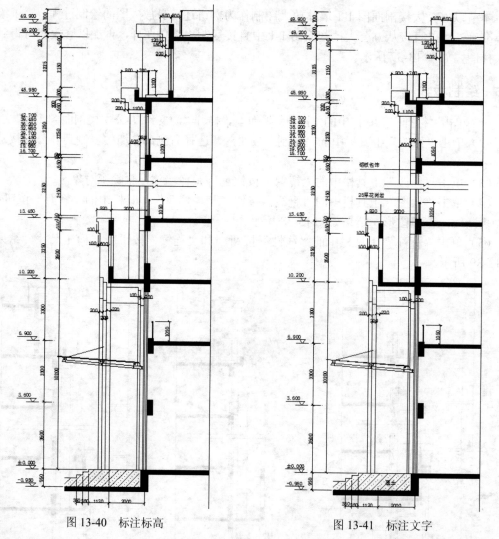

图 13-40　标注标高　　　　　　　　　　　图 13-41　标注文字

（9）单击"绘图"工具栏中的"圆"按钮 ⊙ 和"多行文字"按钮 A，绘制轴号，如图 13-42 所示。

（10）单击"绘图"工具栏中的"多行文字"按钮 A 和"多段线"按钮 ⌐⌐⌐，标注图名，如图 13-43 所示。

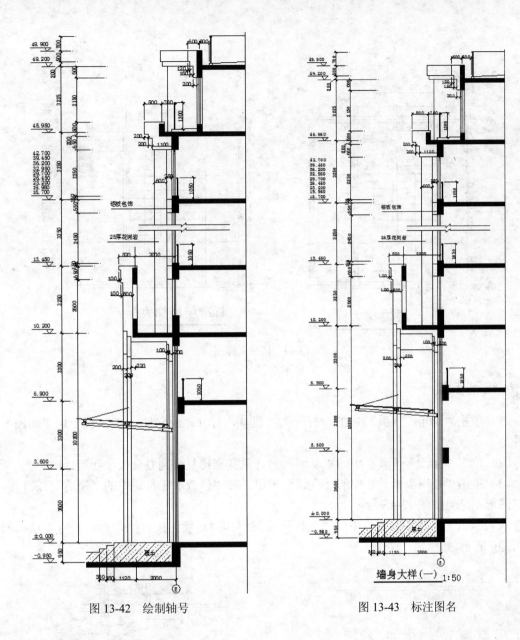

图 13-42　绘制轴号

图 13-43　标注图名

墙身大样（一） 1:50

13.2.2　楼梯大样图

　　本节以办公大楼一层平面图和标准层楼梯放大图制作为例讲述楼梯放大图的绘制过程。为了绘图简单准确，可以直接从办公大楼一层平面图和标准层中直接复制楼梯图样，再加以修改即可得到楼梯的大样图，如图 13-44 所示。

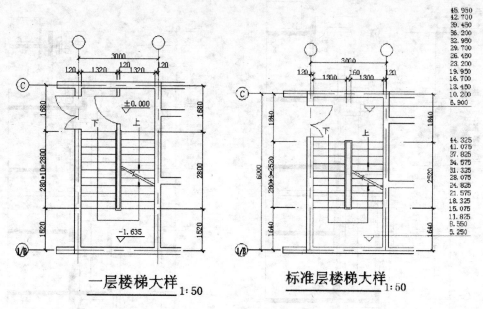

图 13-44　楼梯大样图

绘制步骤

（1）单击"标准"工具栏中的"打开"按钮，打开"源文件/办公大楼一层平面图"文件。

（2）单击"修改"工具栏中的"复制"，选择楼梯复制到办公大楼建筑详图中。

（3）单击"绘图"工具栏中的"直线"按钮和"修改"工具栏中的"修剪"按钮，整理图形，结果如图 13-45 所示。

（4）单击"标注"工具栏中的"线性"按钮和"连续"按钮，标注尺寸，结果如图 13-46 所示。

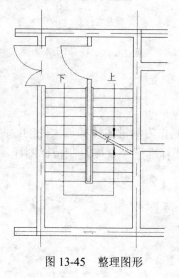

图 13-45　整理图形

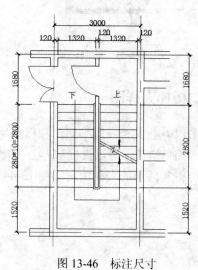

图 13-46　标注尺寸

（5）单击"绘图"工具栏中的"直线"按钮，绘制标高符号。

（6）单击"绘图"工具栏中的"多行文字"按钮 A，在标高符号的长直线上方，添加相应的标高数值，如图 13-47 所示。

（7）单击"绘图"工具栏中的"圆"按钮⊚和"多行文字"按钮 A，绘制轴号，如图 13-48 所示。

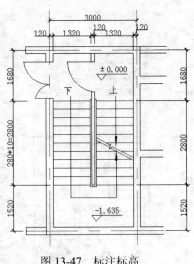

图 13-47 标注标高

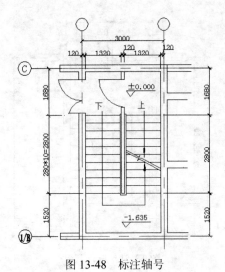

图 13-48 标注轴号

（8）单击"绘图"工具栏中的"多行文字"按钮 A 和"多段线"按钮，标注图名，如图 13-49 所示。

（9）使用同样方法，单击"标准"工具栏中的"打开"按钮，打开"源文件/办公大楼标准层"文件。

（10）单击"修改"工具栏中的"复制"按钮，选择楼梯复制到办公大楼建筑详图中。

（11）单击"绘图"工具栏中的"直线"按钮和"修改"工具栏中的"修剪"按钮，整理图形，结果如图 13-50 所示。

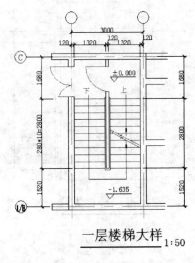

图 13-49 标注图名

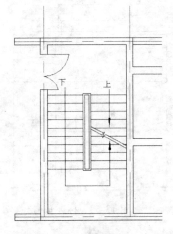

图 13-50 整理图形

（12）单击"标注"工具栏中的"线性"按钮⊢⊣和"连续"按钮⊢⊢⊣，标注尺寸，结果如图 13-51 所示。

（13）单击"绘图"工具栏中的"直线"按钮✎，绘制标高符号。

（14）单击"绘图"工具栏中的"多行文字"按钮 A，在标高符号的长直线上方，添加相应的标高数值，如图 13-52 所示。

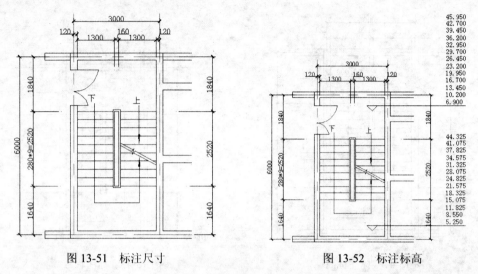

图 13-51 标注尺寸   图 13-52 标注标高

（15）单击"绘图"工具栏中的"圆"按钮⊙和"多行文字"按钮 A，绘制轴号，如图 13-53 所示。

（16）单击"绘图"工具栏中的 "多行文字"按钮 A 和"多段线"按钮⤸，标注图名，如图 13-54 所示。

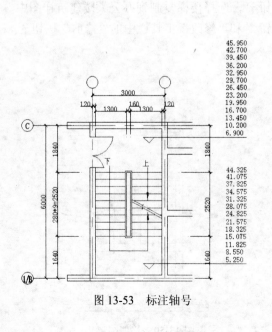

图 13-53 标注轴号

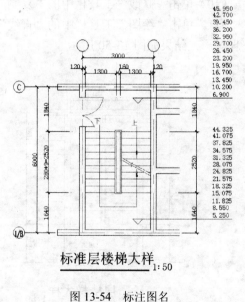

图 13-54 标注图名

13.2.3 裙房局部立面大样图

本节以办公大楼⑧—①轴立面图大门放大图制作为例讲述大门放大图的绘制过程。为了绘图简单准确，可以直接从办公大楼⑧—①立面图中直接复制出大门图样，再加以修改即可得到门的大样图，如图 13-55 所示。

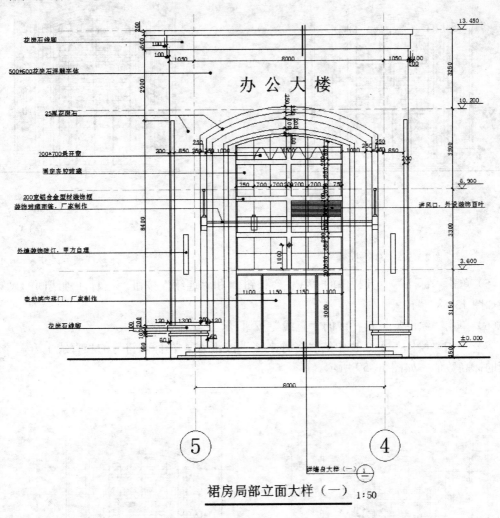

图 13-55 裙房局部立面大样图

🪑 **绘制步骤**

（1）单击"标准"工具栏中的"打开"按钮📂，打开"源文件/办公大楼⑧—①轴立面图"文件。

（2）单击"修改"工具栏中的"复制"按钮🎨，选择门复制到办公大楼建筑详图中。

（3）单击"绘图"工具栏中的"直线"按钮✏️和"修改"工具栏中的"修剪"按钮┶，整理图形，结果如图 13-56 所示。

（4）单击"标注"工具栏中的"线性"按钮和 ⊢ "连续"按钮 ⊢⊢⊢，标注细节尺寸，结果如图 13-57 所示。

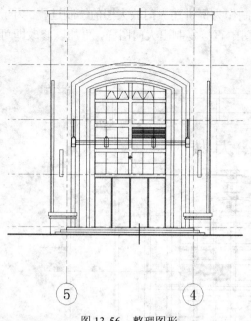

图 13-56　整理图形

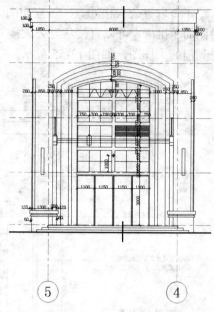

图 13-57　标注细节尺寸

（5）单击"标注"工具栏中的"线性"按钮 ⊢ 和"连续"按钮 ⊢⊢⊢，标注轴线间的尺寸，结果如图 13-58 所示。

（6）单击"绘图"工具栏中的"直线"按钮 ╱，绘制标高符号。

（7）单击"绘图"工具栏中的"多行文字"按钮 Ａ，在标高符号的长直线上方，添加相应的标高数值，如图 13-59 所示。

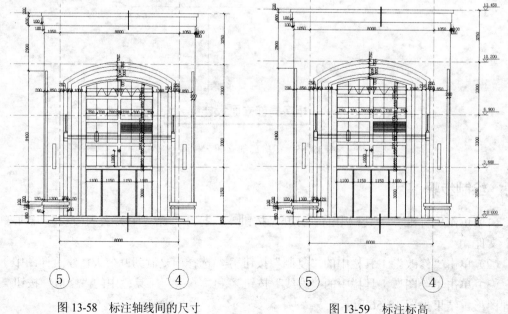

图 13-58　标注轴线间的尺寸　　　　　　　图 13-59　标注标高

（8）在命令行内输入"QLEADER"，输入"S"，打开"引线设置"对话框，如图 13-60 所示。设置箭头形式为"点"，引出水平直线标注文字说明，结果如图 13-61 所示。

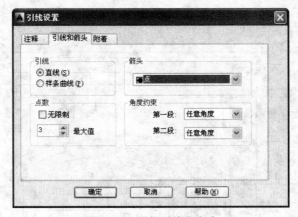

图 13-60　添加引线和文字

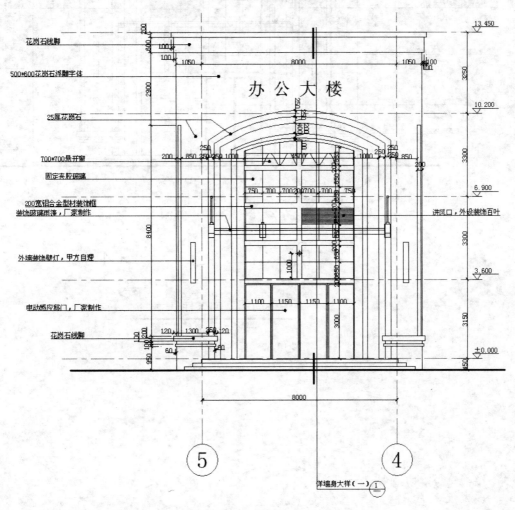

图 13-61　标注文字

（9）单击"绘图"工具栏中的"多行文字"按钮**A**，在图形下方输入文字。

（10）单击"绘图"工具栏中的"多段线"按钮 ，在文字下方绘制一条多段线，完成图名的绘制，结果如图 13-62 所示。

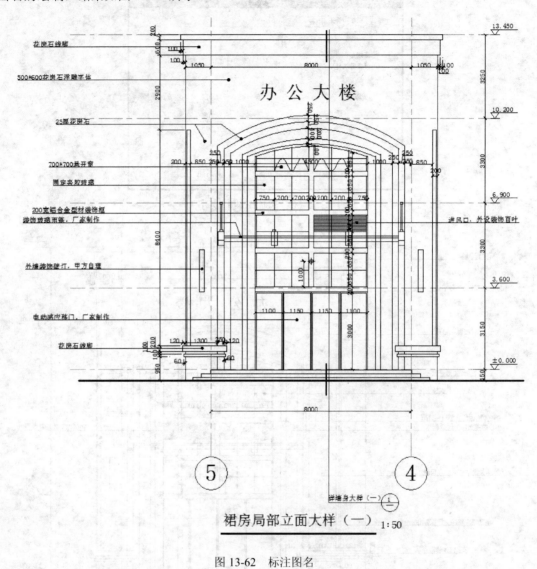

办 公 大 楼

裙房局部立面大样（一）1:50

图 13-62　标注图名